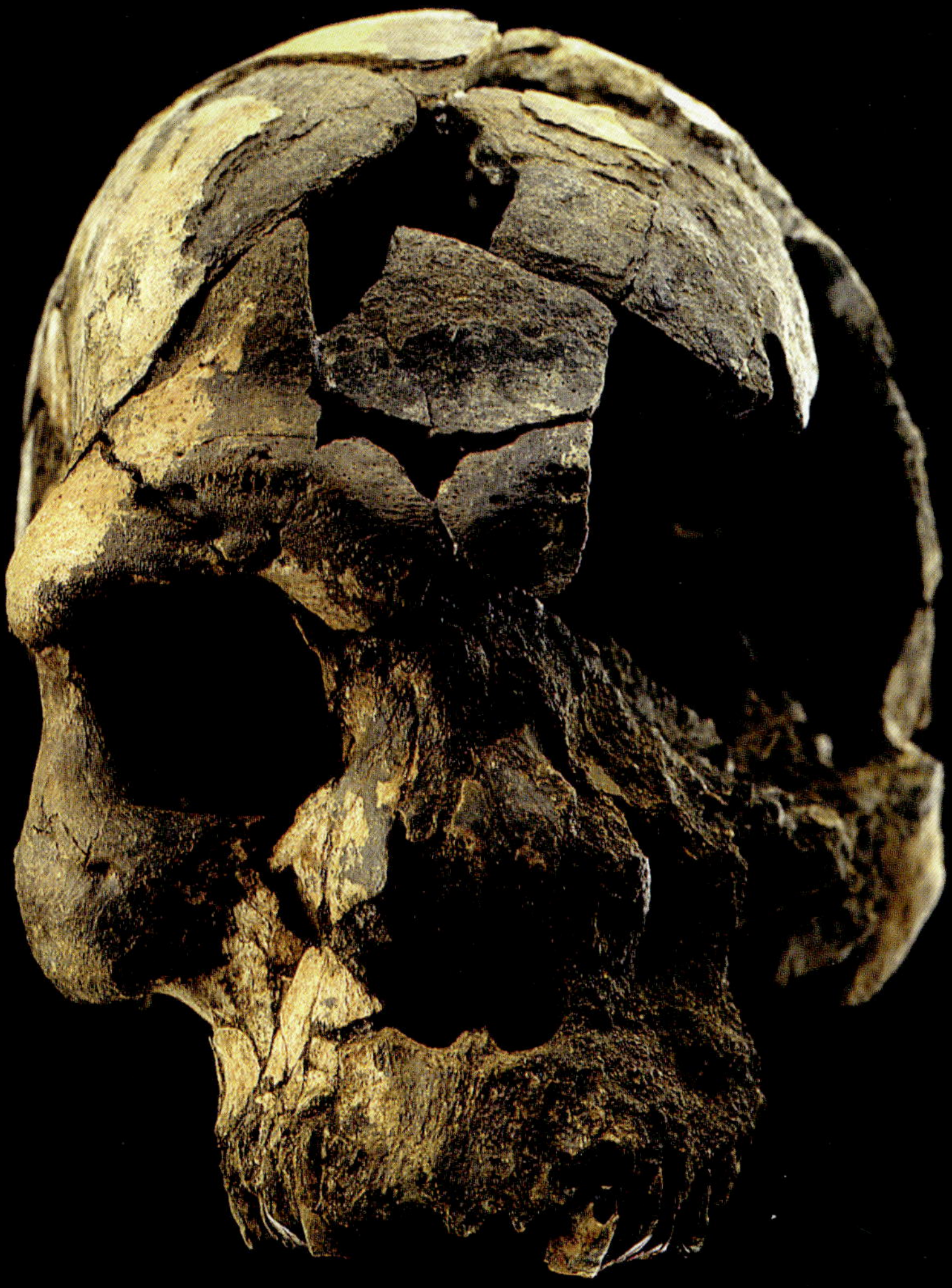

私たちの共通祖先

アフリカで発見された世界最古級のホモ・サピエンス化石ヘルト1号（エチオピア、16万年前）

Original specimen housed in National Museum of Ethiopia, Addis Ababa
Photo ©2001 David L. Brill＼Brill Atlanta

南アフリカのブロンボス洞窟遺跡。現代的な行動能力がアフリカで進化したことを示す、重要な証拠が見つかった。発掘の様子と出土した世界最古の模様を刻まれたオーカー塊
（提供：Chris Henshilwood）

ブロンボス洞窟の入口

スペインのアルタミラ洞窟
（撮影：Pedro Saura、出典：データベース「先史人類の洞窟美術」／（株）テクネ）

オーストラリアのアーネムランド
（提供：George Chaloupka）

アルゼンチンのラス・マノス洞窟
（提供：関雄二）

復元された祖先たちの躍進

ハワイを目指す古代ポリネシアのダブル・カヌー
（提供：国立科学博物館）

ウクライナの地に建てられたマンモス
の骨の住居（提供：国立科学博物館）

人類がたどってきた道

"文化の多様化"の起源を探る

海部陽介

Kaifu Yosuke

1028

NHK BOOKS

日本放送出版協会【刊】

Printed in Japan

［協力］ 大河原晶子
［撮影］ 篠原伸佳
［版下作製・口絵レイアウト］ 原 清人
［図版作製］ スタジオエース
［地図作製］ ジェイ・マップ

はじめに――人間の文化はいつ多様化したか

歴史に「はじまり」があるとしたら、私たちの歴史は、どの時点からはじまったと言えるのだろう。どのような視点に立つかによって、当然答えは変わってくる。より身近な近代史に主眼を置く場合もあれば、生命の発生や、果ては宇宙の誕生までを含める立場もあろう。ここでは、世界にはなぜかくも多様な文化が存在するのか、私たちの社会はどうして現在のようなかたちになったのかといった疑問を念頭に置きながら、歴史をながめてみたい。そのような視点に立つと、私たちの歴史のはじまりは、どの時点になるのであろうか。

世界史と言われて多くの人が思い浮かべるのは、古代文明の誕生とそれ以降の歴史であるようだ。これは古代文明の発生から間もなくして、文字が発明されたことによる。文字が考え出されて、当時の社会状況を語る記録が残されるようになった歴史時代については、比較的多くを知ることができる。さらに、これまでの世界史研究の焦点が、主に人間の「複雑な社会」の発展史、つまり古代文明から現代の高度産業社会へ至る社会変遷史に当てられていたことも、大きな理由であろう。しかし文字が発明される以前（先史時代）と以後（歴史時代）の歴史は連続している。文字の発明は間違いなく人類史の大きな転換点であったが、だからと言って、先史時代はほとんど無視してよいということにはならない。歴史時代が先史時代に比べてより充実した、人間味のあるものに見えるとしたら、それは得られる情報のバイアスからくる錯覚である。文字の発明前後で、急激に人間性が変化することなどありえないし、本書で見ていくように、実際にそのような証拠は存在しない。「先史時代」と「歴史時代」という区分は、あくまでも研究の実践上の制約からくる、人為的な区分である。

さらに、複雑な社会の発展史だけが人間の歴史ではない。およそ五〇〇〇年前、よく知られているようにメソポタミア、エジプト、インダス川流域、それに中国でいわゆる四代文明が誕生した。しかしそれ以外の地域にも人類は住んでいたわけである。つまり逆に言えば、日本列島を含むその他の地域には、同じ時期に都市国家ではない別の形態の社会が存在していたということである。それらはどのような社会であったのだろうか。そもそもなぜ、そしていつ世界の地域文化はこのように多様化したのだろうか。ある社会形態は、歴史を追って大きな経済力と軍事力をもつに至り、ほかの社会を圧倒するようになったが、なぜもっと多くの人々が、最初から経済的に〝得する〟ライフスタイルを選択しなかったのだろうか。

人間の文化がなぜ現在のようなかたちに多様化していったのかを知るには、その多様化の起源について探らなければならない。つまり時代をずっとさかのぼって、すべての人間集団の文化がほぼ一様であった時期からはじまり、世界各地にそれぞれ独自の地域文化が成立していく過程を追うのだ。本書では、どの歴史教科書にも書かれていない、この時期の歴史を描こうと思う。文字が出現した時点では、すでに世界の地域文化は明白な多様化を遂げていたのだから、ここで目を向けるの

表1　先史時代の人類史を探求する主な分野

古人類学	人類の化石を形態学的に研究する
遺伝人類学	DNAやタンパク質など生体分子を資料とする
考古学	遺跡を調査し文化遺物などを研究する
年代学、地質学など	遺跡の年代や形成を解釈する
古環境学、古生物学など	過去の自然環境や地理を復元する
言語学	言語の類縁性から集団の形成史を推定する

は、それ以前の先史時代である。

最近の研究の進展により、この時期の歴史を描くための基礎材料が揃ってきた。いまなお詳細についてまで描くことはできないにしても、歴史をどこから語りはじめればよいのか、少なくともその枠組みは明らかになりつつある。新しい枠組みのヒントを与えたのは、伝統的な歴史学ではなく、生物としての人類の進化史を探ろうとする、古人類学と遺伝人類学だった（表1）。

古人類学は人類の化石の形態や年代を研究する分野で、遺伝人類学は主に現代人のDNAの解析から、各地域の現代人集団どうしの類縁関係を探ることができる。二〇世紀の最後の一〇年を中心に、これらの分野の研究者たちは、私たちの種、ホモ・サピエンス（日本語でいう新人）が、いつごろ、どこで進化したのかを明らかにしてきた。そして、これらの分野の動きに呼応して進んだ最近の考古学の研究成果により、ホモ・サピエンスの初源期の歴史が、おぼろげながらも見えてきつつある。つまり、私たちが、私たちの種のはじまりを語る準備ができつつあるのだ。

私は、このホモ・サピエンスの誕生という出来事を、私たちの歴史のはじまりと捉えたい。最近の研究が示すところでは、ホモ・サピエンスはいくつかの地域で並行的に進化したのでなく、およそ二〇万年前ごろのアフリカにいた一つの人類集団に由来するものである。従ってホモ・サピエンスが誕生した時点では、この種の分布域は限られており、地域文化の多様化はもちろん生じていなかった。やがて、おそらく五万年前ごろから、この種、つまり我々の祖先たちは、全世界へと広がりはじめた。

私たちの祖先がアフリカで進化し、そして世界へ広がっていったこの壮大な歴史を、本書で描きたい。多くの人々にとって、比較的馴染みの深い先史時代と言えば、一万年ほど前の農耕開始期より後の時代であろう。本書の焦点は、それよりもはるかに遠い過去であるが、地域文化の多様化の起こりは、間違いなくこの時期の歴史の中に探れるはずだ。何とも野心的な試みであるが、私が所属先の国立科学博物館において、ホモ・サピエンスの常設展示を拡張して改装する大仕事を任された経験から、どうしてもこの課題に挑戦したくなった。

私のような自然科学の研究者が歴史を語ろうとすることに、違和感を覚える人がいるかもしれない。しかし文献資料の存在する歴史時代と違って、文字のない先史時代の歴史復元は、考古学や自然科学の手法が唯一の研究法となる。そして私たちの種の誕生といった話になれば、自然科学的色合いが強くなるのは当然だ。しかし、この間の歴史はすべて連続している。私たち人間は、生物であり、かつ文化的存在なのだから、その歴史を語るのに一つの切り口だけで済むはずがない。

ここで描く歴史には、二つの重要な要素がある。一つは生物学的な進化の話であり、もう一つは文化的な変化の話だ。私たちは、人間の行動は生物学的変化を伴わなくても大きく変化しうることを、経験的に知っている。産業革命以降の工業技術、社会環境の変化は凄まじいが、誰もこれを人間の進化によるものとは考えていない。いや、一〇〇〇年前の中世だって、五〇〇〇年前の文明の誕生期の人々だって、現代人と遺伝子レベルで異なると考える人はいないだろう。三〇〇〇年前、重力とか引力とかいうものは、ニュートンと彼の周囲の人のみが知る概念だった。下の地層ほど年代が古いという、現代の小学生が習う単純な原理が発見されたのも、このころである。現在の私たちの知識は、祖先たちが長い時間をかけて蓄積してきた知識の上に立っている。もちろん教育を通じて。つまり歴史時代の私たちの社会の発展は、文化的なもので、生物学的進化によるものではない。

一方で、人類が過去六〇〇〇万年間に、チンパンジーのような祖先から進化してきたことも事実だ。一〇〇万年前の原人、五〇〇万年前の旧人たちは、脳のサイズが明らかに現代人より小さいので、彼らと私たちの行動の違いは、基本的に遺伝子に規定されている（つまり生まれつきの）能力の違いによるものだとわかる。原人から旧人へ、旧人から新人（ホモ・サピエンスのこと）へと、人類は進化してきたわけだ。

それでは、私たち現代人の基本的な生物学的能力とは、人類史のどの時点で出現したのだろうか。先史時代の人類の行動の、どこまでが生物学的進化によるもので、どこからが文化的なものなのだろうか。そもそも、現代人の基本的な生物学的能力とは一体どのようなものであるのだろうか。

このような疑問への答えを特定することは、もちろん容易でない。それでも探究法を誤らなければ、確からしい答えを絞り込んでいくことができる。そしてこの場合に的確で不可欠な探究法とは、ホモ・サピエンスの進化・誕生という時点からの歴史を復元することだろう。本書ではそのような歴史を整理していくが、結論を先に言えば、「世代を超えて知識を蓄積し、祖先から受け継いできた文化を創造的に発展させていく能力」こそが、私たちホモ・サピエンスの最も重要な特徴と考えられる。そしてこの能力は、多くの人々の予想よりはるかに古く、ホモ・サピエンスがアフリカから世界各地へ分散しはじめた一〇万~五万年前ごろに、確立していた可能性が高い。ホモ・サピエンスという種自体は、二〇万年前ごろには成立していたと予想される。その後この種において、現代人的な行動能力というものが進化し、およそ五万年前までにそれが確立したと考えられるのである。

この最近の一部の人々の考えを、本書では「知の遺産仮説」と呼ぶことにする。その意味するところは、例えばこういうことだ。仮にあなたが五万年前の旧石器時代の社会に生まれたとしたら、あなたはその社会において天才的な存在になれただろうか。「知の遺産仮説」が正しいのなら、必ずしもそうはならず、おそらくあなたは当時の社会において楽しくも平凡な人生を送ることになっただろう。逆に五万年前の祖先も現代の教育を受ければ、私たちと同様の知識・技能・教養を身につけることができるはずだ。つまり五万年前の祖先は、私たち現代人と基本的に同様の知的潜在能力をもっていたのである。私たちは集団として、五万年以上の時をかけて現在の高度産業社会を築いてきたが、現代の個人は五万年分の知識の多くを一生の間に学ぶことができる。私たちの知的潜在能力とは、それだけ奥深くかつ柔軟なものなのだ。

このような考えが妥当であることを示すために、本書では過去五万年にわたる私たちの先史時代の社会の複雑化、地域文化の多様化の歴史を描いていく。そして、世界各地の地域文化が、なぜ現在のようなかたちに多様化したのかを考えていきたい。

人類進化に関する考え方は、過去二〇年間で目まぐるしく変化している。本書で扱う内容は多岐にわたっており、情報量も多いが、最新の成果を反映しかつできるだけわかりやすいものとなるよう心がけた。

先史時代という、少しつかみどころのない時期の話ではある。しかし本書では、想像を膨らませて物語ふうに話を進めるということは、あえてしない。私が描きたいのは過去の事実であり、空想や憶測ではないからだ。従って本書では、遺跡発掘や化石やＤＮＡの研究などを通じての物的証拠に基づいた、科学的議論が中心となる。私たちの壮大な過去と合わせ、真実に迫るために研究者たちが行なっているこうした議論の世界も、楽しんでいただければ幸いである。

目次

本書における炭素14法の年代表記について

炭素14法は、炭素という生物体に含まれる主要元素の一つを用いる年代測定法である。その原理上の制約から、五万年前より古い資料への適用は困難だが、遺跡出土の木や骨などを測定資料とすることができ、信頼性も高いため、遺跡調査における利用価値は高い。しかしこの頼もしい手法にもやっかいな問題がある。炭素14年代（炭素14法で得られた年代）の算出にあたっては、大気中の炭素14の濃度が一定不変であるという前提を置くのだが、実際には大気中の炭素14濃度は過去に変動しており、この影響で、炭素14年代は、実際の年代（暦年代）より若く出る傾向があることがわかっている。本書を執筆している時点では、このズレの正しい値について、専門家たちの間で最終的な結論は出ていない。しかし最近の研究の進展により、おおよそのことがわかってきているので、本書では個々の論文に発表されている炭素14年代をそのまま用いるのでなく、ドイツのケルン大学の研究グループが提供しているCalPalという較正《こうせい》プログラム（http://www.calpal.de）によって計算した、暦年代の推定値を示すことにする。このプログラムに基づいて、実際にどれだけ年代がずれるのか大雑把に言うと、例えば炭素14年代が一万年前なら、暦年代はそれより二〇〇〇年ほど古い約一万二〇〇〇年前である。以下、炭素14年代が二万年前ならズレは四〇〇〇年、三万年前なら五〇〇〇年、四万年前で三五〇〇年、五万年前だと一〇〇〇年ほどと見積もられている。これらの推定値は、近い将来さらに見直される可能性があるが、おそらくそう大きく変わることはない。

プロローグ

世界中に分布するヒト

私たちヒトの特徴と言えば、どのようなものが挙げられるだろうか。よく言われるところでは、二足直立歩行すること、脳が大きいこと（厳密に言うと身体の大きさに対する相対的な脳の大きさ）、手先が器用であること、複雑な道具を製作し使うこと、言語や複雑な文化をもつことなどがある。そしてもう一つの、意外と見過ごされがちな特徴が、分布域の広さである。

現在、陸地であれば世界中のほとんどどこへ出かけても、私たちの仲間に会うことができる。人種という紛らわしい言葉があるためにしばしば誤解されているが、世界のすべての現代人は、ホモ・サピエンスという一つの生物学的種に属している。一種の生物がかくも広く分布しているのは、四〇〇〇種いる哺乳動物の中でも極めて異様なことである。もちろん生物界全体の中でも異様だ。

一般に、個体数が多く広い地域に分布するグループの動物は、地域ごとにいくつもの種に分化している。例えばリス（げっ歯目リス科）は、オーストラリアを除く四つの大陸に広く分布しているが、実際には三〇〇近くもの種に分かれている。これに対し、人口六〇億以上を数えるホモ・サピエンスは、五つの大陸の隅々から太平洋の島々にまで分布している。一種として比較的広い分布域をもつ哺乳動物と言えば、例えばヒグマやヒョウを挙げられるが、分布域の広さや個体数でヒトには全く及ばない。

ヒトの属する霊長類（サルの仲間）に焦点を絞ると、私たちの分布の特異性はより明確になる。そもそも霊長類は、熱帯～亜熱帯に適応した動物である。ニホンザルは積雪地帯にも住み、雪の中で温泉につかったりするが、これは野生のサルの中では最も極端な例だ。現生のサルは、アフリカ、アジア、中南米の中～低緯度地域に分布するが、それぞれの種の分布域は、この中のさらに限られた領域にある。つまりヒトは、非常に幅広い気候・植生帯に、ほかの動物よりも柔軟に適応しているのだ。

ヒトの地理的分布の特殊性はまだある。現生の哺乳動物の大多数は、有胎盤類に属し、母親は赤ん坊を胎内で育てるための胎盤をもっている。しかしオーストラリアの哺乳動物相は、カンガルーやコアラなどの有袋類、カモノハシなどの単孔類（子は母乳で育つが卵から生まれる）と独特だ。このような生物地理的な独自性は、オーストラリア大陸が、海によって過去五〇〇〇万年以上の間、ほかの大陸から孤立していたために生じた。東南アジアで一般的な動物と言えば、シカ、イノシシ、クマ、トラ、カニクイザル、オランウータン、ゾウ、サイなどだが、これらの動物は、みな自力で海を渡って、オーストラリア大陸に根づくことはなかった。ところがヒトの分布は、この自然界のルールに違反している。オーストラリアがヨーロッパ人によって〝発見〟された一七世紀初頭より前から、ここには今ではアボリジニと呼ばれる先住民が暮らしていた。

さらに東の太平洋に目を向ければ、東西一万七〇〇〇キロメートルに及ぶ広大な海に散在する、ミクロネシア、メラネシア、ポリネシアの無数の島々にもヒトがいる。一六世紀以降、大型帆船でここを探検したヨーロッパ人たちは、これら絶海の孤島を次々に〝発見〟し、太平洋の地図を作り上げていったが、彼らを驚かせたのは、どの島にもすでに先住民がいたことだった。

つまりヒトは、ほかの陸上動物には越えられない自然障壁を越えて、現在、世界中に分布しているのである。ホモ・サピエンスは、いつ、どのようにして、世界中に分布していったのだろう。この世界拡散を達成したのだろう。実はホモ・サピエンス以前の人類たちはアフリカとユーラシアの中～低緯度地域にしかいなかった。我々ホモ・サピエンスが地球の隅々にまで広がることができたのは、どのような能力があったからなのだろうか。これらの疑問に答えていくことが、本書の重要な目的の一つである。

『銃・病原菌・鉄』

一九九七年に『銃・病原菌・鉄～一万三〇〇〇年にわたる人類史の謎』と題される本が出版され、ベストセラーとなった（邦訳二〇〇〇年）。ピューリッツァー章を受賞したこの本の著者は、生理学者・鳥類学者でありながら、人間という存在に深い関心を寄せる、カリフォルニア大学のジャレド・ダイアモンドである。彼はこれまでに蓄積されてきた考古学や言語学の知見に基づき（注1）、次の視点から歴史を解釈しようとした――なぜ歴史上、高度な文明を発達させた集団とそうしなかった集団が存在するのか。

現在の世界各国の経済情勢や政治的な力関係には、誰の目にも明らかな格差がある。人種主義者たちは、こうした現状に至った理由を、各地域集団の知的能力に差があるためだとしてきた。高度な文明を発達させなかった集団は、させた集団に比べ、生まれつき知力が劣るというのである――このような考えは第二次大戦以前の欧米では一般的で、奴隷制や植民地制を正当化する理由にされもした――。大戦が終結した後の二〇世紀後半、大多数の人々は、集団間の知的能力に生まれつきの差があるとする人種主義者の主張を経験的に誤りだと批判しながらも、この地域間格差が生じた背景について、十分な説明ができずにいた。『銃・病原菌・鉄』は、この問題を、説得力ある説明をもって見事に解消したのである。その重要な論点を、ここで要約しておこう。

まず、よく知られているように、西アジアや中国で文明発生のきっかけを作ったのは、農耕や牧畜など、食糧の生産という行為であった。食用植物の栽培は、はじめから生産性の高いものではなかったが、環境条件がよくて安定度が増してくると、やがて社会に大きな変化をもたらした。余剰食物は、食糧生産以外の専門職（例えば職人、商人、聖職者、政治家、軍人）の存在を可能にし、こうした社会は、周囲に対して経済的・軍事的優位に立つことになった。さらに農耕を続けるために定住化が促進されたことに加えて、人口が増え、職業分化によって技術が発展したことが、小さな村からより大きな集落、そして都市へという変化を促した。そしてこの流れの先に、文明の誕生があったわけである。

こう見ると、食糧生産をはじめた集団は頭がよかったのだろうかと思うかもしれない。それこそ人種主義者の考えなのだが、実際にはそうとは言えない。栽培化された植物のうち、文明発生の鍵となったものは、保存がきいて栄養価も高い、コムギ、オオムギ、マメ類、コメ、トウモロコシなど限られた種類であるが、これらの植物の野生種の分布域には、そもそも偏《かたよ》りがあった。実際のところ第一〇章で述べるように、野生動植物の狩猟や採集という生活から食糧生産への転換は、かなりの年月の末、様々な条件が偶然に整ったときに生じたものであったようだ。日本の縄文時代人を含む、本格的な農耕を行なっていなかった集団も、植物の生育に対する深い知識自体はもっていた。

さらにこうして発生した文明が、より高度に発達していく過程で重要な因子が、もう一つある。各地域の地理的位置関係である。植物の栽培技術は近隣地域に伝播していくが、自然環境条件の似通った東西方向へは伝播しやすく、気候帯が著しく変異する南北方向には伝播しにくい。さらに通商路という視点から考えても、自然障壁の多い南北方向へは、農耕だけでなく文化そのものが伝わりにくい。ヨーロッパ人も日本人も、独力で大規模な食糧生産システムを開発し、文字を発明し、文明を築いてきたわけではない。どちらも西アジアや中国から、それぞれ先進的な知識を取り入れて文化を発展させてきた。この二つの地域が、当時の様々な最先端知識を取り入れることができた背景には、幸運とも言える地理的位置関係があったわけである。その一方、同じ古代文明の周辺地域とは言え、シベリアの住民たちが、都市文明中心のライフスタイルへ転換することはなかった。アメリカ大陸の二つの古代文明、中央アメリカのマヤ文明とペルーのアンデス文明との間でも、交流はほとんどなかったとされる。

このように各地域の人類史は、多分に地理と自然環境に影響されてきた。こうした要素こそが、各々の地域文化が複雑化していく速度を決めたのであり、現在認められる地域間格差を説明するのに、集団間で知力に違いがあるというような人種主義的説明を持ち出す必然性はないのである。

この歴史観は、人間社会の多様性の核心をつくもので、さらに拡張されるべきである。『銃・病原菌・鉄』で焦点が当てられたのは、過去一万三〇〇〇年間の歴史であった。そこでは食糧生産の起源や伝播に関する各地域の事情が検討され、現在の地域間格差が生じた究極の原因は、地理と自然環境の違いにあったことが論じられた。これに対し本書では、二〇万年前にはじまるホモ・サピエンスの進化と、それに続いて五万年前ごろ（ひょっとすると六万年前かそれ以前）に生じた世界拡散の歴史に焦点を当てようと思う。

このように、私たちの種の誕生という、より根源的な時点から歴史をスタートさせることにより、各地域で文化が多様化していった過程を、もっと詳しく探究することができるだろう。ダイアモンドは、農耕以前の狩猟採集社会は、世界各地で基本的にみな同様であったと述べた。しかし実際にはそう単純ではない。オーストラリアとシベリアとでは自然環境があまりに違い、それぞれの地域へ進出した集団は、相当に異なる文化を発展させていた。さらに集団がもつ文化の内容は、その地域の自然環境に影響されるだけでなく、その集団の祖先がたどってきた拡散の経路による制約も受けていた。そのことのわかりやすい事例を、読者のみなさんはオーストラリア、アメリカ、ポリネシア（それぞれ第七、九、一一章）で見ることになるだろう。

（注1）ただしRenfrew（1997）も指摘しているように、この本での考古学や言語学の議論には、やや単純化しすぎている部分がある。

モンゴロイド・プロジェクト

一九八九～九二年にかけて、日本で非常にユニークな大規模研究プロジェクトが行なわれた。文部省（現・文部科学省）重点領域研究の指定を受けたこの研究の正式名称は、「先史モンゴロイドの拡散と適応戦略」であるが、一般には「モンゴロイド・プロジェクト」と呼ばれていた（注2）。企画実行を行なったのは、当時東京大学総合研究博物館に所属していた、赤澤威《たける》である。この学際的研究プロジェクトには総勢一〇〇名ほどの研究者が参加し、考古学、古人骨（遺跡出土人骨のこと）形態学、遺伝学、古環境学、生態学など、様々な側面から、アジア、オセアニア、アメリカ地域における、先史モンゴロイドの拡散史の復元が試みられた。

モンゴロイド・プロジェクトにより、先史時代のアジア系集団の歴史について、新たな発見がなされるとともに、それまでにわかっていた知見が整理された。当然ながら、本書でもこのプロジェクトの成果を随所に引用している。

このプロジェクトは、日本で行なわれた最初の先史時代研究の総合プロジェクトとして、高く評価されるべきものであろう。世界史を編纂《へんさん》し、世界史を解釈する作業は、これまで欧米の研究者に主導されてきた（少なくとも先史学についてはそう断言できる）。しかし、バランスのとれた歴史解釈を行なうためには、様々な価値観や文化的背景をもった人々が、この作業に関与する必要がある。ましてやアジアの歴史の復元において、アジア人の視点が加えられていないとしたら、それはバランスを著しく欠いていると言うほかない。

研究成果以外にも、モンゴロイド・プロジェクトが残した大きな遺産がある。この機会を通じて、文理を問わぬ様々な研究者たちに、相互連絡の関係が生まれたのである。それまで所属学会も異なり、ほとんどバラバラに活動していた国内の研究者たちが、一つのテーマの下に集うことにより、互いを知り、情報を交換した。今の時代でこそ様々な総合研究プロジェクトがふつうに行なわれるようになってはいるが、人類学のテーマの下に、人文・自然科学系の研究者たちが協力したこのプロジェクトは、この当時、まさに画期的であった。

（注2） モンゴロイド（黄色人種）とは、コーカソイド（白色人種）、ネグロイド（黒色人種）という言葉とともに、最も頻繁《ひんぱん》に用いられてきた人種分類の用語である。特に欧米では、これまでの歴史上、差別的な意味合いが込められるようになってしまったため、現在ではその使用を避け、アジア人またはアジア系集団というように地域名を冠した言葉が使用されることも多い。本書では地域名をベースにするが、説明に応じてこれらの古典的人種分類の用語を用いる場合もある。

I

ホモ・サピエンス以前

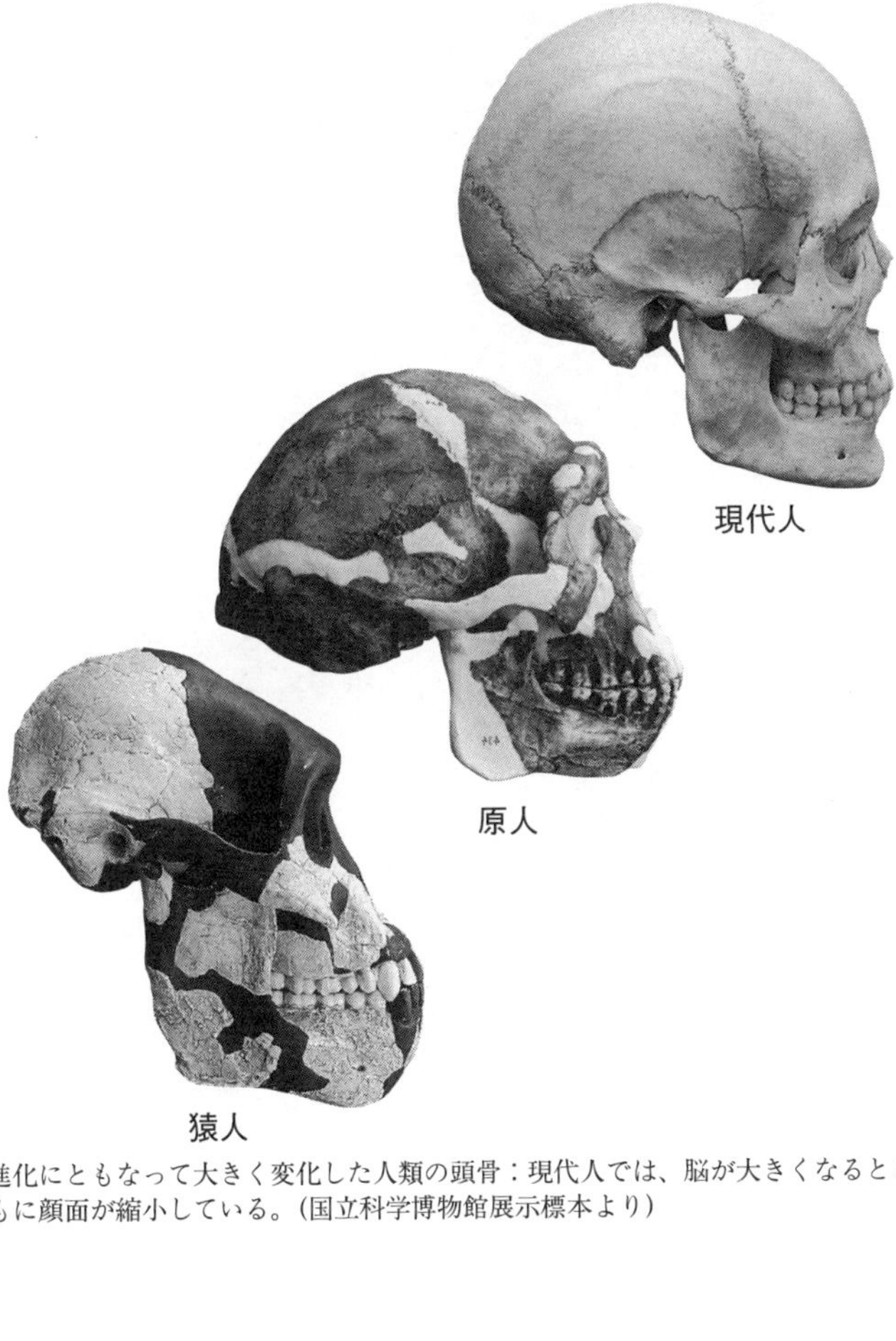

進化にともなって大きく変化した人類の頭骨：現代人では、脳が大きくなるとともに顔面が縮小している。(国立科学博物館展示標本より)

一つではなかった人類の系統

人類進化の研究は、一八五八年のダーウィンによる進化論の提唱とともにスタートしたが、化石がたくさん発見され、その全貌が見えてきたのは、かなり最近のことだ。一九七〇年代ごろまで、人類は猿人、原人、旧人、新人という段階を追って一直線に進化してきたという考え（単一種仮説）がある程度影響力をもっていた。しかし現在では、過去には数多くの人類の種が存在し、そのうちのいくつかは同じ時代に共存していたことがわかっている。そしていくつかの枝分かれした人類の系統のうち一つだけがホモ・サピエンスへと進化し、ほかの人類の系統はある期間繁栄した後、最終的には子孫を残さずに絶滅した。

ホモ・サピエンスとは誰か

「人種」という紛《まぎ》らわしい言葉があるため、現代人は三〜五程度の種に分類されると、しばしば誤解されている。しかし見かけこそ違え、世界中の現代人は遺伝子の類似性が極めて高く、生物学的にただ一つの種、ホモ・サピエンスに属している。「人種」というのは、ホモ・サピエンス種の中のいくつかの地域集団を指す言葉で、生物学的な種を意味するものではない。アジア人もアフリカ人もヨーロッパ人も、みなホモ・サピエンスで、現在地球上にいる人類の中に、ホモ・サピエンス以外の種はいない。

しかし過去には、当然、ホモ・サピエンスとは異なる種の人類が存在した。ホモ・エレクトスやアウストラロピテクス・アファレンシスといった学名のついた連中が、それである。人類の化石が発見されると、人類学者はそれについて様々に検討し、どの種に分類するかを判断する。その際、それぞれの種をどう定義するかが問題になるが、ホモ・サピエンスという種の定義にもいくつかの異なる考えがある。

一九八〇～九〇年代にかけては、ネアンデルタール人などの旧人を、現代人と一緒にホモ・サピエンスとすべきであるという考えが強くあった。この場合、ネアンデルタール人はホモ・サピエンスの亜種とみなされ、学名はホモ・サピエンス・ネアンデルターレンシスとなる。このような定義を、「広義のホモ・サピエンス」という。しかし第二章以降で記すように、最近、ネアンデルタール人は私たちの祖先ではなかったことなどがわかってきたことを受けて、今ではこの定義はあまり使われなくなってきている。

現在一般化しつつある定義は、「狭義のホモ・サピエンス」と呼ばれるものである。この立場では、現代人および現代人とほぼ同様の骨格形態を示す過去の人類を、ホモ・サピエンス種とする。これは、人類を猿人、原人、旧人、新人の四段階に分けたときの新人に相当する。日本の縄文人はもちろん、ヨーロッパのクロマニョン人などの人骨は、事実上、現代人と区別できないので、彼らはホモ・サピエンスの仲間ということになる。他方、ネアンデルタール人には、現代人には見られない独特の特徴がいくつもあるので、この定義ではホモ・サピエンスとは別の種（ホモ・ネアンデルターレンシス）ということになる。

それでは、ホモ・サピエンスはそれ以前の人類と何が決定的に違ったのだろうか。それを考える

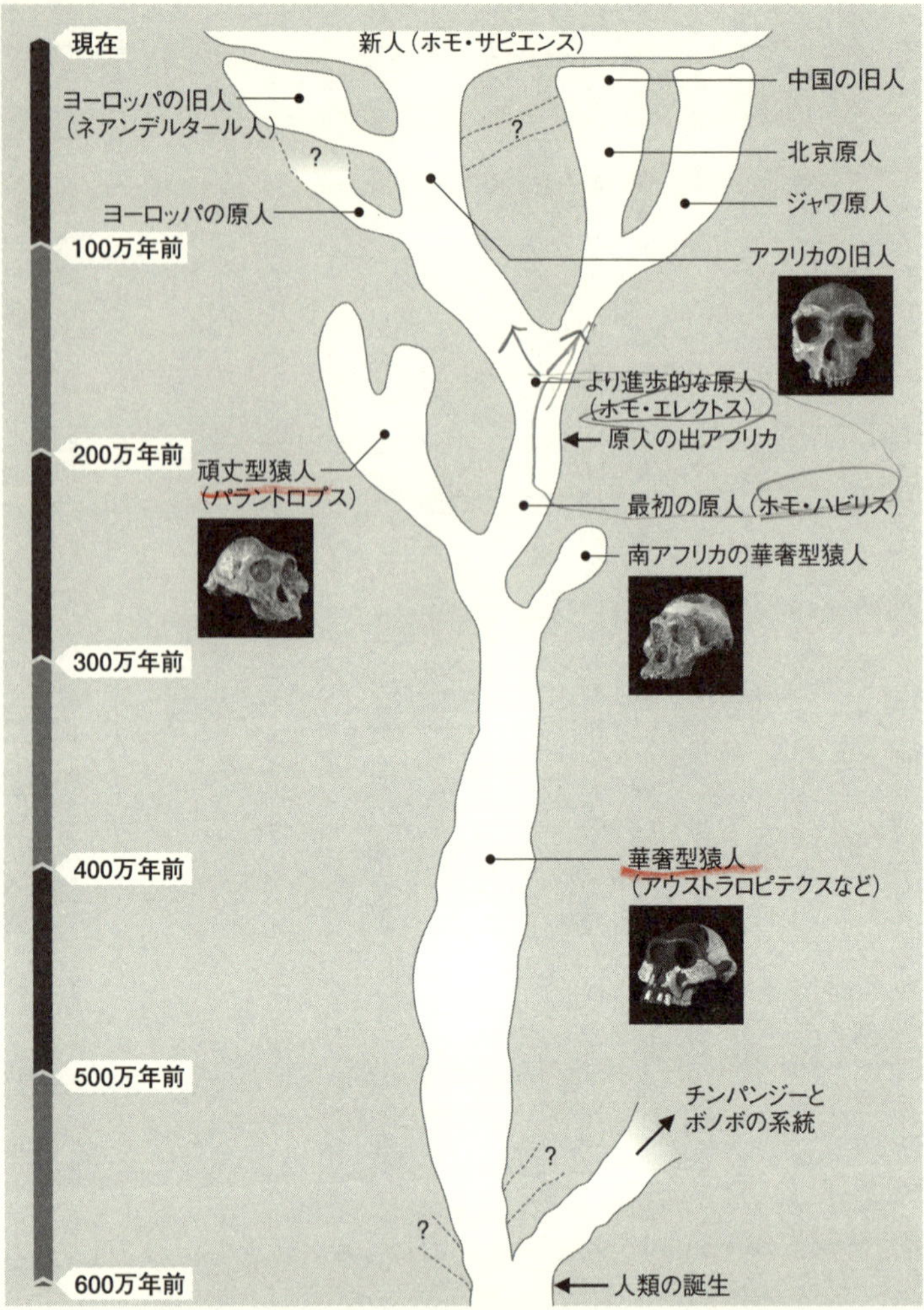

図 1-1　化石と DNA の研究から推定される人類の系統

ために、ホモ・サピエンス以前の人類史について現在の知見をまとめておこう。

ホモ・サピエンス以前の人類史

人類は、アフリカで誕生した。このことは、現代人のDNAがチンパンジーやゴリラなどのアフリカ類人猿と最も似ていること、二〇〇万年前より古い人類化石および石器はアフリカ以外から見つかっていないことから、もはや疑う余地がない。七〇〇万～五〇〇万年前の人類誕生のころの化石は、二〇世紀の間にはほとんど知られていなかったが、二一世紀に入るころから新発見が続き、にわかに充実してきた。これらの化石については、現在、発見者らによって詳しい研究が進められているところで、今後の成果発表が楽しみである。

アフリカで進化した初期の人類が猿人である。猿人は、その進化の初期段階から直立二足歩行をしており、犬歯も小型化する傾向にあったが、体つきは基本的にチンパンジーと似ており、脳もまだ小さく、石器を製作したのは末期の一部のグループだけであった。猿人には年代や地域の異なる多様な種が含まれ、グループ全体での生存期間は少なくとも四五〇万年に及ぶ。しかし彼らの分布は、アフリカ大陸に限られていたようだ。

二七〇万年ほど前に、猿人は大きく二つの系統に分かれたらしい。一方はもともと頑丈《がんじょう》な傾向のあった歯と顎《あご》をさらに頑丈に進化させたため、頑丈型猿人（パラントロプス属）と呼ばれている。頑丈型猿人の出現と成功は、非常に興味深い出来事である。彼らは確かに一四〇万年前ごろに絶滅したが、決してか弱い失敗作として登場したわけではない。頑丈型猿人は、出現してからおよそ一三〇万年もの間ホモ属の人類と共存しており、発見されている化石の量から考えても、一時期はアフリカで相当繁栄していた。頑丈型猿人のような極端な特殊化を遂げなかったもう一方の猿人のグループを、華奢《きゃしゃ》型猿人と呼んでいる。華奢型の中でも、アウストラロピテクス属については化石も比較的豊富で、研究の歴史も長く、多くのことがわかっている。

二六〇万〜二五〇万年ほど前になると、華奢型猿人の一種、アウストラロピテクス・ガルヒは、オルドヴァイ型と呼ばれる単純な石器を作りはじめたようだ。さらにこのころになると、石器による切り傷のついた動物骨や、石を使って叩き割られた痕跡のある動物骨も見つかるようになる。これらは石器で動物を解体したり、骨の中にある脂肪分豊富な骨髄を取り出して食べた証拠と考えられ、華奢型猿人の終末期のグループが積極的に肉食をはじめたことを示している。

二三〇万年前ごろになると、わずかではあるが、猿人に比べて脳の増大と歯の縮小化を示す最初のホモ属の人類、ホモ・ハビリスが現われた。オルドヴァイ型の石器と解体痕のある動物骨は、この時期に彼らが残した普遍的な遺物だが、これらの初期の人類が自ら積極的に狩りを行なったとは、あまり考えられていない。単純な石器しかもたず、身体も小さかった彼らにできたのは、おそらく自然死した動物を得るか、ほかの肉食獣が倒した動物を奪うかのどちらかであったのだろう。

ホモ・ハビリスと、これから進化したホモ・エレクトスをまとめて、日本語では原人と呼んでいる。最近では、両者の移行的な形態を示す二〇〇万〜一七〇万年前ごろの化石がいくつか発見されるようになってきており、二つの種の境界をどこへ持って行くべきか、今後しばらく議論が続くだろう。明確にわかっているのは、少なくとも一六〇万年前までに、ホモ・エレクトスの脳は一段と大型化し、歯が小型化し、さらに身長が高く、体つきが非常に現代人に近い状態になっていたということである。

おそらく一八〇万年ほど前に、原人は人類としてはじめてアフリカからユーラシアへと広がったらしい。一九九〇年代まで、人類はある程度の大きさまで脳を進化させてから、一二〇万年前ごろにユーラシアへ分布域を広げたと考えられていた。ところが事実は従来の予測とは異なり、もっと原始的な段階でユーラシアへの進出は達成されていたのだ。近年そうした化石証拠がグルジア共和国やインドネシアなどで少しずつ見つかってきており、人類最初のユーラシア拡散という問題は、ここ最近、大きな注目を集めるテーマとなっている。

原人はその後、インドネシア地域のジャワ原人や中国北部の北京原人など、いくつかの地域集団に分化していった。以前はそれぞれピテカントロプス、シナントロプスという属名が与えられていた両者だが、現在ではこれらの属名は用いられておらず、どちらもホモ・エレクトスに分類されている。原人の東ユーラシアへの拡散は比較的早い時期に達成されたと思われる。約一七〇万年前までには中国の北緯四〇度の地点にまで進出した証拠（この場合は石器）があり、インドネシアの化石証拠から見て、東南アジア地域への進出も同様にもしくはこれよりも弱干早かっただろう。ただし原人がヨーロッパに進出していたかどうかについては、現時点ではまだよくわかっていない。

およそ六〇万年前ごろのアフリカ、五〇万年ほど前のヨーロッパ、そしてアジア大陸でも少なくとも二〇万年前までに、原人よりさらに脳が大型化し、ほかにも進歩的な特徴をもつ人類、旧人が現われた。少なくともアフリカの旧人はアフリカの原人から進化したと、多くの研究者が考えている。しかしユーラシアの旧人がユーラシアの原人から進化したのか、それともアフリカからやってきたのかは、今のところ全くの謎だ。

旧人の中で最も有名なのは、三〇万~三万五〇〇〇年前ごろヨーロッパから中央・西アジアにかけて分布していた、ネアンデルタール人である。一方、アフリカやアジアの旧人化石はまだ少なく、その形態的変異についても十分にわかっていないため、〇〇人というような名称は今のところつけられていない。アフリカ、ヨーロッパ、東アジアの三地域の旧人については、これ以降の関連するセクションで改めて触れることにしたい。

六〇〇万年間の人類史を駆け足でたどってきた。それでも図1-2をながめてみると、旧人の段階では世界の多くの地域が、なお空白地帯として残されていることに気づく。この空白がすべて人類で埋められていくのが、これ以降に焦点を当てるホモ・サピエンス、つまり私たちの歴史ということになる。

石器文化の発展

人類史を語る上で、文化を切り離すことはできない。実際に「文化的な発展」と、「生物学的な進化」という二つの事象の関係が、本書では一つの重要なテーマになる。本論に入る前に、人間の文化の根源にあった要素と言っても過言でない石器文化について、基本事項を整理しておきたい。

私たちの現在の生活には、道具を作るためのいろいろな種類の材料があふれている。しかしこのような状況を迎えたのは、もちろん最近のことだ。例えばプラスチック(合成樹脂)の発明は一九

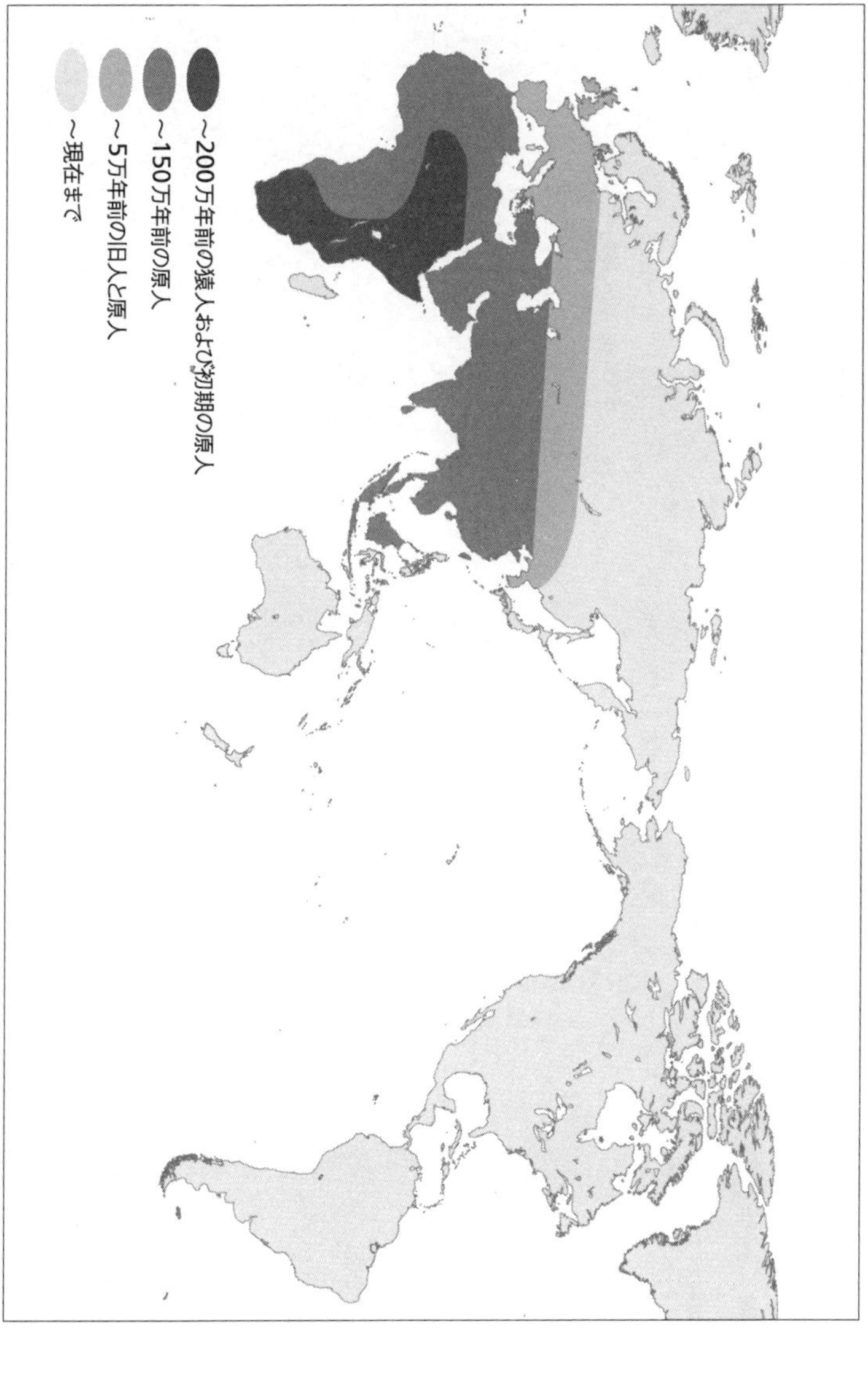

図 1-2　人類の分布域の拡大

世紀後半であるし、最古のガラス製品は三八〇〇年前ごろ、最初に普及した金属である青銅器の使用が本格化したのは、西アジアでは約六〇〇〇年前、中国では四〇〇〇年前、そして日本では二五〇〇年前の弥生時代に入ってからのことである。こうした材料は、いくつかの原料を混ぜ合わせたり熱や圧力を加えたりといった、複雑な工程を経て作られるが、このような技術が開発される前は、道具の材料は自然のものに頼るほかなかった。

木、樹皮、骨、角《つの》、歯、貝殻などの天然の材料候補の中で、人類が最も普遍的に用いてきたのは石だ。しかも石は腐らないので、半永久的に遺跡に残る。木などは湿地帯などの特殊環境でしか保存されず、骨や歯も土の性質によっては必ずしも残るものではない。日本の土は概ね酸性であるため、石灰岩地帯など限られた場所を除き、骨はほとんど残らない。土が違えば化石も多く産出し、人類学や古生物学の研究もより楽しいものであったろうが、なぜか現実は厳しいのである。

それでは人類は、いつから石器を使いはじめたのだろうか。意外かもしれないが、人類が加工された、つまり意図的に打ち割って刃などをつけた石器を頻繁に使うようになってからの歴史は、過去六〇〇万年にわたる人類史の中の半分にも及ばない。人類最古の石器は、エチオピアのゴナ遺跡などで発見されており、二六〇万～二五〇〇万年前と報告されている。

人類史において、石器が道具の主役をなしていた時代を、石器時代と呼んでいる。最初にこの用語を使ったのは、デンマークの考古学者トムセンであった。彼は人類の利器の材料が石、青銅、鉄という順序で進歩してきたことを見て取り、一八三六年に先史時代を石器時代、青銅器時代、鉄器時代の三つに区分した。その後、石器時代の研究が進むとさらなる細分の必要が生じ、一九世紀後半に旧石器時代と新石器時代という用語が提案された。

石器時代の時代区分には、石器製作技法だけでなく、当時生息していた動物たちや人々の生業様式など、いくつかの要素が加味されている。石器という道具は、あくまでも人間の文化の一要素であり、生活環境や生業様式を反映したものであるのだから、これは当然のことと言える。ヨーロッパで形成されていった旧・新石器時代の一般的な定義を簡単にまとめると、次のようになる。

旧石器時代は、人々がマンモス、ホラアナグマ、ケサイ（寒冷地に適応していたサイ）など絶滅した大型動物と共存していた、約一万三〇〇〇年前以前の時代である。この時期の人々は、移動しながら動物を狩り、植物やその他の野生の食べ物を採集する狩猟採集生活を送っていた。この時期に作られていた石器は打製石器と呼ばれるもので、基本的に石や角のハンマーで石材を打ち割る方法によって作られていた。

ヨーロッパで八〇〇〇～六〇〇〇年前にはじまる新石器時代は、農耕・牧畜という、食糧を生産する新しい生業スタイルとの関連が深い。人々は季節によって移動する生活を止め、家を建てて一か所に定住する傾向を強めた。石器製作においては、従来の打製石器に加えて砥石《といし》で磨いて仕上げる技法が普及し、磨製石斧《せきふ》などが盛んに作られた。穀

表 1-1　時代の区分

- 歴史時代
- 先史時代
  - 鉄器時代
  - 青銅器時代
  - 石器時代
    - 新石器時代
    - 中石器時代
    - 旧石器時代
      - 後期旧石器時代
      - 中期旧石器時代
      - 前期旧石器時代

物をすり潰すひき臼が増え、土器も出現した。

一九五〇年代ごろから、旧石器時代と新石器時代の間に何千年かの緩やかな移行期が存在したことが明らかになり、これを中石器時代（西アジアでは続旧石器時代という）と呼ぶ考えが定着した。つまりヨーロッパの石器時代は、旧石器時代、中石器時代、新石器時代という三つの時期に分けられるようになったのである。

石器時代の三つの時期の中で、旧石器時代はおよそ二六〇万～一万三〇〇〇年前までと格段に長い。当然ながら、これにも何らかの区分が必要になる。ヨーロッパの編年では、旧石器時代をさらに三つに区分し、それぞれ下部、中部、上部旧石器時代と呼んでいる。これはもちろん、地層の下部、中部、上部という意味で、この順で時代が新しくなることを示している。ただし世界全体を見渡すと、一口に石器時代といっても、各地の文化とその変遷史は様々である。そのため、ヨーロッパの編年を、そのままほかの地域に流用することはできない。例えばアフリカでは、ヨーロッパ地域とは別に石器時代全体を三区分した、前期・中期・後期石器時代という用語が用いられている。これは、ヨーロッパにおける編年におおよそ対応するが、厳密にはヨーロッパの定義に従っていない。また別に、世界全体で通用する用語として、前期・中期・後期旧石器時代という言葉も提案されている。

II

ホモ・サピエンスの故郷はどこか

アフリカの大地：詳しい位置は特定できていないが、20万年前ごろ、この大陸のどこかでホモ・サピエンスが進化した。(©オリオンプレス)

一九八〇年代以前

一九世紀後半にダーウィンが進化論を世に広めて以来、当然の流れとして私たち現代人の起源に強い関心が寄せられるようになり、数々の論争が繰り広げられてきた——ただしそうした議論の場が近代科学の発祥の地である西側諸国に偏《かたよ》っていることは認識しておくべきだ——。例えばトリンカウスとシップマン著の『ネアンデルタール人』などでも紹介されているように、この論争の歴史は、過去の時代背景や研究者の人間感情をも反映していて、それを知るだけでも十分面白い。

しかしこのような論争の歴史から、問題は常に流動的で、現在支持されている仮説も新しい発見によって将来は容易に覆《くつがえ》るのだろうと思われては困る。この分野では、とりわけ一九七〇〜八〇年代ころから重要な変化が起こっている。専門家の間で、証拠に基づいたより科学的な探究姿勢を追究する意識が広まり、定着してきたのだ。そうした背景には、証拠の蓄積が進んだこと、蓄積された過去の議論を再検討したこと、研究者の数が増えたこと、新しい研究手法が開発されたこと、研究の規模が大きくなったこと、などがあると思われる。つまり研究という行為も、歴史の積み重ねの中で進化したと言える。

やや単純化すると、次のように状況を説明できるかもしれない。一つの証拠というものは、いくとおりかに解釈しうることがある。そのとき、そのあいまいな証拠から考察を膨らませて何らかの結論を導くということが、しばらく前までよく行なわれていた。例えば二〇世紀初頭に活躍したフランスのマルセラン・ブールが、ネアンデルタール人のことを「野蛮」で「獣のような」と形容したのは、彼が研究したネアンデルタール人の骨格形態が、彼が美しく高尚と信じるホモ・サピエンスとずいぶん違っていたことに起因したようだ。骨格形態だけから野蛮であると、はたしてどこまで言えるのだろうか。現代の研究者たちは、たとえネアンデルタール人の脳の形——頭骨の内面の形状からおおよそわかる——が我々と違っていても、それが知能の違いを意味するかどうかはわからないという慎重な立場をとる。少々欲求不満を誘うような話ではあるが、私たちが事実を知ることにこだわりたいとするのなら、これがあるべき姿勢である。そして「科学」とは、そのような厳密に事実を追究する姿勢のことを指すのだと理解してよい。

このように、近年の人類学は、事実を探究するための真の科学に変化してきている。なお証拠の解釈をめぐって研究者たちは激しい議論を続けているが、それは議論を通じて問題点が明確になり、やがては多くの研究者が納得できる妥当な結論が得られるであろうという見通しがあってのことである。研究者によって意識が異なることもあり、今でもときには珍説が提唱されるが、学界に健全な科学的精神が存在すれば、最終的には様々な意見を的確に評価できるはずだ。ここで説明する現代人の起源をめぐる理論は、最近のそうしたハードな科学的追究の上に浮かび上がってきたものである。ここではそうした土壌の中で、過去二〇年近い論争の末に敗れ去った、多地域進化説についてまず解説し、その上で今日の定説となったアフリカ起源説について述べたい。

多地域進化説

現代人の多地域進化説は、しばらく前まで日本で広く紹介されていた学説である。一八〇万年前以降にアフリカからユーラシアへ広がった原人が、各地で北京原人、ジャワ原人などに分化し、それらがその土地の現代人の祖先となったというのが骨子で、この間、どの人類集団にも絶滅はなかったと想定する。

一九八〇年代以降、この説を主導しているミシガン大学のミルフォード・ウォルポフらの考えでは、各地域の旧人や原人には、それぞれの地域の現代人と共通する形態的特徴が認められ、そのため各地域の人類の系統は連続していたとみなされる。例えば、ネアンデルタール人の独特の鼻の形は、誰よりも現代ヨーロッパ人と共通するものであると彼らは見る。そして、専門家たちの間で尊敬を集める著名な研究者であったワイデンライヒによる六〇年前の指摘を受けて、北京原人に認められた上顎《じょうがく》の中切歯の裏側が窪む形質（シャベル型切歯という）は、現代の東アジア人にも多く見られることを強調する。そして、インドネシアのガンドンから出土している末期のジャワ原人の頭骨は、オーストラリア先住民のアボリジニと共通点が多いと説く。

かつて二〇世紀中ごろに、アメリカの人類学者カールトン・クーンは、ホモ・エレクトスからホモ・サピエンスまでの段階的進化が世界の五つの地域で独立に生じたという図式を描いた。しかしこれでは、遺伝子の同じ突然変異が違う系統で何度も繰り返し起こったことになり、現実的ではない（遺伝子の突然変異は個体の意思や願いとは無関係にランダムに生じる）。この問題点を解消するために、ウォルポフらはそれぞれの地域系統に網の目をかけた。説明するとこういうことだ。ホモ・サピエンスへ至るための遺伝子の突然変異には、様々なものがあったはずだ（ただし現在でもそれが何かは特定できていない）。ある地域集団に突然変異が生じると、隣り合う集団間の小規模な混血を

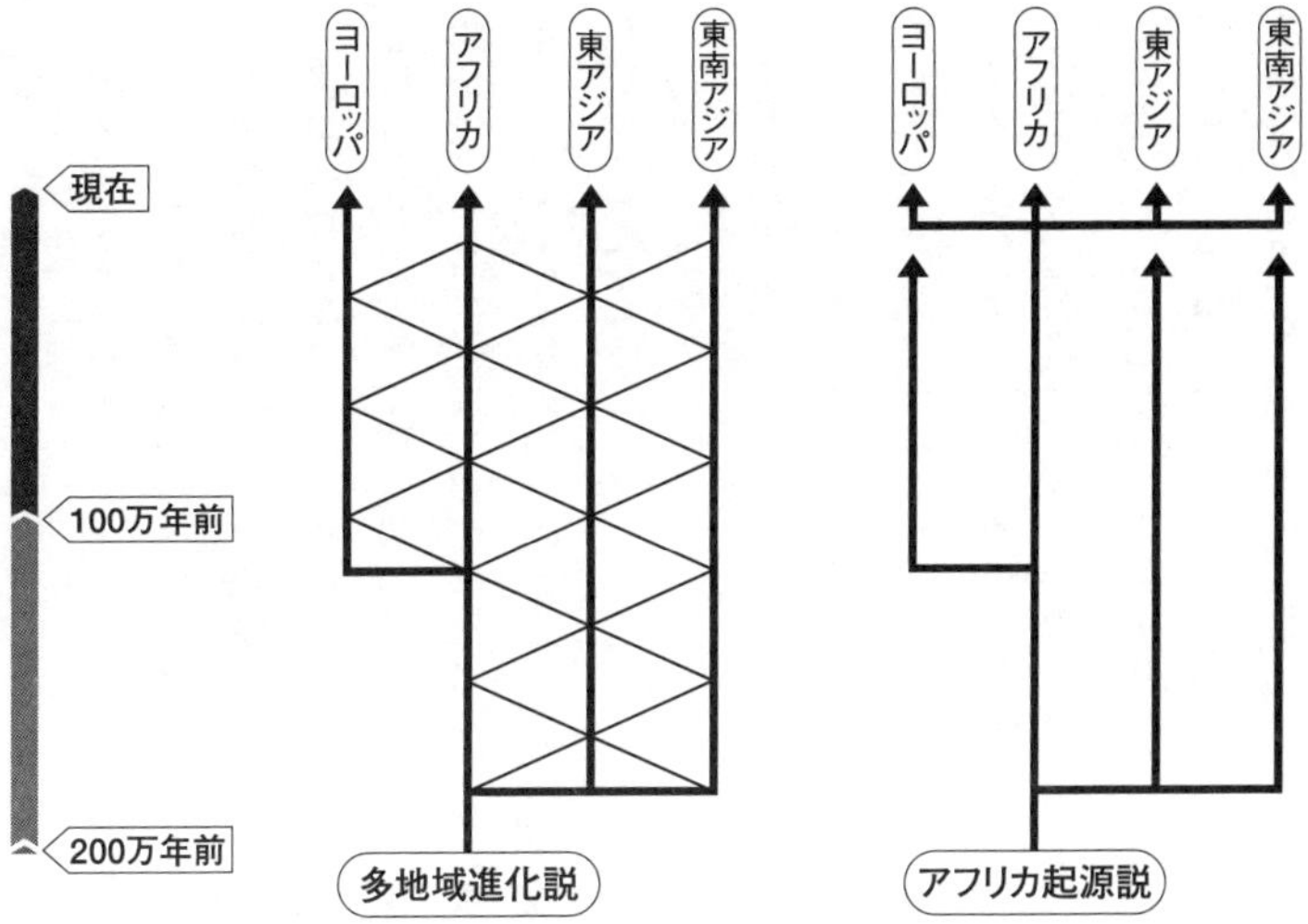

図 2-1　ホモ・サピエンスの起源をめぐる最近の 2 つの仮説

介して、その新しい遺伝子が隣の集団に受け渡される可能性がある。こうした限定的な混血による集団間での遺伝子流動を繰り返し、アフリカとユーラシアの人類集団は、歩調を揃えるようにホモ・サピエンスに進化していった。つまりホモ・サピエンスに特徴的な遺伝子を、ユーラシアとアフリカにいたいくつかの人類集団が交換し合って、その結果すべての現代人がその遺伝子セットをもつようになったというのである。図2-1の網の目は、それぞれの遺伝子が様々な方向に行き交ったという仮定を表わしている。

しかし冷静に考えると、これは何とも気の遠くなるような話だ。彼らが地域的連続性を説く根拠は、化石の形態に、ホモ・エレクトスから現代人まで連続する地域色が認められるというものだが、まず多くの形態学者はこの解釈に賛同していない。多地域進化説陣営が指摘する形質は、どれもあまり系統解析の役には立たないとされる形質で、その上彼らはほかの自説に不利な形質の議論を避けている（そのように受け取れる）。そして仮に形質の地域的連続性の見解を受け入れたとしても、地域の独自性の遺伝子は保持しながら、ホモ・サピエンスへ向かう遺伝子のみが広い地域に散らばる集団間を流動するという図式は現実的でない。

多地域進化説は、ウォルポフによる強烈な宣伝もあって、次に説明するアフリカ起源説に対抗する仮説として大きく取り扱われ、一九九〇年代には両者の間で激烈な論争が繰り広げられた。この論争は、マスコミにも頻繁《ひんぱん》に登場したし、多数の本の題材にもなった。しかし今では化石の形態と年代、さらに遺伝人類学の研究が進んで多地域進化説は弱体化し、この説に固執《こしゅう》しつづける研究者はごく少数になっている。

アフリカ起源説

ホモ・サピエンスのアフリカ起源説は、過去十数年間にわたる論争を経て、今ではまず間違いなく正しいと認識されるようになっている。詳細については研究者によって多少考えが違うところもあるが、そのおおよそのシナリオは、以下のようなものである。

アフリカ起源説は、世界中のすべての現代人の起源は、二〇万〜五万年ほど前のアフリカにあるとする。厳密に広いアフリカの中のどこで誕生したのかはまだ明らかでない。しかしいずれにせよ、私たちの共通祖先が約二〇万年前にアフリカの旧人から進化し、その後しばらくしてから世界中へ広がった結果、各地の現代人集団が成立したのだ。

ホモ・サピエンスがアフリカからユーラシアへ進出したとき、この大陸の中〜低緯度地域には、旧人の集団（一部地域では原人の集団）がいた。ヨーロッパにはネアンデルタール人がおり、東アジアには、中国のマパ、ターリー、ジンニュウシャンなどの化石に代表される、別の旧人集団がいた。そしておそらくインドネシア地域には、旧人と呼べる段階までは進化していなかったジャワ原人の最後のグループがいたと考えられている。ホモ・サピエンスの到来とともに、これらの原始的な人類はいなくなる。何が直接の原因で、実際にどのような過程を経て彼らが消えていったのかは、まだ十分にわかっていない。ともあれネアンデルタール人にせよ北京原人やジャワ原人の子孫にせよ、ユーラシアにいた古いタイプの人類は最終的に絶滅し、私たちの直接の祖先とはならなかったのである。

このように言うと、血なまぐさい出来事をイメージしてしまう方もいるかもしれないが、本書ではこの問題には深くは立ち入らず、いくつかの判断材料を整理するにとどめたい。この問題を科学的に追究することには限界があって、どのような議論も結局は推論の域を出ないからだ。実際に人類集団間での殺戮《さつりく》がときおり起こった可能性を、私は否定しない。そのような現象は、人間だけでなくチンパンジーやオオカミなどの集団でも観察されている。しかし一方で、暴力なしでも集団の置換《ちかん》は起こりうるし、現実に生物界ではそうしたことが頻繁に起こっている。殺戮以外の別の可能性を一つ示すなら、旧人や原人たちは、より効率的に食料を採集するホモ・サピエンス集団を前に除々に人口を減らし、最終的には急速に人口増大していくホモ・サピエンス集団に吸収されてしまったというシナリオも考えられる。ホモ・サピエンスはそれ以前の人類の分布範囲を越えて世界へ広がったのであるから、その人口増加速度は、旧人や原人の比ではなかったろう。

人類史の中でも、初期のホモ属と頑丈型猿人が、一五〇万年間も共存していた例がある（第一章を参照）。原人、旧人、新人はそれなりに近縁で、互いに混血することは十分に可能であったろうし、それぞれが接触したときにはある程度混血したのではないかと考える研究者は少なくない。最近の人類学の議論の大きな焦点の一つは、この混血がどの程度あったのかという問題になっている。これから説明するように、ホモ・サピエンスがアフリカに由来したことを否定するのはもはや不可能と言ってよいほど多くの証拠がある。しかしアフリカから拡散していった集団が、各地の旧人や原人集団と限定的な混血をしたか、あるいはしなかったかについては、遺伝人類学者の間でも形態学者の間でも、まだ意見は一致していない。

化石が示唆する過去

現代人の起源を問い直しアフリカに目を向けさせる動きは、一九七〇年代から、アフリカとヨーロッパの人類化石を調査していた研究者の間で静かにはじまっていた。その後、一九八〇年代末に発表された二つの研究によってこの議論に火がつくのだが、まずは一九八〇年代前半の、代表的な化石研究者の動きを追うことにしよう。

ロンドンにある国立自然史博物館のクリス・ストリンガーは、ヨーロッパ中をめぐって、ヨーロッパと西アジアのネアンデルタール人とクロマニョン人の様々な頭骨化石を比較していた。彼は、複数の計測値による多変量解析と、分岐系統解析という、そのころ流行《はや》りつつあった手法を用いて頭骨化石の形態分析を進めた。そしてその結果、クロマニョン人はネアンデルタール人から進化したのではなく、かつヨーロッパの古い化石の中には、クロマニョン人の祖先候補となるような化石もないという結論に達した。そうしたとき、ストリンガーの目に入ってきたのが、エチオピア出土のオモ1号やモロッコ出土のジュベル・イルー1号といった、アフリカの化石だった。これらの化石の年代はまだ明らかでなかったが、面白いことに、現代人的な特徴があったのだ。ストリンガーは、クロマニョン人の起源がアフリカにあるのではないかという考えを、強めるようになっていた。

一方、ハンブルグ大学のギュンター・ブロイヤーは、それまで体系的に比較研究されていなかったアフリカの旧人化石の、包括的な研究に着手していた。多くの化石は年代が不明であったため、彼は形態的に原始的から現代的まで四つのグレードに化石群を分け、それぞれ特徴を調べていくという手法をとることにした。この研究の中で、彼もホモ・サピエンスのアフリカ起源という考えに傾いていった。

さらにヨーロッパから見てアフリカの反対の端、南アフリカの海岸沿いにあるクラシィース河遺跡からは、一〇万～七万年前と推定される地層から、石器などの文化遺物に混じって、現代人的な形態をした頭骨の破片がいくつか見つかっていた。そして同じ南アフリカのボーダー洞窟からは、何十年も前に発掘された現代人的な頭骨や下顎骨《かがくこつ》が、やはり古い地層から発見された可能性を疑われていた。このように一部の研究者は、これまで注目されていなかったアフリカの化石の中に、ホモ・サピエンスの故郷の問題の答えがあることを感じはじめていた。ただしこの当時、ストリンガー自身は、後に遺伝人類学者が主張したようなアフリカ起源のホモ・サピエンスとユーラシアの旧人との劇的な交代は考えておらず、クロマニョン人とネアンデルタール人の間には相当の混血があったと想像していた。

一方ヨーロッパにおいて、ネアンデルタール人とクロマニョン人との間の非連続性を示す、新しい研究成果も報告された。一般に、イヌイトやユッピクのような極北に暮らす人々は、身体の横幅が大きく、手足が短い傾向がある。対照的に暑い地域の人々は、例えばケニアのマサイのように、痩身で手足が長い傾向がある。これは熱代謝の観点から説明される。つまり、暑い地域では体熱の放散をうながすために、身体の体積当たりの体表面積が大きいと都合がよいのだが、そのためには痩身で手足の長い身体がよい。面積は径の二乗に比例するが、体積は径の三乗に比例するためである。寒い地域の人々には、逆に、体熱の放散を防ぐ選択圧が働いていると考えられる。つまり、現代人の集団間の体型の違いは、気候の違いに帰せられるわけである。

さて、ネアンデルタール人の四肢が短く、現代の極北集団のようであることに最初に気づいたのは、アメリカの人類学者カールトン・クーンであったが、皮肉にも彼は、ネアンデルタール人がクロマニョン人に進化したという説の主唱者であった。当時はその事実のもつもう一つの意味は気づかれないままであったが、後にクロマニョン人の四肢は長く、ネアンデルタール人より熱帯に適応したタイプであることがわかったのである（第六章で詳述）。今よりも気温が低い氷期のヨーロッパに現われたクロマニョン人が、ネアンデルタール人より熱帯に適応した身体つきをしている事実は、連続進化説ではどうにも説明がつかない。

遺伝人類学が復元する過去

一九八〇年代末から九〇年代にかけて巻き起こった、現代人の起源を巡る大論争の口火を切ったのは、一九八七年に発表された、アメリカの遺伝人類学者レベッカ・キャンやアラン・ウィルソンらの論文であった。彼らが世界各地出身の一四七人の現代人からミトコンドリアDNA――ミトコンドリアは細胞内にある小さな器官の一種で独自のDNAをもっている――を集めて比較したところ、現代人の共通祖先は、およそ二〇万年前のアフリカにいたことがわかったというのである。このような問題は化石の研究が解決するものと信じていた古人類学者たちにとっては、これはまさに寝耳に水のような話だった。実は同様の成果は、ダグラス・ウォレスらによって一九八三年に発表されていた。さらにタンパク質を素材にした研究であれば、一九七〇年代の根井正利らの論文がある。しかし結論の大胆さなどでキャンらの論文は大きな注目を集め、提示された仮説もイヴ仮説という名で有名になった。

DNAの比較という手法は決して万能ではないが、生物の系統関係を調べる上で非常に強力な手法である。近縁な集団どうしほどDNAは似ているという観察事実を応用すれば、DNAの違いを比べることにより、生物集団間の系統関係を推定できる。違いが少ないほど二つの集団が分岐した年代は最近で、大きいほど昔とわかるわけだ。

ここではキャンらの結果でなく、二〇〇〇年に発表されたもっと大規模な解析結果を例として示そう。図2-2は、スウェーデンとドイツの研究グループによって発表されたものだ。分析されたのは世界各地の五三人と、キャンらの研究より少ない。しかしキャンらがミトコンドリアDNAの

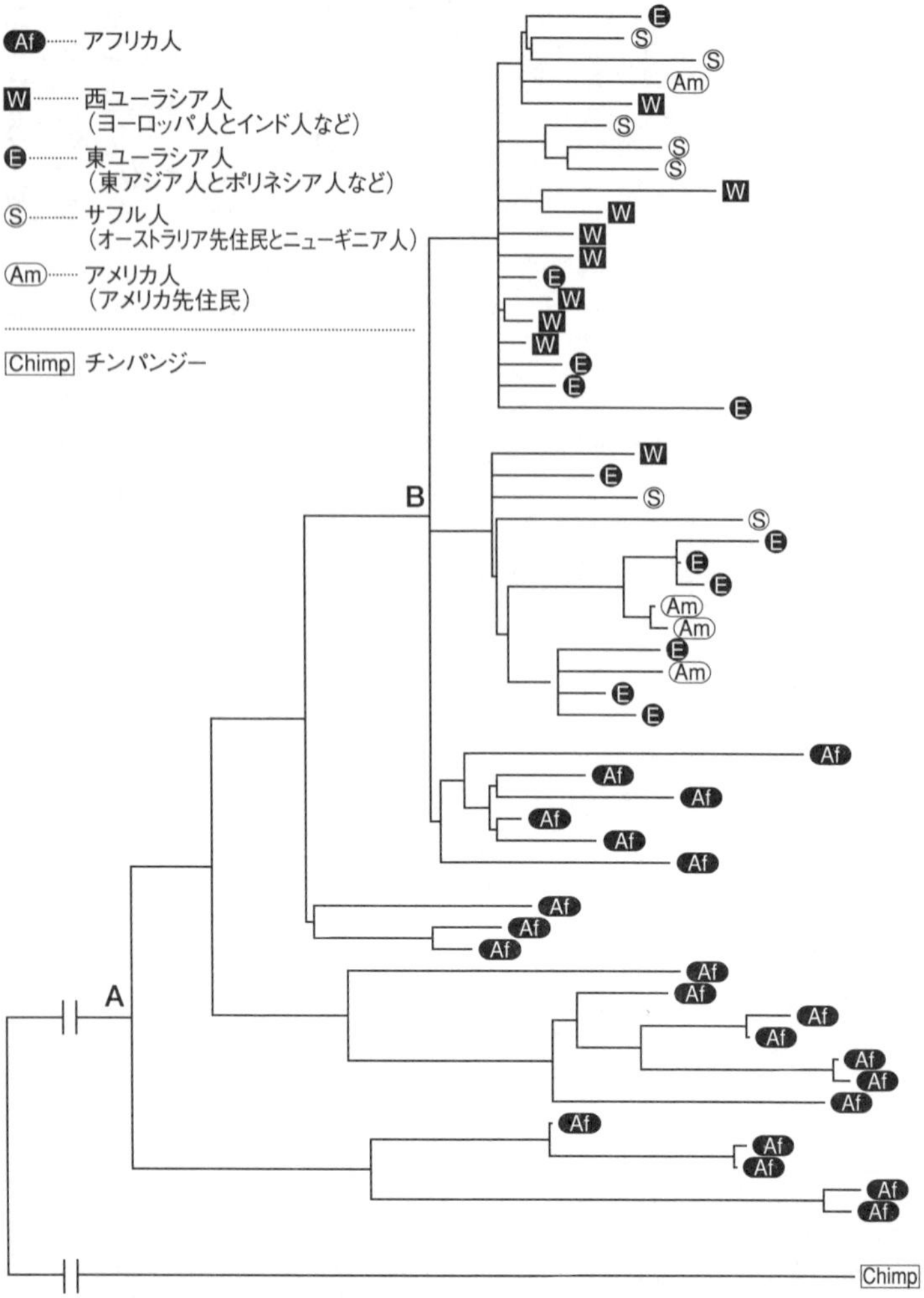

図 2-2　アフリカ起源説を示すミトコンドリア遺伝子の系統樹
(Ingman et al., 2000 を改変)

ごく小さな領域についてのみ解析したのに対し、ここではミトコンドリアDNA全体（注1）について解析してあり、結果の信頼性は高い。

分析の結果から、現代人とチンパンジーの間のミトコンドリアDNAの違いは、現代人どうしの違いの二九倍ほどであることが確認された。チンパンジーと人類の系統が分かれたのは、化石の証拠から七〇〇万～六〇〇〇万年前と推定されているので（この論文の発表当時は五〇〇万年前とされていた）、仮に六〇〇〇万年前という数字を採用すれば、図2-2の共通祖先が存在した年代は（図のA）、約二〇万年前という計算になる（ただし理論的な予測により実際の集団の分岐はこの年代より後である）。各地の現代人がホモ・エレクトスの時代に分かれたという多地域進化説が正しいのなら、共通祖先の年代は一八〇万年前ごろになるはずであるが、どうしてもそうはなっていない。

次に注目すべきは、現代人内での枝分かれのパターンだ。現代人の中では、アフリカ人の枝が目立って長い。これはアフリカ人が誕生してから、比較的長い時間が経過していることを意味する。そこで現代人の共通祖先はアフリカで進化したと考えれば、この現象をうまく説明できる。また図のBの年代は六万三〇〇〇年前と推定されるので、ホモ・サピエンスがアフリカの外へ広がりはじめたのは、この年代より後の出来事であったと予測される（ただし遺伝学的データに基づくこうした年代値は大きな誤差が見込まれ、絶対的なものではない）。

キャンらの論文の発表以来、研究者たちは、当初の研究におけるデータ解析手法の妥当性について激しい議論を重ね、それを受けて解析法を向上させてきた。また現在までに、ミトコンドリアDNAの研究がいっそう充実しただけでなく、Y染色体やマイクロサテライトといった核内のDNA

についても研究が進められ、そうした新しい研究のどれもがアフリカ起源説を支持する結果となっている。そしてさらに二〇世紀も終わりに近づいたころ、ついに実現した次の新しい研究成果も、アフリカ起源説を裏づけるものであった。

古い人類の化石からDNAを取り出して、現代人のものと比べ、化石人類の系統を探ることは可能なのだろうか。夢のようなこのアイディアを実現するには、まず長い時を越えて化石中にDNAが壊れずに残っていることが必要で、さらに分析の過程で周囲から外来のDNAが混ざらないよう極めて慎重な手続きをとる必要がある――最も危険性が高いのは分析者本人のDNAが混ざってしまうことだ――。そもそもDNAを取るためには貴重な化石を壊さなくてはならないので、これは簡単にできる話ではない。周到な準備のもと、こうした条件をクリアーして成し遂げられた最初の成功例は、一九九七年に報告された。ドイツとアメリカの研究グループが、一八五六年にドイツで発見されたネアンデルタール人の化石から、ミトコンドリアDNAを抽出することに成功したのである。研究チームの巧妙な分析手法はもとより、どうやらドイツの寒冷な気候がDNAの保存に有利に働いたようだ。これを現代人のDNAと比較した結果では、ネアンデルタール人と現代人が六〇万年も前に枝分かれしたことが示された。

その後さらに別のネアンデルタール人化石でも成功例が報告され、彼らのミトコンドリアDNAが現代人とはずいぶん違うことがはっきりしてきた。このことは、ホモ・サピエンスとネアンデルタール人が混血した可能性まで否定するものではないが、ヨーロッパのネアンデルタール人がホモ・サピエンスの祖先ではないことを明らかにした。

（注1）　ただしDループと呼ばれる領域は進化速度が一定でないようであるため、解析から除かれている。

年代測定が揺さぶる解釈

大論争のもう一つのきっかけは、新しく開発された年代測定法の登場によって引き起こされた。舞台はイスラエルのいくつかの遺跡である。この地域では、以前からネアンデルタール人とホモ・サピエンスの二タイプの人骨化石が発掘されていた。カルメル山に開口するタブーン洞窟からは前者が、そこからわずか五〇メートル離れたもう一つのスフール洞窟からは後者が、それぞれ一九三〇年代に出土していた。そのほか、カフゼー洞窟からはホモ・サピエンスが、ケバラ洞窟と日本の鈴木尚《ひさし》らが発掘したアムッド洞窟からはネアンデルタール人の骨格が出土していた。

二〇世紀の終盤になるまでこれらの化石の年代はわからなかったが、多くの研究者は、ネアンデルタール人がホモ・サピエンスに先行し、両者は祖先と子孫の関係にあると予想していた。ところが一九八〇年代末に、フランスとイスラエルの研究グループが熱ルミネッセンス法という新しい手法で年代を測定したところ、驚いたことに年代がより古いのはホモ・サピエンスのほうであることがわかったのである（図2-3）。報告された年代は、ケバラとアムッドのネアンデルタール人化石が約六万年前、カフゼーのホモ・サピエンスが九万二〇〇〇年前というものであった。さらに一九九三年には、スフールのホモ・サピエンス化石の年代も一一万五〇〇〇年前と報告された（注2）。

これは過去の探究における年代という情報の重要さを、端的に示した例とも言える。言うなれば化石というジグソーパズルのピースに、新しい技術によって年代という情報が付加され、ピースが

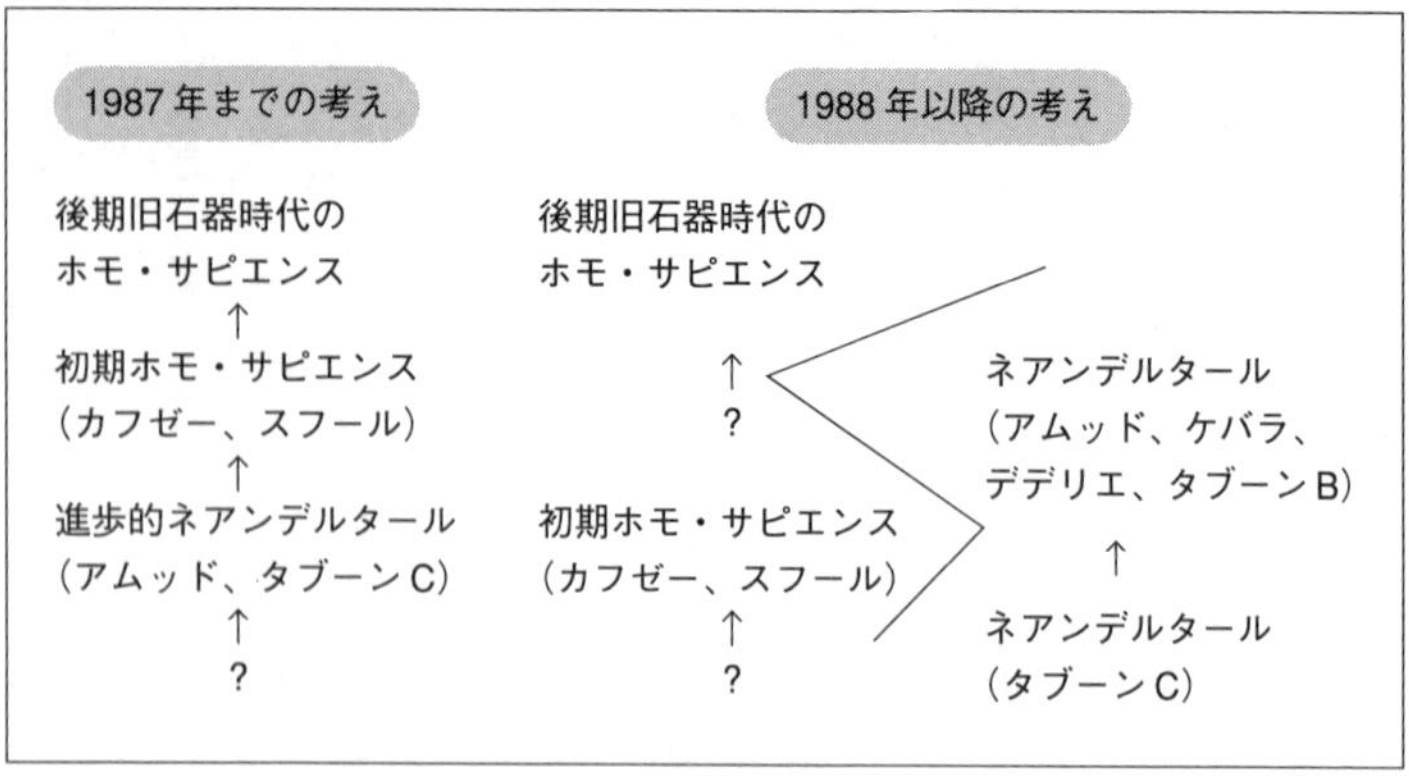

図2-3　変わる西アジアの化石人類の年代観
右の折線は推定される両集団の分布域の拡大と縮小を示す (Shea, 2003を改変)

置かれる位置がはっきりしたのだ。これによって、ネアンデルタール人が西アジアやヨーロッパで活動していた五万年前ごろより何万年も前から、ホモ・サピエンスが存在していたことが明らかになった。この事実から、ネアンデルタール人はホモ・サピエンスの祖先ではなかった可能性が強まり、多地域進化説は大きなダメージを受けたのである。

(注2)　ただしスフールの化石の年代測定には無視できない不確定要素がある上、一部の化石の年代はもっと新しい可能性も指摘されている。

ジャワ原人の運命

インドネシアのジャワ島は、原人化石の宝庫である。東南アジアの大陸部では、原人の頭骨はまだ一つも見つかっていないのに、ジャワ島からは保存のよいものだけで二〇程度が見つかっている。既存のジャワ原人化石の年代はまだはっきりしていないものの、大きく分けて三つの年代グループに分かれるようだ。一〇〇

（もしくは一五〇）万年前ごろ、五〇万年前ごろ、一〇万年前ごろの三つである。ジャワ原人については、現代人の起源論争で重要な焦点となったばかりでなく、筆者も直接研究を行なっているところなので少し触れておきたい。

一番年代の新しい一〇万年前ごろのジャワ原人の頭骨が、オーストラリア先住民の頭骨と似ているという見解は、多地域進化説の最大の拠り所であった。確かに約一万年前のオーストラリアの化石頭骨の一部は頑丈なつくりをしており、額《ひたい》の部分も後へ傾斜していて、原人の頭骨を髣髴《ほうふつ》させるところがある。これらの化石の眉の部分は原人のような極端な突出は示さないが、現代人の頭骨で眉上弓《びじょうきゅう》と呼んでいる隆起した部分の発達は強い。

ジャワとオーストラリアに関する多地域進化説論者の主張への反対意見は、主に三つある。一つは、一〇万年前ごろとされていた一部のジャワ原人化石が、実際にはわずか五万〜三万年前ほどのものであるという主張だ。これが確かなら、ジャワ原人は東南アジア地域でホモ・サピエンスと共存していたことになり、いくら似た特徴があるといってもそれなりに原始的な彼らが、ホモ・サピエンスの特徴を完全に備えたオーストラリア先住民の祖先にはなりえない。ただし、一九九六年に発表されたこの若い年代には様々な問題があって信頼性が低く、今のところ非連続性の決定的根拠とはなっていない。

非連続性のもう一つの根拠は、最近発見された、中期のジャワ原人化石の解析をきっかけにわかってきた。これはワイデンライヒらの先行研究の成果を踏まえて、国立科学博物館の馬場悠男《ひさお》、河野礼子、および筆者が、インドネシアのファクロエル・アジズや東京大学の諏訪元《げん》らとの共同研究で発表したものである。この新しい化石は、ソロ川流域のサンブンマチャンで発見され、サンブンマチャン4号と呼ばれている。前期と後期のジャワ原人の中間的形態を示すことから、以前からの予測を裏づけ、ジャワ原人が北京原人とは独立に進化したグループであったことをほぼ決定づけた。さらに頭骨の底部などの細かい特徴を精査した結果、ジャワ原人の系統は、いくつかの形質において独自の特殊化を強めていることがわかった。ホモ・サピエンスとは異なる方向への進化傾向は、アボリジニとの連続性の仮説とは相容《あいい》れない。

さらなる根拠として、第七章で改めて述べるように、これまでの調査から、五万年前ごろに最初にオーストラリアへ渡ってきたのは、実は比較的華奢な特徴をもつホモ・サピエンス集団であった可能性が高くなってきている。そうであるのなら、一部化石に見られる頑丈な特徴は、オーストラリア内で二次的に進化したもので、ジャワ原人とのつながりを示すものではない。従ってジャワ原人は、ホモ・サピエンスの到来によって最終的に絶滅したグループであったとみなすべきである。

決定的な証拠

こうして遺伝人類学の証拠、そしてアフリカとユーラシアでの化石の研究から、二〇〇三年のはじめまでに、アフリカ起源説はますます強固なものとなっていた。しかしこの説を決定づけるには、何にも増して、アフリカから疑いなく古いホモ・サピエンス化石が発見されることが重要である。この時点までに見つかっていた古いアフリカのホモ・サピエンスとされる化石は、六~七点ほどあったが、どれも年代があいまいかそうでなくとも断片的であった。待望の新発見が発表されたのは、二〇〇三年の春だった。

カリフォルニア大学バークレー校のティム・ホワイト、エチオピアのブルハニ・アスフォー、そして日本の諏訪元らのチームは、エチオピアのミドル・アワッシュで、完全に近い成人男性の頭骨（ヘルト一号、口絵参照）、そしてほかに断片的な成人の頭骨一つと、保存のよい子供の化石一つを発見した。慎重な手続きで年代測定が行なわれた結果、約一六万年前という信頼性の高い値が得られた。これらの頭骨はサイズが大きく、眉の位置の隆起が発達しているなど原始的特徴を残すものの、その形態特徴は基本的に現代人と同様であった。一言で言えば、ヘルトの化石は現代人の頭骨形態を完成させせつつある段階のものと見ることができる。調査チームは、このようなヘルトの人類をホモ・サピエンス種の中のホモ・サピエンス・イダルツという新亜種に分類し（イダルツは現地の言葉で年配者を意味する）、現代人つまりホモ・サピエンス・サピエンスと亜種レベルで区別することを提唱した。

この年代のユーラシアに、このように現代人的な形態をもつ人類がいた証拠は全く見つかっていない。逆にヨーロッパや中国で知られているのは旧人段階の化石で、インドネシアにはなお原人が生き残っていた可能性すらある。このようにヘルトの頭骨化石は、世界のどこよりも早くアフリカで現代人的な形態をした人類が進化していたことを、ほぼ決定づけた。科学の精神に則って慎重に言うなら、なおこれを覆す化石の発見が将来なされる可能性を否定することはできない。しかし、上述のヘルト以前からアフリカで見つかっていた化石のことも合わせて考えれば、そうした可能性は極めて低いと考えざるをえない（注3）。

なお未解決の問題は残っている。ホモ・サピエンスの形態はアフリカ全土において進化したのか、それともどこか特定の地域で進化したのか。少しずつゆっくりと進化したのか、それとも急激に進化したのか。これらは将来の課題であるが、エチオピアでの新しい発見は、アフリカ起源説をもはや揺るぎないものにしたと言ってよいだろう。

（注3）本書が校正段階にあった二〇〇五年の二月には、エチオピアのオモで一九六七年に発見されていた断片的なホモ・サピエンス化石が、年代を新たに検討した結果一九万五〇〇〇年前のものであることがわかったという報告があった。

新しい動き

このように数々の証拠が蓄積され、私たちホモ・サピエンスの起源に関する論争は、ほぼ落ち着いてきたかに見える。現在の争点は、拡散していった新人集団と各地にいた旧人集団との間で、どの程度の混血があったのかというような、より細かい問題に移っており、議論はヤマ場を越えたかのようだ。しかし本当に面白いのは、そしてこの問題の探究が人類学的にもっと重要な意味をもつようになるのは、実はこれからなのだ。

これまでの議論は、ある意味、単なる系統関係の議論、つまり過去と現在の人類集団をどう線で結ぶかについて論争しているに過ぎない。もちろんこれはこれで、興味深く、興奮させるような話題であり、だからこそマスコミも、これまでこの問題を大きく取り上げてきたと言えるだろう。しかしこの系統関係の意味は、もっとずっと深遠であるように思える。実のところを言えば、過去二〇年間の研究をリードしてきた古人類学者や遺伝人類学者たちも、二〇万年前以降のアフリカ起源という事実が意味するところについて、最初から深い認識をもっていたわけではなかったようだ。しかし最近になって、その意味についての問いかけが本格的にはじまり、いくつかの重要な認識が広まってきた。

ホモ・サピエンスのアフリカ起源説を支持する証拠が固まるにつれ、ただちに意識の変化を迫られたのは、考古学者たちであった。遺跡の発掘調査を通じて、人骨以外の遺物――つまり残された道具類や、建物や炉や墓などの跡、さらに動物骨や貝、植物依存体（植物化石や花粉）など――から過去を探る彼らの一番の関心事は、先史時代人の生活様式や行動パターンである。ホモ・サピエンスの系統が明らかになってきたのなら、現代人的な行動能力というものがどう進化してきたのかが、当然、次の課題となる。

遺伝人類学が現代人のDNAを分析して解明することができるのは、基本的に、各地の現代人集団の類縁関係や、祖先集団の大まかなサイズなどである。DNAデータの新たな解析法が考案され、最近ではホモ・サピエンスが旧人と混血した可能性などにも言及されるようになってはいるが、遺伝人類学から過去の人類の姿形や、行動の詳細を知ることはできない。一方、何万年か何十万年前の人類化石が発見され、年代学者によってその年代が調べられ、形態学者によってその形態の比較分析が行なわれることによって、どのような姿形をした人類が、どの地域にどの時代にいたかがわかる。化石を調べることによって、過去の人類集団間の系統関係を推定することもできるし、骨格形態の変化として検出されるものであれば、病気や生活習慣などについてもある程度のことはわかる。しかし、先史時代の祖先が、どのような道具を用いて何を行ない、どのような食物をどのように集め、どのような暮らしを送っていたかを知りたいのなら、考古学の研究の進展を待たねばならない。

現代人の起源論争は、遺伝人類学、古人類学、年代学の研究者に主導されてきた。問題の根幹は人類の系統関係にあるのだから、これはある意味当然のことだった。しかし問題がこれで終わるわけではない。現代人的な骨格形態が、アフリカで進化したことはわかった。それでは、現代人的な行動パターンや、それを可能とする能力は、いつどのように進化したのだろうか。そもそも、〝現代人的な行動パターンやそれを可能とする能力〟とは何なのだろうか。一九九〇年代半ばごろからにわかに熱を帯びてきたこの課題への挑戦が、次の章のテーマである。そしてその舞台は、もちろんアフリカだ。

III

ブロンボス洞窟の衝撃

アフリカで何が起こったのか

漁のはじまり：ホモ・サピエンスは、そのとどまることを知らない発見・発明能力によって、採集できる食資源の種類を増やした。彼らは洗練された道具を作りだし、それ以前は入手困難だった魚や鳥も獲るようになった。アフリカの遺跡からは、十数万年前の世界最古の漁の証拠が見つかっている。(国立科学博物館常設展より)

変わるMSAの位置づけ

アフリカの石器時代は、一九二九年に南アフリカのグッドウィンとヴァン・リエ・ロウェによって、前・中・後期石器時代の三つの時期に区分された。それぞれ英語では、ESA、MSA、LSAと略される。この定義は、そもそも南アフリカの考古遺物の研究に基づいて提唱されたものだが、後に正式にアフリカの石器時代区分として採用することに決められた。

やや専門的になるが、約二六〇万年前にはじまるESAは、人類最古の石器文化であるオルドヴァイ文化、およびこれに続くアシュール文化を含む。MSAは、アシュール文化の特徴であるハンドアックスとLSAの特徴である細石器を欠く一方、剝片《はくへん》石器とそれを得るための調整石核、石刃《せきじん》と石刃石核、片面もしくは両面が加工された尖頭器などの存在で特徴づけられる。そしてLSAの定義は研究者間で若干異なるが、細石器や背つき幾何形石器と呼ばれる小型の石器の存在と、MSAの要素である尖頭器がないことなどが、主な基準となっている。

現在では、年代測定法の発達と遺跡調査件数の増加により、最も古いESAの証拠がおおよそ二六〇万年前、MSAがはじまるのが三〇万～二〇万年前、そしてLSAがはじまるのが五万年前(場所によっては二万五〇〇〇年前)とわかってきている(各期の間には長く実態の複雑な移行期間が存在したと見られる)。そしてこの中で本書の焦点となるのは、ホモ・サピエンスがアフリカに出現したMSAだ。

ここ最近の一〇年間、私たちの起源の問題をめぐって、アフリカでは大きな発見が相次いでいる。

表　3-1 アフリカの石器時代区分

ＥＳＡ：Earlier (Early) Stone Age	前期石器時代	約260万～25万年前
ＭＳＡ：Middle Stone Age	中期石器時代	約25万～5万年前
ＬＳＡ：Later (Late) Stone Age	後期石器時代	約5万年前以降

しかしこれらが大きなニュースになるということは、逆に考えれば、アフリカに対する学界のこれまでの認識には、何らかの欠陥があったということでもある。この章では、二〇万~五万年前ごろのアフリカが、人類史の中でどのように位置づけられるのか、専門家たちのこれまでと現在の認識をわかりやすく整理したいと思う。

アフリカの遺跡の年代がまだはっきりしていなかった一九七二年以前は、一般に、MSAの開始年代は六万年前以降であると思われていた。それは一つには、この文化が、ヨーロッパで四万二〇〇〇年前以降に出現する石刃と石刃石核や洗練された尖頭器などの先進的要素を含んでいたからだ。南アフリカのボーダー洞窟やクラシィース河遺跡などのMSAの地層からは、断片的だが現代人的な形態を示す人骨化石が見つかっていた。しかしMSAの年代は新しいと考えられていたため、当時はさして騒ぎにならなかった。一方で、アフリカのMSAからは、四万二〇〇〇年前以降のヨーロッパで豊富に存在する骨角器、彫刻、アクセサリー、壁画などはほとんど見つかっていなかった。そのため、四万~三万年ほど前の時点で、アフリカはヨーロッパに比べて文化的に遅れていたとみなされていた。

一九七〇年代後半になると、これらアフリカのMSAの遺跡は、一〇万年前よりも古いことがわかってきた。突如として、MSAは、ヨーロッパのネアンデルタール人の時代に相当するということがわかってきたのだ。ボーダー洞窟やクラシィース河遺跡などの、現代人的なMSAの人骨化石に俄然《がぜん》注目が集まり、現生人類のアフリカ起源説がささやかれ出した。そして最近、ＭＳＡの文化とは本当はどのようなものだったのかが、真剣に問われ出したのである。広いアフリカ大陸の中で、十分な調査のなされた遺跡はまだ少ない。従って、得られている証拠も現段階では限られている。それでも最近のいくつかの発見は、ＭＳＡの文化を見直すのに十分な説得力をもっているのである。

革命はなかった

アフリカにおける現代人的行動の起源――この重要課題に逸早《いちはや》く挑戦した一人に、スタンフォード大学のリチャード・クラインがいる。一九九九年に、『ヒトの履歴（第二版）』と題する、とてつもないボリュームの人類進化の教科書（全八一〇ページ、引用文件数は二五〇〇以上にのぼる）を出版したことで有名な人物だ。彼は過去十数年にわたって、現代人の認知・行動能力は、約五万年前にアフリカで急速に（進化学の用語では断続並行的に）進化したという「神経仮説」を唱えてきた。アフリカには、一〇万年以上前に骨格形態の上では現代人的な人類が存在したが、彼らは見かけは現代人的でも中身はそうでなかったというのである。つまり化石を調べるだけでは検出できない神経学的な進化が、約五万年前に起こったというのが、この仮説のポイントである。

問題の鍵は、ＭＳＡをどう評価するかにある。クラインによれば、現代人的行動と言えるようなものはＭＳＡにはほとんど存在せず、約五万年前のＬＳＡの開始とともにセットとして現われた。彼による南アフリカのいくつかの遺跡データの解釈では、ＭＳＡの人々は積極的に狩猟を行なっていたが、狩猟技術はＬＳＡの人々よりかなり劣っていた。そしておそらくＭＳＡの人々は、動物を狩るために季節性を考慮した計画性のある戦略を立てていなかった。MSAの人々もLSAの人々も、貝を食料の一つとしていたが、MSAの貝は量が少なくサイズは大きいのに対し、LSAは量が多くサイズは小さい傾向がある。これはLSAでは、おそらく人口の多さと技術の高さが原因で、大きく成長した貝が減ったことを示唆している。クラインによれば、MSAの物質文化は同時期のヨーロッパに存在したネアンデルタール人の文化（中部旧石器文化）と同等で、現代人的と言えるような新しい要素はほとんど見当たらない。

この仮説は、過去数年間に、学界で激しい論争の種となってきた。例えば、コネチカット大学のサリー・マクブレアティとジョージ・ワシントン大学のアリソン・ブルックスは、「革命はなかった」と題する長大な論文を発表し（権威ある専門誌『Journal of Human Evolution［人類進化雑誌］』の一巻を丸ごと占めた）、クライン説を徹底的に批判した。クラインは、自身が解析した南アフリカ沿岸部の遺跡証拠を中心に、仮説を練り上げていった。しかし彼女らが言うように、それが広大なアフリカのほかの地域にもあてはまる保証はない。

この後見ていくように、最近の事態は、クライン説に不利な方向に進んでいる。マクブレアティとブルックスが、アフリカ全土に及ぶ遺跡証拠を総括して紹介したことにより、MSAに先進的な文化要素が存在するという見解の説得力は高まった。さらにここ数年で、新たな遺跡から重要な発見が相次いでいる。クラインの主張のすべてが誤っているというのではない。例えば、LSAにおいて人口が増加したことは、確かと思われる。しかし現代人的行動の諸要素は、五万年前に〝革命的に〟現われたのでなく、どうやらMSAから存在していたようなのだ。

世界最古の「模様」

ブロンボス洞窟は、南アフリカのケープタウンから三〇〇キロメートルほど東の地点、インド洋の荒波が押し寄せる海岸に面した崖に開口している（口絵参照）。この土地で生まれ育ち、現在ノルウェーのベルゲン大学に所属するクリス・ヘンシルウッドは、少年だったころから洞窟の存在を知っていたが、もちろん当時は、四〇年以上後になって自分がこの洞窟のおかげで名声を得ることになろうとは、夢にも思っていなかった。何しろこの洞窟は地味で、崖に開いていた入口は、這いつくばってようやく人一人が入れるほどのものでしかなかった。そこに世界を驚かせる遺物が眠っていようなどと、誰が想像できよう。ケープタウン大学とケンブリッジ大学で考古学を学んだヘンシルウッドは、一九九一年に洞窟の試掘をはじめた。時間をかけて慎重に進められた発掘は、いくつもの大きな成果を産むことになる。

二〇〇二年、アメリカの科学雑誌『サイエンス』に、注目すべき一つの論文が掲載された。ヘンシルウッドらの発掘調査隊による報告で、ブロンボス洞窟の七万五〇〇〇年前（発表当時の報告では七万七〇〇〇年前）の地層から赤色オーカー（ベンガラ）の塊が八〇〇〇点以上出土し、その中の二つに、明らかに人が刻んだ幾何学模様が発見されたというのである（カバー参照）。オーカーは自然界に存在する代表的な顔料で、先史時代から世界各地で絵の具や塗料として利用されている。模様は、斜めの格子パターンが連続しているもので、どうやら石器で刻まれたらしい。

これまでにも、五万年以上前の線刻とされる遺物は、ヨーロッパ、アジア、アフリカから様々に報告されている。しかし、最近ボルドー大学のフランチェスコ・デリコらが精査した結果によれば、こうした遺物の多くは、人工的なものではないようだ。例えば、ネアンデルタール人の遺跡であるウクライナのモロドヴァI遺跡からは、三〇〇点にのぼる骨片に人為的な加工痕が見られると報告された。しかし少なくともその大多数が、実際には骨の表面に最初から存在する脈管の圧痕であったり、ハイエナなどの肉食獣による傷や、土に埋もれた後に偶然ついた傷、さらに発掘の際に不注意につけられた傷などであることがわかった。

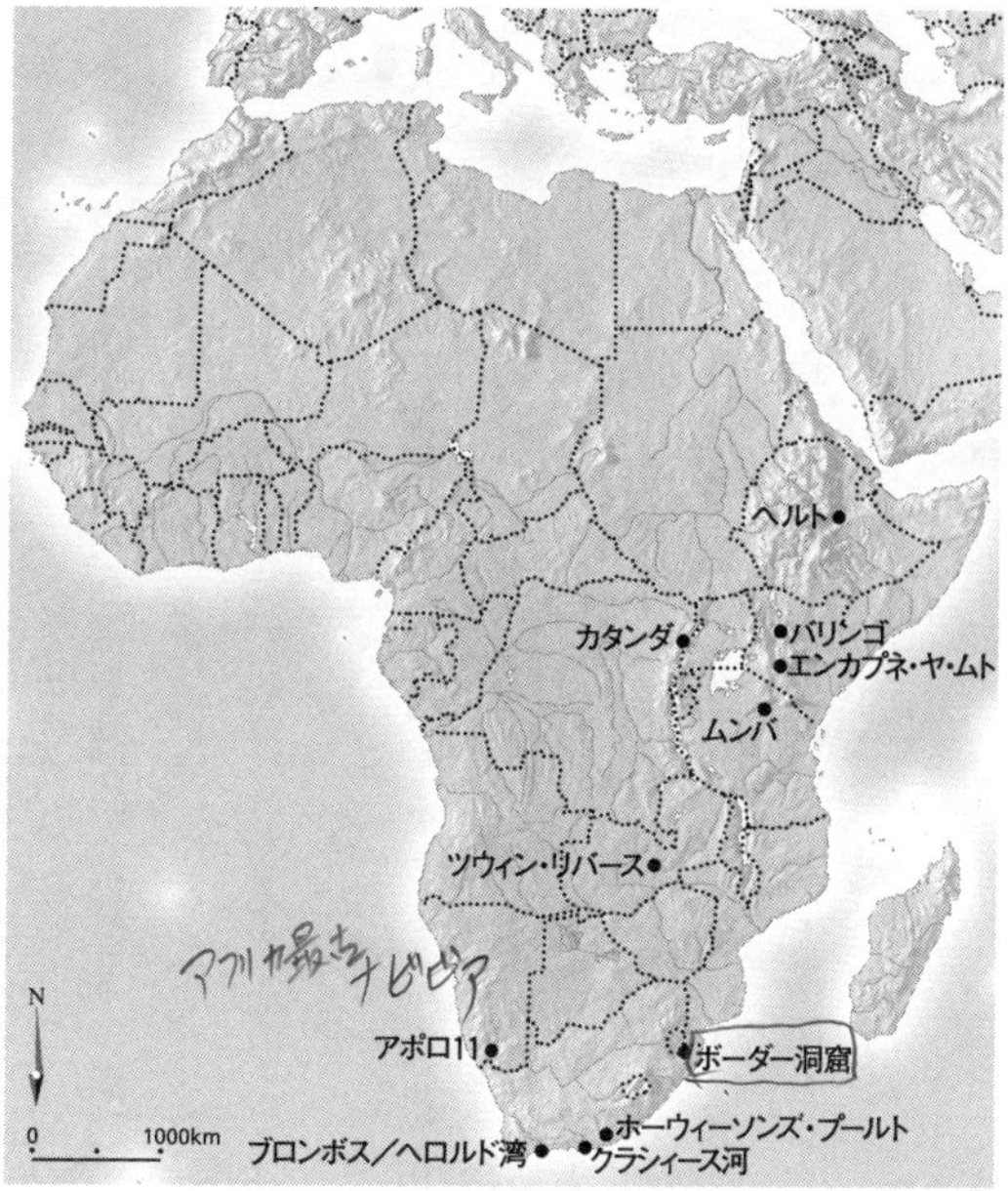

図3-1　この章に登場するアフリカのホモ・サピエンスの遺跡

　一方、人工物の可能性のある、五万年以上前の線刻もわずかにある。しかしその線刻のパターンは、ブロンボスの例のように明確なものではない。一〇万年前のホモ・サピエンス化石の出土で有名な、イスラエルのカフゼー遺跡からは、線刻のある石のかけらと穴が開けられオーカーで着色された貝が、墓に伴って出土したと報告されている。石は、石器製作に用いられたフリントという岩石の風化した皮質の部分である。いくつかの溝はカーブを描いており、大型の動物に踏みつけられてできた傷、肉食獣の噛んだ跡、人間が動物を解体したときに偶然つけた傷のどれでもなさそうだ。従って、人間が意図的に刻んだ線である可能性があるが、そこには明確な模様としてのパターンがない。同じような刻みのある石の破片は、やはりイスラエルのクネイトラ遺跡からも出土しているが、こちらの年代は五万年前である。

人間が製作した彫刻かもしれないとしてしばしば引用される例に、シリアのイスラエル国境に近いゴラン高原にある、バレハラム遺跡の〝彫像〟がある。これは、部分的に彫刻された人物像とされる玄武岩質の火山礫《れき》で、報告によれば二八万〜二五万年前のものである。直径三・五センチほどの礫を一周する刻み目があり、これが人の首の部分のように見えるのである。顕微鏡観察や同質の石を石器で加工する実験からは、これらの刻み込みが、実際に人間の手で行なわれた可能性が示唆された。それでも、これが果たして本当に人物像もしくは何らかの彫像なのか、なお判断が難しい。ほかに類例が出てくるまでは、バレハラムの遺物が〝彫像〟なのか、特に意図せずに作られたものなのか、何とも言えない。

ブロンボス洞窟で見つかった模様は、単純ではあるが、いくつもの連続した斜めの格子模様で構成されており、自然の産物ではありえないだけでなく、明確なパターンをもつ。しかもこのオーカー塊の模様が刻まれた面は、平らにするために磨かれている。このオーカー塊は石のように硬いため、磨いて平面を作るにはそれなりの時間と労力がかかったはずだ。どう考えても偶然ではなく、人間がこういうものを作りたいと意図して刻んだ模様なのである。しかも、ブロンボスからは、同様の模様のあるオーカー塊が、もう一点見つかっているほか、刻み目のある骨片も発見されている。

さらに報告された年代も、信頼性が高い。この遺跡の堆積層は、一四万～七万五〇〇〇年前のMSAの地層と、二〇〇〇年前より新しいLSAの地層からなり、両者の間は、文化遺物を含まない、つまり人間の生活痕跡のない厚さ一〇センチほどの砂の層で隔てられている。光励起ルミネッセンス（OSL）法で測定されたこの砂層の年代、出土したスティル・ベイ型と呼ばれる石器、堆積物から推定される海岸との位置関係など、複数の要素が整合して、MSAの最上部の地層が七万五〇〇〇年前のものであることを示している。

つまりブロンボスから発見されたのは、世界最古の、確かな抽象模様なのである。考古学者たちは、長い間、人が意図して製作した古い造形を探し求めていた。そしてそれが、現生人類のアフリカ起源説の予測と一致する場所、つまりアフリカ大陸の中から、ついに発見されたのである。

「模様」の意味——シンボルを用いる行動

それにしても、このようなただの模様の発見が、なぜそれほど重要なのだろうか。模様を描くという行動は、ホモ・サピエンスのどのような新しい能力を反映しているのだろうか。

おそらく多くの読者が思い浮かべるのは、これが原始的な芸術と言えるかどうか、という疑問であろう。確かにこのような表現は、芸術に通じるものなのかもしれない。芸術は、世界のどの現代人集団にも普遍的なものであるから、芸術を生み出す私たちの能力は、アフリカの共通祖先の時点で、すでに存在していたはずだ。しかし、七万五〇〇〇年前の人々に直接聞いてみない限り、模様が刻まれた本当の意図を私たちが知ることはできない。従って、この世界最古の模様を芸術の発展史の中に位置づけることは、極めて難しい課題である。

最近の研究者たちは、芸術の起源うんぬんを問うより、「こうした遺物は何らかのシンボルである」という視点からものを考えようとしている。シンボルを用いる（象徴化する）とは、個人が頭の中に思い描いている特定の出来事や概念を、絵や記号や音声といった、何らかの創作されたシンボルに託して表わすことである。

チンパンジーでも、教えれば、ある記号がリンゴに対応することを覚えることができる。京都大学霊長類研究所で育ったアイという名のチンパンジーは、数字の大小の概念をも理解している。しかしチンパンジーと言えども、新たなシンボルを自ら創作することはしない。あるシンボルがある事象に対応すること（例えば果実の色からどれだけ熟しているかがわかるなど）を理解するということと、ある事象を表現するためにシンボルを創るという行為は、全く次元の異なるものと考えられる。後者には、事物を概念化し抽象化するという高度な作業が伴うからである。

現在の多くの研究者たちは、遺跡で見つかる絵、抽象模様、彫刻、個人がつけるアクセサリーといった遺物を、シンボルを用いる行動が存在した証拠とみなしている。こうしたものには、たいていの場合、見る人への何らかのメッセージが込められているからだ。そして研究者の間では、ホモ・サピエンスにおいてシンボルを用いる行動が進化したことが、人類史の大きな転換点になったという認識が広まってきている。なぜならこれによって、他者へ伝えることのできる情報量が飛躍的に増すからだ。

個人の記憶や概念をシンボルに置き換え、個人の脳の外に出すことにより、これを保存し、仲間で共有し、次世代に伝えていくことができる。シンボルを用いて知識を伝達すれば、現場での直接体験がなくても、多くのことを学べるようになる。よく考えてみれば、私たちが用いている言語も、シンボルを用いる能力の上に成り立っている。もちろん、今あなたが目で追っている文字もそうである。私たちの社会が文字を必要とするほど複雑化したのは、かなり後の時代のことであるが、私たちが話しているような複雑な言語は、シンボルの操作能力の進化とともに現われたというのが、最近の研究者たちの一般的な見方だ。そしてこの能力さえあれば、文字の利用はいつでも可能であったと考えられる——現代においても文字を使えない人々がいるが、それは教育の問題であることは、私たちの誰もが知っている——。つまり文字の発明自体は、知的能力の進化によるものではない。おそらくシンボルの操作能力の進化こそが、重要であったのである。

こう整理すると何となくわかってくると思うのだが、シンボルを自由に操る能力に基づいた知識伝達の力は、はかりしれない。現在に至る私たちの文化の爆発的な発展は、間違いなくこの能力に基づく高度な情報伝達によって下支えされた。

ブロンボスの七万五〇〇〇年前の模様には、何らかの——何とはわからないが——意味が込められていたと、発掘者のヘンシルウッドらは考えている。この考えが正しければ、七万五〇〇〇年前の祖先たちには、私たち現代人のようにシンボルを自由に操作する能力があった可能性が浮かび上がってくる。そして彼らは、言葉や図像を用いてあらゆる知識を子の世代に継承する行為を、すでにはじめていたのかもしれない。彼らの文化はまだ文字を必要とするほど複雑なものではなかったが、そのような行為は、彼らをそれ以前の人類とは違うレベルで繁栄させ、やがては子孫たちが世界中へ拡大するまでの成功に導く基礎となったのだろう。

ブロンボス洞窟からは、今のところ遊離した四点の歯を除き、人骨は見つかっていない。そしてこれらの歯だけから、洞窟の住人たちの素性を知ることは、残念ながら不可能である。しかしアフリカのほかの遺跡証拠から見て、この洞窟を利用していたのがホモ・サピエンスであったことは、まず間違いないと考えられる。

世界最古のアクセサリー

模様は人為的と納得できても、本当にシンボルであったかどうかはわからないと考える読者もいるだろう。それは確かにもっともな意見だ。しかしその懸念を払拭する新しい報告が、二〇〇四年になされた。今度ブロンボスで発見されたのは、小さな巻貝から作られたビーズで、模様と同じく七万五〇〇〇年前の地層から発見された。

ビーズに加工されていたのは、ムシロガイ科の貝の一種で、報告の時点では、四一個が見つかっている。この貝は、長さ一センチに満たないほど小さく、人が食用にしたものではありえない。穴が開けられている位置は、ほとんど決まって背側の舌付近の位置である。この貝を食べる別の貝がいるが、このときに捕食者が開ける穴は位置と形状が違うので、簡単に区別できる。人が意図してこの小さな貝の決まった位置に穴を開けていたことは、疑いないと言える。

顕微鏡で調べると、各々のビーズの表面には部分的に擦《す》れた痕《あと》があり、いくつものビーズを数珠《じゅず》

図 3-2　ブロンボス遺跡出土の貝製ビーズ（提供：Chris Henshilwood）

繋《つな》ぎにしていたと考えるとうまく説明できる。ビーズは、洞窟内のいくつかの地点で、二～一七個の単位でまとまって発見されているので、これらの単位で一つの糸（動物の腱《けん》や植物の繊維を利用したのだろう）に通されていたのかもしれない。さらに貝殻の内側には、赤色オーカーが残存していた場合もあり、ビーズが赤く染められていた可能性もあるという。

ヘンシルウッドらは、ビーズはネックレスのようにして利用されたのではないかと推測している。四万四〇〇〇年前以降の世界各地で見つかる同様の遺物も、たいていネックレスと解釈されており、この推測はおそらく誤っていないだろう。しかし仮にネックレスではないにしても、貝殻のビーズがアクセサリーであったことは疑いない。アクセサリーはシンボルを用いる行動の決定的な証拠になるというのは、研究者の間での一致した意見だ。やはり、七万五〇〇

図3-3　エンカプネ・ヤ・ムト遺跡出土のダチョウの卵の殻製ビーズ
(提供：Stanley H. Ambrose)

〇年前のアフリカに、シンボルを用いる行動が存在したのだ。
古い可能性のある貝殻、骨、石のビーズは、アフリカのほかの遺跡でも発見例があるが、年代の信頼性になお問題が残されている。そしてアフリカには、もう一つ、アフリカならではのビーズの材料がある。それはダチョウの卵の殻だ。これを削り、穴を開けてつくった直径五ミリほどの丸いビーズは、少なくともLSAには広く普及していた。問題は、いつごろからこのビーズ製作の伝統がはじまったかだが、最近の調査の結果では、それは五万～四万年前にまでさかのぼりそうである。古い証拠の一例として、イリノイ大学のスタンレー・アンブローズは、ケニアのエンカプネ・ヤ・ムトという遺跡を発掘し、遺跡の最下層から、六〇〇近いダチョウの卵の殻のかけらに混じって、これを加工した一三のビーズを発見した。作りかけの半製品を調べると、ビーズは、まず殻を適当な大きさに割り、おそらく石器のドリルで穴を開けた上で、周囲を削って仕上げられたようである。穴開けの際に失敗して割れたらしい未完成の製品のかけらも、同時に多数見つかった。アンブローズの報告によれば、ビーズの年代は、四万数千年前までさかのぼる可能性があるという。

シンボルを用いる行動の起源

ブロンボスの模様とビーズは、シンボルを用いる行動のはじまりを示しているのだろうか。そのはじまりは、もっと古かったと考える研究者も、少なくない。残念なことにシンボルを用いる行動の多くは、遺跡証拠としては残らない。言語はもとより、絵や造形も、人々の身体ややわらかい地面に施された場合は、何万年も後の私たちが確認することはできない。しかし、若干の手がかりはある。

ブロンボスの模様が刻まれたのは、赤色オーカーの塊だった。酸化鉄を主成分とするこの赤い顔料は、現代でも、様々に利用されている。サハラ以南のアフリカでは、乾いた粉の状態、もしくは水や脂と混ぜた状態で、髪や肌に塗りつけたり、アクセサリーや衣類を染めたり、土器や家壁を塗ったりしている。顔料としてのオーカーの利用は、世界各地で古くからある（血や植物性の染料なども用いられたかもしれないが、これらは遺跡には残りにくい）。アフリカのLSAの遺跡からは、擦り石とともに擦りつぶされたオーカーが無数に出土しており、さらにオーカーの残存する（つまりおそらく赤く染められていた）石器や骨器も多い。

エチオピアから南アフリカに至る、アフリカ各地のMSAの遺跡からも、オーカーが見つかっている。その中にはこすった面が認識できるものや、クレヨン状の形になっているものなどがあり、人によって使用されたことがうかがえる。さらにオーカーの染みが残っている擦り石も発見されている。例えばブロンボス洞窟からは、一四万〜七万五〇〇〇年前の地層全体から、八〇〇〇点にものぼるオーカーが出土している。そのうち径が一センチ以上のものは一四四八点で、うち二〇パーセント以上に擦ったり削ったりした痕跡が認められた。ヘンシルウッドらは、三つ以上のこすった面で先端を尖らせたオーカーを〝クレヨン〟と定義し、出土品の中に一二の〝間違いない〟クレヨンと、さらに一二の〝おそらくそうと考えられる〟クレヨンを同定した。見つかったオーカーは、茶と黄の中間色から赤までがあったが、最も使用痕の観察頻度が高かったのは赤で、現代と同じく、一〇万年前から人々は赤という色を重視していたらしい。

慎重な研究者は、こうしたオーカーは、皮なめしなどの実用目的で使われたかもしれなく、シンボリックな行動の証拠として十分ではないと主張している。しかし蓄積されている証拠を眺めると、オーカーがアフリカでMSAから顔料として用いられていた可能性は高いように思える。そしてまだはっきりはしていないが、アフリカにおけるオーカーの使用のはじまりは、二〇万年前を超えるという見解もある。ザンビアのツウィン・リバース遺跡で見つかったオーカー片三点の年代は、二三万年前より古いと見られ、ケニアのバリンゴ遺跡で見つかった大量のオーカーの最新の年代は、実に二八万年前と報告されている。

ところで、オーカーと言えば壁画を連想する人も多いと思うが、MSAの人々が、壁画を描いた可能性はあるのだろうか。かつてアフリカ南部一帯に広がっていたとされるブッシュマンと呼ばれる人たちが、古くから数々の素晴らしい壁画を描いていたことはよく知られている。一説によれば、南アフリカ共和国だけでも、ロック・アートのある場所が三万か所以上あるという。こうした壁画は、単なる日常の記録としてではなく、超自然的な力をもつ主神と精神的につながる目的で描かれたようだ。この壁画伝統が、外からの侵入者たちの影響で、一〇〇年ほど前に途絶えてしまったことはわかっている。しかしいつごろはじまったのかは、よくわかっていない。壁画の年代測定が難しいというだけでなく、ヨーロッパと違ってこの地域には奥深い石灰岩洞窟が少なく、永い時を超えて古い壁画が残っている可能性は、残念ながら低い。

現在のところアフリカ最古とされる絵は、ナミビアにあるアポロ11遺跡で見つかっている。これは長さ一四センチほどの岩板に動物が描かれているもので、洞窟中のＭＳＡの地層から出土した。この地層は三万年前ごろと報告されているが、もっと古く、六万年前近いという意見もある。発掘者は岩盤に人が絵を描いたと考えているが、もし壁面に描かれた絵が剥がれて地面へ落ちたものであったなら、絵が描かれた年代は、地層の年代よりも古いことになる。

最古の埋葬

私たち現代人にとって、埋葬という行為は、死者を敬《うやま》う儀礼的意味を含むもので、まさにシンボリックな行為である。それでは、人類史の中で、こうした儀礼的行為はいつはじまったのだろうか。

現在のところ埋葬の最古の証拠は、アフリカでなく西アジアで見つかっている。第二章で登場したイスラエルのカフゼーとスフールのホモ・サピエンスの墓がそれで、年代は約一〇万年前だ。調査の進んでいないアフリカでは、将来古い墓が見つかる可能性はあると思われるが、現在のところ証拠は乏しい。南アフリカのボーダー洞窟からは、ほぼ完全な幼児の骨格が、貝殻製ビーズとともに埋葬された状態で見つかった。副葬品を伴っているので、この例が単に遺体を埋めたり土を被せたりしただけでなく、シンボリックな埋葬行為であったことは確かだ。しかしこの人骨は、一九四〇年代に粗っぽい発掘法で回収されているため、年代がはっきりしていない。七万年前ごろの可能性も指摘されている一方、より新しい時代に墓穴が上から掘り込まれた可能性も否定できていない。

ただし埋葬以外のシンボリックな葬送儀礼の痕跡ならある。第二章で登場した、エチオピアのヘルトで発見された一六万年前のホモ・サピエンスの頭骨化石三点には、石器で切りつけられた跡が認められた。このような傷跡は、いわゆる食人のためにつけられた可能性がある一方、何らかのシンボリックな行為として故人の頭骨に加工を加えて保存したりした場合にも残る。さらに食人という行為自体も、過去に多くの地域で例が知られているが、その背景も、(おそらく飢餓《きが》状態にあって)食べることを目的に行なわれた場合、故人に対する何らかの意味合いを込めて儀礼的に行なわれた場合、そして病に効くなどの言い伝えをもとに行なわれる場合など、決して一様でない。ティム・ホワイトは、骨に残る傷跡の解析に精通した研究者であるが、彼によれば、ヘルトの傷跡はこれらの頭骨が意図して丁寧に解体されたことを示している。単に食べることが目的であったのなら、もっと手早い解体法が取られていたはずなので、このことはヘルトの人々が死者に対するシンボリックな取り扱いを行なっていた可能性を示唆する。

旧人によるシンボル操作

ホモ・サピエンスに的を絞って話を進めてきたが、実はシンボルを操作する能力というものは、あるレベルで旧人にもあった可能性がある。アフリカのMSAと同時期の、ヨーロッパのネアンデルタール人の遺跡からも、オーカーが数多く出土している例がある。これらのほとんどはまだ十分に研究されていないが、ボルドー大学のデリコとソレッシが一部調査した結果では、アフリカの場合と同様に、顔料として使用した痕跡があるという。

死んだ仲間の遺体の取り扱いについても、示唆的な報告がいくつかある。スペインのアタプエルカからは、およそ三〇万年前の、最初期のネアンデルタール人の化石が大量に発見されたが、これらはどうやら洞窟の一番奥深い場所に、意図的に投げ込まれたものらしい。これがシンボリックな行為であるのか簡単にはわからないが、発掘担当者らは、ここからたった一点だけ美しく加工された石器が発見されたことなどから、そうであった可能性が高いと考えている。さらに西アジアでは、カフゼーとスフールのホモ・サピエンス以外にも、タブーン洞窟から一二万年前の可能性のある墓が見つかっている。

エチオピアのボドからは、六〇万年前と推定されるごつい旧人の頭骨化石が発見されている。この化石には石器による傷跡があり、以前から食人の可能性が取り沙汰されてきた。しかし前出のティム・ホワイトによれば、この傷はむしろシンボリックな行為によるものである可能性が高いという。それが事実なら、シンボルを用いる行動は現在多くの研究者が想定しているよりも、はるかに古くから存在したことになる。

従って、シンボル操作の能力がいつ進化したかという問題は、単純ではない。なお証拠は十分でなく、研究者によって考えが異なるのが現状である。ただ、少なくともシンボル操作能力がホモ・

サピエンスに純粋に固有のものと考えることには、問題がありそうだ。おそらく旧人もあるレベルでこの能力を有していたのだろう（この問題については第五章でネアンデルタール人を取り上げるときにもう一度触れる）。そして、私たちの種が旧人たちと異なるのは、ある要素があるかないかではなく、それがどの水準まで発達しているかという点においてなのかもしれない。

骨器の登場、漁のはじまり

一九九五年、アメリカのジョン・イエレンとアリソン・ブルックスは、中央アフリカのコンゴ民主共和国でのセンセーショナルな発見を、『サイエンス』誌に発表した。セムリキ川の川岸に位置するカタンダ遺跡で、少なくとも七万五〇〇〇年前より古く、おそらく九万年前ごろと見積もられるMSAの地層中から、世界最古のかえしのついた骨製尖頭器などの遺物に混じって、ナマズの骨が見つかったのである。

調べたところ、これらのナマズは三五キログラムにもなる成魚のものばかりで、若い年齢のものはなかった。このことからイエレンとブルックスは、人々は、雨季のはじめにナマズが岸辺で産卵するところを狙ったのだと考えた。行き当たりばったりで手当たり次第の行動の結果でなく、季節による魚の行動習性を見抜いた上での、計画的な漁の成果であったというのである。さらに彼らは、遺跡からナマズの背骨があまり見つからなかったことから、食べられる胴体を現場で切り離して、どこかへ持ち去ったのだろうとも推測している。

これは、人類史上最古級の漁と、本格的な骨器に関する報告であった。意外に思うかもしれないが、人類が道具の素材として骨の本格利用をはじめたのは、比較的最近のことなのである。南アフリカの遺跡で、一〇〇万年以上前に、猿人がアリ塚をつつくために骨を使った可能性が指摘されている。そして原人や旧人は、ときに彼らが石器を作ったのと同様のやり方で骨を打ち割って、彼らの石器と同じような骨器を作った。従って、骨の利用という行為そのものは、決してホモ・サピエンスに限られたものではない。しかしカタンダの骨器には、それまでの骨器とは違って〝骨の本格利用〟と呼ぶにふさわしい、斬新な要素がある。

骨、角、象牙といった素材は、石より軟らかいが弾力性に富み、折れたり割れたりしにくい。石は割るか、砥石で研磨するかして加工するが、整形の自由度はある程度限られる。仮に精緻《せいち》な整形ができたとしても、細長くあるいは薄く加工した石器は、衝撃で簡単に壊れてしまう。一方、骨、角、象牙は、石器などで切り、削り、磨くことによって、かなり自由に形を整えることができるし、細長く加工しても石より折れにくい。

さらに時代が下ると、世界各地で骨製の縫い針や、角や象牙製の彫刻・彫像などが登場するし、新石器時代には、骨から釣り針も作られた。そしてカタンダの骨製尖頭器は、こうした技術発展の流れの起点に位置づけられるかもしれないのである。七万五〇〇〇年以上前というこの遺跡の年代が正

図3-4　カタンダ遺跡出土のかえしのついた骨製尖頭器
(© Chip Clark, 提供：Alison S. Brooks)

しいのであれば、アフリカでは他地域に先駆けて、石とは違う骨という素材の特性を生かし、石器製作とは異なる技術を用いて、石器とは異なる新しい道具を生み出す行動が発生したことになる。ユーラシア大陸で、このような本格的な骨角器が登場するのは、現在わかっている範囲では、四万五〇〇〇年前以降のことである。

魚を獲る漁という行動の出現も、六〇〇万年にわたる人類史の中で、新しい出来事である。霊長類の食事メニューにそもそも魚はなく、初期の人類も、おそらく岸辺に打ち上げられた魚に出くわしたときを除けば、魚を食べようと考えることはなかったのではないだろうか。魚を捕食するクマやネコ科の動物たちとは違って、私たちは鋭い鉤爪《かぎつめ》や敏捷《びんしょう》性に優れた前脚をもってはいない。私たちが水中を素早く泳ぐ魚を獲るには、特別な道具と戦略が必要となる。新石器時代以降の漁には、釣り針、ルアー、網、わなといった、もっと特殊な道具が登場する。石や木で作った柵を用いた囲い込み漁も行なわれたし、一部地域では早くから毒も使われていたかもしれない。しかし漁のために人類が最初に用いたのは、おそらく銛《もり》で魚を突く方法であったろう。骨製の細長く鋭い銛、またはかえしのついた銛は、魚を突いて獲るために、素晴らしい効果を発揮したに違いない。

古さは本物か

カタンダの発見については、研究者の中から、すぐに疑問視する声が上がった。用いられた年代測定法の信頼性に不安があることに加え、周辺の同時代の遺跡から骨器の類例がほとんどないため、発見は不自然だというのである。付近には数千年前のＬＳＡの遺跡があり、そこから遺物が混入したのではないかとも言われた。

これに対しブルックスらの反論によれば、出土層の状況にあやふやな点はなく、年代は複数の手法によって確認されており信頼性は高い。さらに付近のＬＳＡの遺跡出土の骨器は、カタンダのものとはスタイルが異なっているだけでなく、遺跡自体がカタンダ遺跡より二〇メートルも低い位置にあり、遺物の混入は起こりえないという。さらにアフリカで古い骨器と漁の証拠が報告されているのは、カタンダだけではない。ボツワナや南アフリカのＭＳＡの遺跡からも、漁の痕跡や骨器の出土が散発的に報告されている。

そしてこうした新しい流れを後押しするように、前出のブロンボス洞窟でも、古い骨器と漁の信頼性の高い証拠が見つかった。ブロンボスの七万八〇〇〇年前（報告当時は九万年前とされた）と七万五〇〇〇年前の地層からは、二〇〇〇年の時点で二八点の骨器が見つかっている。これらはカタンダのものとは違ってかえしはないが、適切な形の骨片を割り取り、これを削ったり研磨したりした製作工程は、本格的な骨器と呼ぶにふさわしい。多くは皮などに穴をあける錐《きり》として使われ、一部は槍先として使われた可能性が指摘されている。

魚骨は、一四万～七万五〇〇〇年前のどの地層からも見つかっている。一九九八～九九年に発掘した六六四の魚骨を分析した結果、多くは海鳥が運べるものより大きな魚のものであることがわかった。同定されたのは一〇種で、浜辺に打ち上げられた魚を集めたにしては多様性が乏しい。さらに、大型で水深の比較的深いところにいる、タイやスズキの仲間などが含まれている。状況証拠ではあるが、人々が計画的に特定の魚を狙って獲った可能性が高い。人々は、岩の上から貝の身などを撒《ま》いて魚をおびき寄せ、そして骨製のヤスで突いたと、ヘンシルウッドらは想像している。

魚の話を中心に進めてきたが、貝やエビ・カニなどの他の海産資源の利用も、このころからはじまったようだ。ブロンボスだけでなく、南アフリカのクラシィース河、ヘロルド湾など、複数の遺跡でそうした証拠が見つかっている。さらにアフリカとアラビア半島の間に位置する、紅海の沿岸地域でも、一二万五〇〇〇年前までには、人々が海岸部で活動をはじめ、おそらく貝やカニなどの海産資源を利用していた痕跡が見つかっている。ヨーロッパの旧人であるネアンデルタール人についても、貝を食べていた可能性が、スペインとイタリアの地中海沿岸の遺跡から知られている。しかし出土している貝の量は、ブロンボスなどと比べてはるかに少ないという。

以上をまとめると、カタンダに続きブロンボスから年代の信頼性の高い骨器がまとまって出土したことから、九万年前ごろから、アフリカには本格的な骨器を用いる文化が存在したことが確実となってきた。さらに、MSAの人々が発見した新たな道具素材は、骨だけではなかったようだ。ブロンボスでは、加工した痕跡のあるダチョウの卵の殻のかけらも二〇点以上見つかっている。そのうちの二点は、現代のブッシュマンたちが使っている、ダチョウの卵の殻の水入れの破片である可能性があるという。同様の遺物は、アフリカ南部のほかの遺跡でも発見例がある。水を入れて運べる容器を当時の人々が発明していたとしたら、それは彼らの活動域を広げるのに大いに役立ったであろう。

そして十数万年前には、アフリカの人々が海岸地域にも生活圏を広げ、海産資源の積極利用をはじめたことも、確かなようである。人々がなぜ新たな資源利用をはじめたかは、簡単にはわからない。必ずしも積極的にはじめたのではなく、乾燥化によって内陸の食資源が不足したなど、受動的な背景があったのかもしれない。いずれにせよ、彼らに海産資源を利用する能力があり、そして利用するようになったことは、彼らのその後の活動の可能性を大幅に高めたはずだ。

ブロンボスは特異な遺跡か

ブロンボス洞窟は、スーパー・サイトと呼ぶにふさわしい（サイトは英語で遺跡の意）。ここで発見された数々の証拠には、説得力がある。今ではここに居住していた七万年以上前の人類が、考えられていた以上に進歩的な行動をしていたことを認めざるをえないと、多くの研究者たちが考えるようになっている。しかしそれにしても、なぜここでだけ、目立って新しい発見が続くのだろうか。ブロンボスは、特異な行動をしていた人たちの例外的な遺跡で、アフリカのほかの場所では、進んだ道具技術も行動もなかったという可能性を考える必要はないのだろうか。

ヘンシルウッドは、ブロンボスは考古学的に特異な場所ではないと考えている。この遺跡は確かに特別な遺跡なのだが、それは遺物の保存のよさにあるのだという。ブロンボス洞窟は、波によって削られた崖に開口しているが、周囲の岩は、古い砂丘堆積物が石灰分の浸透によって固化したものである。これがアルカリ環境を作り出し、土中の骨や貝殻が、何万年もの間、形をとどめて残っていたわけである。加えて、七万五〇〇〇年前の地層の堆積後、風で砂丘からとばされてきた砂によって、洞窟入口が塞がれていたらしいことも、遺跡の保存に幸いした。

一方、周囲のほかの洞窟の多くは、基盤岩に直接開口しており、骨や貝の保存状態はよくない。

実際、ブロンボス洞窟内でも、東の壁付近では貝殻と骨の保存がよくないというような保存環境の違いがある。ヘンシルウッドらは、人が持ち込んだ植物や動物によって、この部分の土の環境が酸性に傾いた可能性があるとしている。この解釈が正しいかどうかは別として、古い遺物が遺跡に残るかどうかは、それほどデリケートな問題なのだ。

しかしブロンボス以外にも、骨が保存されているMSAの遺跡は存在する。これらのほとんどで骨角器が出土していないのは、なぜなのだろうか。マクブレアティとブルックスは、骨角器の豊富なヨーロッパの上部旧石器時代でも、どの遺跡からも一様に骨角器が出土しているわけではないことを強調している。こと上部旧石器時代初頭のオーリニャック期の遺跡では、骨角器がまとまって出土している遺跡は少ないが、一方で、フランスのカスタネット遺跡の例のように、集中的に見つかっている場所もある。

さらにヘンシルウッドらの、小さな貝のビーズまでをも見逃さない精緻で慎重な発掘方法が、ブロンボスでの成功をもたらしたことも疑いない。遺跡から得られる情報の可能性が広がったことを受け、時間をかけた慎重な発掘というものが強く意識されるようになったのは、比較的最近のことである。南アフリカの一〇万年前クラスのもう一つの有名な遺跡、クラシィース河遺跡では、三〇年以上前に大規模な発掘が行なわれた。しかしこの発掘では、種や部位を同定できなかった動物の骨などは、捨てられてしまったという。そのため、洞窟内へどういう種類の動物のどの部位が持ち込まれ、人々がそれらをどう扱ったかといった解析は、この遺跡については困難となってしまっている。

マクブレアティとブルックスも強調しているように、アフリカは広大だが専門家の数は少なく、遺跡調査の歴史も短い。まだ発見されずに眠っている重要な遺跡が、多数ある可能性もある。

石器技術

先進的と言われるMSAの文化要素は、ほかにもある。ここでは石器技術について、要約して紹介したい。MSAの石器文化の要素として古くから注目されていたものの中に、丹念に整形された尖頭器、つまり先端が鋭く尖った石器がある。こうした尖頭器は、ユーラシアではもっと新しい時代の文化要素だ。アフリカの二次加工された尖頭器は、古いところでは二三万五〇〇〇年も前の遺跡から出土しているという。

MSAの尖頭器のすべてが槍先に使われたとは限らないが、少なくとも一部は槍先として柄に装着されたようだ。尖頭器の根元の部分は、着柄のためと思われるが、薄くしたり突起状に加工したりと、特別な加工が加えられているものがある。どのように着柄したのかについて遺跡証拠からはわかっていないが、アフリカの民族例から推察すると、植物の樹脂などが接着剤として用いられたのだろう。ただ槍といっても、投げ槍か、手で握ったまま突く槍かの違いは、狩りをする側にとっては大きな違いだ。一部の研究者は、MSAの尖頭器の多くは、適度な大きさで、薄く、左右対称になるよう丹念に作られており、投げ槍用の槍先としての用件を満たしていると主張している。

MSAの尖頭器のスタイルには、地域色が存在することも知られている。例えば、根元に着柄のためと考えられる突起がついている尖頭器は、アフリカ北部のアテール文化伝統に限られ、スティ

図3–5　ブロンボス遺跡出土の7万5000年前のスティル・ベイ型尖頭器
(提供：Chris Henshilwood)

ル・ベイ型と呼ばれる比較的小型で柳葉型の美しい尖頭器（図3-5）の分布は、南アフリカのケープ周辺に限られている。特に投槍用の尖頭器では、遠くへ飛ばしたり着柄したりする機能的制限があるために、ある集団内で形が規格化されると考えられる。さらによい尖頭器は集団内で共有されたり、交換の対象ともなることから、製作者は同じスタイルの尖頭器を作りつづける傾向がある。このような地域色は、ヨーロッパのネアンデルタール人の文化（中部旧石器文化）には、認められないとされる。

アフリカの石器文化でもう一つの注目すべき要素は、幾何形細石器と呼ばれる、台形や三日月形をしていて、背面が刃潰しされた小さな石器だ。これらは、石刃と呼ばれる細長い剥片から作られる。西アジアやヨーロッパで、中石器時代（西アジアでは続旧石器時代という）から新石器時代にかけて多用されたもので、しばしば複数を並べて柄に埋め込み、切るための道具としたり、弓矢の矢じりとして利用されたりした。単体では洗練された印象を受けないが、交換式の刃として機能したこの石器は、貴重な石材の消費を抑える、画期的な発明品であった。

ヨーロッパでは、約四万年前に出現するようだが、一般的になるのは二万五〇〇〇年前より後である。しかしアフリカでは、細石器は五万年前にはじまるＬＳＡの標識的な要素であるだけでなく、これよりやや大きい幾何形の石器は、南アフリカのホーウィーソンズ・プールト文化伝統や、タンザニアのムンバ文化伝統など、約六万五〇〇〇年前のＭＳＡの地層中から多数見つかっている。

現代人的行動のリスト——再びホモ・サピエンスとは何か

これまで漠然と、〝現代人的行動〟という言葉を使ってきた。これは一体、何を指すのだろうか。実は、専門の研究者たちも、最初からその内容を知っているわけではない。遺跡データが蓄積され、過去における文化発展の流れの大筋が見えてきたところで、誰かがそうした問題を考え、提案しているのである。

現代人的行動のリストに取り上げる最重要の条件は、二つある。一つはホモ・サピエンス以前の旧人には認められないこと、そしてもう一つは各地の現代人集団に共有されていることである。例えば、言語、信仰、音楽、美術を創造する能力などは、世界各地のどの現代人集団にも共通して見られるので、アフリカの共通祖先の時点で、すでに存在していたと考えるのが合理的だ。これらが旧人になく、アフリカの初期ホモ・サピエンスに存在すれば、リストの項目として申し分ない。

現代人的行動のリストの最初のものは、ヨーロッパのクロマニョン人の活動をネアンデルタール人のものと対比する目的で作られた。そしてこれをベースに、様々な修正が加えられ、これまでにいくとおりかのリストが提案されている。ここではその中で、前出のマクブレアティとブルックスの考えを要約して紹介することにする。彼女らは、まず現代人的能力には以下のような要素があると仮定した。

抽象的思考
優れた計画能力
行動上、経済活動上、技術上の発明能力
シンボルを用いる行動

抽象的思考とは、五感を通じて神経系に入力された生の情報を、抽象的な概念に置き換える能力のことだ。これによって、異なる情報を統合したり高度な解釈を行なったりできると考えられる。経済活動というのは金銭にかかわる活動という現代的な意味ではなく、食物の獲得を中心とする生業活動全般を指している。シンボルについては、すでに述べたとおりだ。抽象的思考はシンボル操作のベースになると考えれば、これら二つは一つにまとめてもよいかもしれない。

こうした能力は、遺跡証拠から読み取れる様々な行動に反映されるはずだ。マクブレアティとブルックスは、MSAには表3-2に挙げる行動が発生しており、これらは右の四つの能力の存在を示しているとした。ただし特に開始年代など、彼女らの解釈の詳細についてはまだ議論の余地が残されている。

少し具体的に説明すると、水産資源という新たな自然環境の活用開始には、発明と計画能力を要する。技術的な進歩には、発明能力や論理的思考が働いているだろう。長距離交易などは、定式化した個人・集団間の社会関係が発生したことを示唆し、同時に学習、計画、未来予測といった様々な能力が関与している。そして画像、線刻、ビーズなどのアクセサリー、顔料の使用は、すでに述べたように、シンボルの操作能力の存在を反映している。

表 3-2　ＭＳＡにおける新しい行動
(McBrearty &Brooks, 2000 を改変)

新しい行動		推定される開始年代
貝の採取	水産資源活用	14 万年前
漁	水産資源活用	11 万年前＊
石刃	新しい道具技術	28 万年前
すり石	新しい道具技術	28 万年前
丹念に整形された尖頭器	新しい道具技術	25 万年前
骨器	新しい道具技術	10 万年前
かえしのついた尖頭器	新しい道具技術	10 万年前
細石器	新しい道具技術	7 万年前
長距離交易	社会組織の変化	14 万年前
顔料の使用	シンボル操作	28 万年前
ビーズ	シンボル操作	6 万年前＊＊
線刻	シンボル操作	10 万年前
画像	シンボル操作	4 万年前

＊ブロンボス遺跡の新しい証拠では、14 万年前までさかのぼる。
＊＊ブロンボス遺跡の新しい証拠では、7 万 5000 年前までさかのぼる。

言語の進化

最後にこの章をしめくくるものとして、難しいが避けて通るべきでない話題を取り上げたい。言語についてである。

私たち現代人は、複雑な文法構造をもった言語によって、高度な情報伝達を日常的に行なっている。それだけではない。私たちにとって言語とは単なる情報交換のツールではなく、頭の中に仮想世界をつくり、何かを創造していくときの欠かせないツールでもある。高度な言語能力はどの現代人集団にも存在するので、この能力がアフリカにいた私たちの共通祖先の段階で、すでに存在していたことは間違いないだろう。問題はそれ以前の人類、特に旧人に、そうした言語能力があったかどうかである。

シンボリックな行為というものが、高度な言語能力と深い関係をもっていることは、誰もが認めている。そのため一部の考古学者たちは、言語能力はホモ・サピエンスの出現とともに急激に進化したのではないかと考えている。しかしサルたちの仲間の間でも、発達した音声コミュニケーションが存在すること、チンパンジーもうまく教えれば、あるレベルの言語を操るようになることから見ても、この考えは単純すぎるかもしれない。少なくとも化石の研究からは、言語というものが、ホモ・サピエンス以前の段階から存在したことが示唆されている。

言語に関する化石からのアプローチには、主に二つの方法がある。一つ目は、頭骨内腔《ないくう》の鋳型《いがた》を用いて脳の表面形状を調べる方法だ。言語のような複雑な機能は、脳の限定された領域だけから生み出されるものではないので、あくまでも限定的なことしか言えないが、それでもヒントとなるポイントはある。多くの現代人の左脳にあるブローカ野は、発声するときに必要な筋活動を制御していることが知られている。この部分の膨らみは、猿人にはないが、初期の原人では認められる。このことを根拠に、一部の古人類学者は、少なくとも原人の時期から言語が存在したと考えている。

化石による言語研究のもう一つのアプローチは、発声能力にかかわる頸部などの構造を調べるものだ。現代人が多彩な音声を出せるのは、その特徴的な頸部の構造のおかげであり、同じ特徴が化石人類でも認められるかどうかが検討されている。これまでの研究で、頭骨底部の構造と、舌骨という喉の位置にある骨の形態において、ネアンデルタール人は基本的に現代人と似ていたことが示されている。さらに、発声にかかわる舌の運動を制御する神経、または胸郭の筋を制御する神経が通る孔の大きさから発声能力を検討した例があるが、これらからも、ネアンデルタール人の発声能力が現代人より劣ると考える証拠は得られなかった。

このように一連の化石研究からは、旧人に言語が存在したことを否定する説得力ある理由は見つかっていない。しかも先にも触れたように、最近ではネアンデルタール人にも、あるレベルのシンボル操作能力があったことが指摘されている（第五章も参照）。従って、言語の出現そのものがホモ・サピエンスを成功に導いたという考えは、おそらく成り立たないだろう。しかしホモ・サピエンスの言語能力は、シンボルを自由に操る能力とリンクして、旧人より洗練されたものであったというのは十分に考えられるシナリオである。

Ⅳ

大拡散の時代

世界の子供たち：見かけは多様な世界の人々であるが、みな10万～5万年ほど前のアフリカにいた1つの集団の子孫である。(©オリオンプレス)

知の遺産仮説

ホモ・サピエンスの起源をめぐる一連の動きは、私たち現代人の成立を考えるに当たって、極めて重要な一つの考え方を生んだ。アフリカ起源説が受け入れられるにつれ、人類学者たちは、アフリカの共通祖先以後現在に至るまでの私たちの技術的・社会的発展は、知力の進化によるものではなく、文化的な変化であったと認識するようになってきたのだ。アフリカのMSAにおける進化の様式をめぐって激しく論争している研究者たちも、この点においては一致している。

この考えは、二つの点において新しい。最初のポイントは、すべての現代人集団が共有する基本的能力というものの由来が、説明しやすくなった点にある。世界中の現代人集団は、培ってきた文化こそ違うが、みな「世代を超えて知識を蓄積し、置かれた環境に応じて、それまでの文化を創造的に発展させていく能力」をもっている。もし多地域進化説が正しく、各地域集団が基本的に各地の旧人から進化したのだとすると、こうした共通性の由来が説明しにくいものになってしまう。しかし私たちが比較的最近に一つの集団から分かれたのであれば、共通点をその祖先集団に求めればよい。

もう一つのポイントは、こうした基本能力が進化したおおよその時期を絞り込めるようになったという点だ。ホモ・サピエンスの知力が、過去数万年間に世代を追って少しずつ向上してきたという考えは、今でも一般の人々の間で広く信じられている。三万年前の祖先が舟を使って五〇キロメートルの海を往復していたとわかれば、ホモ・サピエンスはその時点でそれだけの知力を進化させていたのだ、と受け取られるわけだ。これには、逆に言えば、彼らに現代の造船技術を教えても全部理解するのは無理だという含みがある。しかしアフリカ起源説が示唆するのは、私たちの基本的な能力は、はるか昔の五万年以上前のアフリカの共通祖先の時点で確立していたという可能性なのである。

私たちは、文明誕生以後、現在に至るまでの過去五〇〇〇年間の文化発展が、知力の進化によって生じたのではなく、「知の遺産の継承」によって達成されたことを、直感的に（もしくはこれまでの人生から経験的に）理解している。つまり少なくとも過去五〇〇〇年間、私たちは先代から受け継いだ知識体系に自分たちの発見・発明による新しい情報を付け加え、次の世代に受け継ぐ「知の遺産の継承」によって、現代に見られる高度な産業技術や複雑な政治システムを築いてきたのである。ここで紹介し、本書の核心に据える新しい考えは、この伝統の起源が五〇〇〇年前どころかもっと昔の五万年以上前までさかのぼるというものである。別の言い方をすれば、アフリカにいた共通祖先とは、私たちそのものなのだ。最近の一部の研究者たちの間で半ば暗黙の了解となっているこの考えを、本書では「知の遺産仮説」と呼ぶことにする。

現代人的な行動能力の遺跡証拠

第三章では、現代人的行動とは何かという問題に触れ、ホモ・サピエンスの傑出した特徴として、抽象的思考を行なう能力、無限とも言える発見・発明能力、優れた予見・計画能力、シンボルを用いて知識伝達をする能力があるという考え方を取り上げた。これらは、知の遺産を継承して文化を

表 4-1　遺跡証拠に表われる現代人的行動
(McBrearty & Brooks, 2000 の表から抜粋して改変)

分布域の拡大（ある集団が新しい文化を発展させ、それまで人類の分布していなかった新しい土地へ進出すること）
道具の種類の多様化
道具の形の規格化
新しい石器技術（石刃技法など）
新しい道具素材の本格利用（骨、角、象牙、貝殻など）
アクセサリー
絵、彫刻、音楽などの芸術
居住空間が明確な構造をもつ
遺跡数の増加（人口増加を反映）
儀礼行為
新しい食資源（水産資源など）
長距離交易
文化の地理的多様性
文化の時代変化が比較的急速なこと

創造的に発展させるための、いくつかの重要な要素とみなすことができる。

例えば、先代までの知識体系を受け継ぐとき、神話、掟《おきて》、教科書といったどのようなやり方がとられるにせよ、私たちは言語や図像を使い、つまり抽象的思考やシンボルの操作能力を駆使して、それを行なっている。そして先代までの知識体系に新しい要素を付け加えていくとき、私たちの発見・発明能力と、予見・計画能力がフル回転するのである。一方、こうした能力が格段に劣るホモ・サピエンス以外の動物たちは、私たちのように複雑な知識体系を受け継ぎ、それを継続的に発展させていくことができない。

アフリカから世界各地に散っていったホモ・サピエンス集団に、こうした能力が最初から備わっていたというのが、「知の遺産仮説」の言わんとするところである。それでは彼らが残した活動の痕跡、つまり遺跡証拠から、この考えを検証することができるだろうか。前出のマクブレアティとブルックスの考えに基づいて整理すると、過去の集団における現代人的な行動能力の存在は、表4−1のような考古学的証拠に反映される。

世界各地へ散ったホモ・サピエンスの集団が、それぞれの地域で残した遺跡証拠に、こうした要素が認められるのであれば、「知の遺産仮説」は支持される。もちろん支持はされても、それだけで証明されたことにはならない。しかし歴史をつぶさに見つめ、こうした検証を重ねていくことで、仮説の確実性を評価していくことができる。

大拡散

さて、アフリカにいた私たちの共通祖先の一部集団は、ある時点で世界各地への拡散を開始する。そして各地へ散った集団は、地域の自然環境に影響されながら、先代から受け渡された知の遺産をさらに発展させて独自の文化を創り上げ、それぞれの土地に根づいていった。本書のこれ以降の章では、ホモ・サピエンスが、どのように様々な自然障壁を乗り越え、世界へ広がったか、そして各地でどのような文化を築いていったのか、その歴史を綴《つづ》りたい。

この後の章を読む上では、是非とも、現在の自分を忘れていただきたい。私たちが今もっている知識、技術、価値観は、私たちの生まれ育った社会環境の中で形成されてきたものだ。歴史を理解するには、現在の自分の価値観を捨てて当時の環境に自身を置いてみることが一番であるが、それはここにも当てはまる。私たちの周囲は便利な道具であふれているが、そうしたものが発明される以前の社会に、自分が生まれたと仮定して欲しいのである。現代社会に特有の社会規範や常識があるが、それらも最初から存在したわけではないと仮定して欲しいのである。そしてその環境で祖先たちが何を行なったかを知り、その上で自分だったら何ができたのだろうかと想像することで、

「知の遺産仮説」が現実的かどうか、みなさんなりに考えることができると思う。

現在の教科書には書かれていないこの時期の世界史、つまり文明の誕生以前に各地で祖先たちが繰り広げた歴史は、創意工夫に満ち、勇敢でタフで人間性あふれるものだ。過去を知れば知るほど、石器時代の祖先たちに対するみなさんのイメージは変わっていくことだろう。本書を読み終えても、なお〝原始的な石器時代人〟のイメージが抜けなかったとしたら、それはきっと私の描き手としての力不足によるものだ。

祖先たちが歩いた世界

私たちの祖先が分布域を拡大したのは、最終氷期と呼ばれる時期の後半であった。はるか昔の三〇〇万年前ごろから地球は寒冷化の傾向を強めるようになり、特に九五万年前以降には、寒い氷期と温暖な間氷期が交互に訪れるサイクルが明瞭になった（図4-1）。最終氷期はこの中で最後に訪れた氷期のことだが、この名がついていても氷河時代がこれで終わりというわけではなく、現在の間氷期が終わればやがてまた氷期がやってくると、多くの研究者は考えている。

最終氷期の寒冷化は約一二万年前にはじまったことが、深海底堆積物や南極氷床などの巧妙な研究からわかっている。東ユーラシアへの拡散がはじまったと思われる一〇万～五万年前の間は、最終氷期の中では、やや温暖な時期であった。しかし地球の平均気温は、その後、変動しながらも徐々に低下し、二万一〇〇〇年前ごろには、最終氷期の最寒冷期と呼ばれるピークを迎える。このとき、ユーラシアやアメリカの中緯度地域では、夏の気温が一〇度前後、場所によっては一五度以上、下がったと推定されている。

こうした中で祖先たちが経験したのは、寒さだけではない。現在の南極とグリーンランドを覆っているような巨大な氷床（厚さ三〇〇〇～四〇〇〇メートルもある）が高緯度地域に発達し、例えばカナダとスカンジナヴィア半島の全域が、拡大した氷床により氷の下となった。夏の気温が十分に上がらず、冬に積もった雪が解けなくなったためである。シベリアのように、寒冷化と同時に乾燥化も進んだため氷床が発達しなかった地域もあるが、いずれにせよ大量の水が陸上に閉じ込められて海水量が劇的に減り、海水準は最大で現在より一〇〇メートル以上も下がった。そのため全地球的に海岸線が沖へ後退し、海の浅い場所では広い陸地が現われた。例えばイギリスとヨーロッパ、ニューギニアとオーストラリアは陸続きとなり、インドネシアの西半分から東南アジアにかけての広大な領域も陸化した（図4-2）。

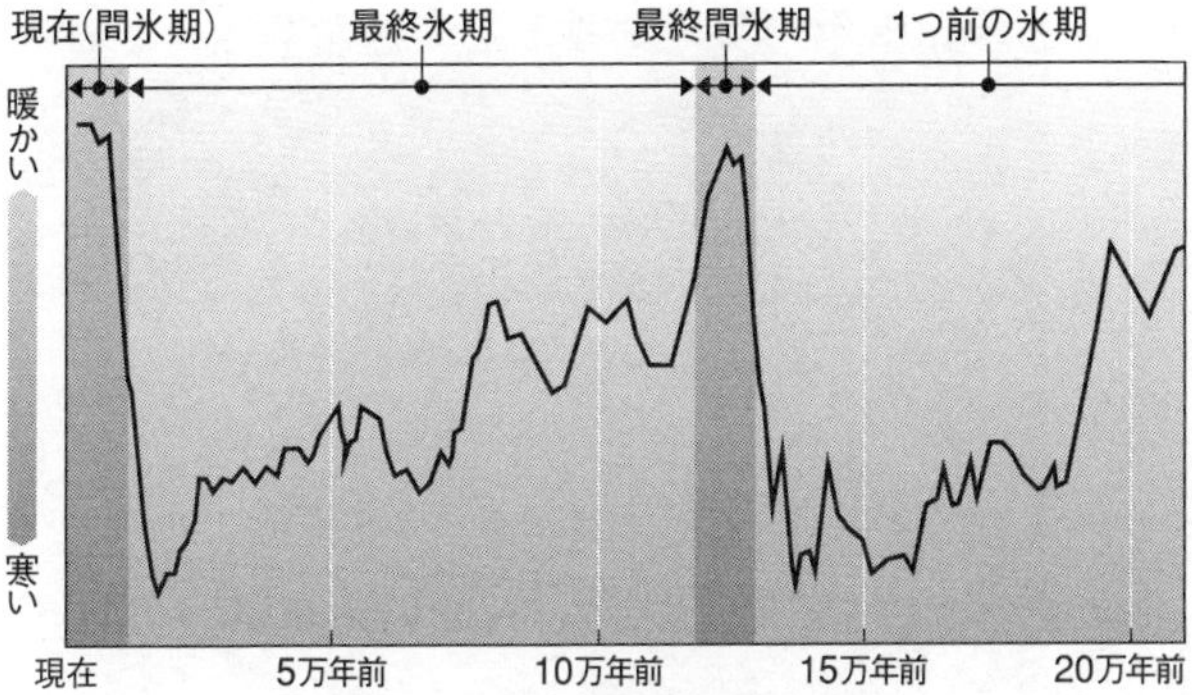

図 4-1　過去 20 万年間の気温変動

　各地の降雨量や植生にも、大きな影響が出た。氷床の上は寒く、そこに冷たい高気圧が発達するため、氷床の中心から周囲に風が吹き出し、氷床付近は冷たい強風が吹き荒れる不毛の地となった。氷床やその解け水によって運ばれたシルト

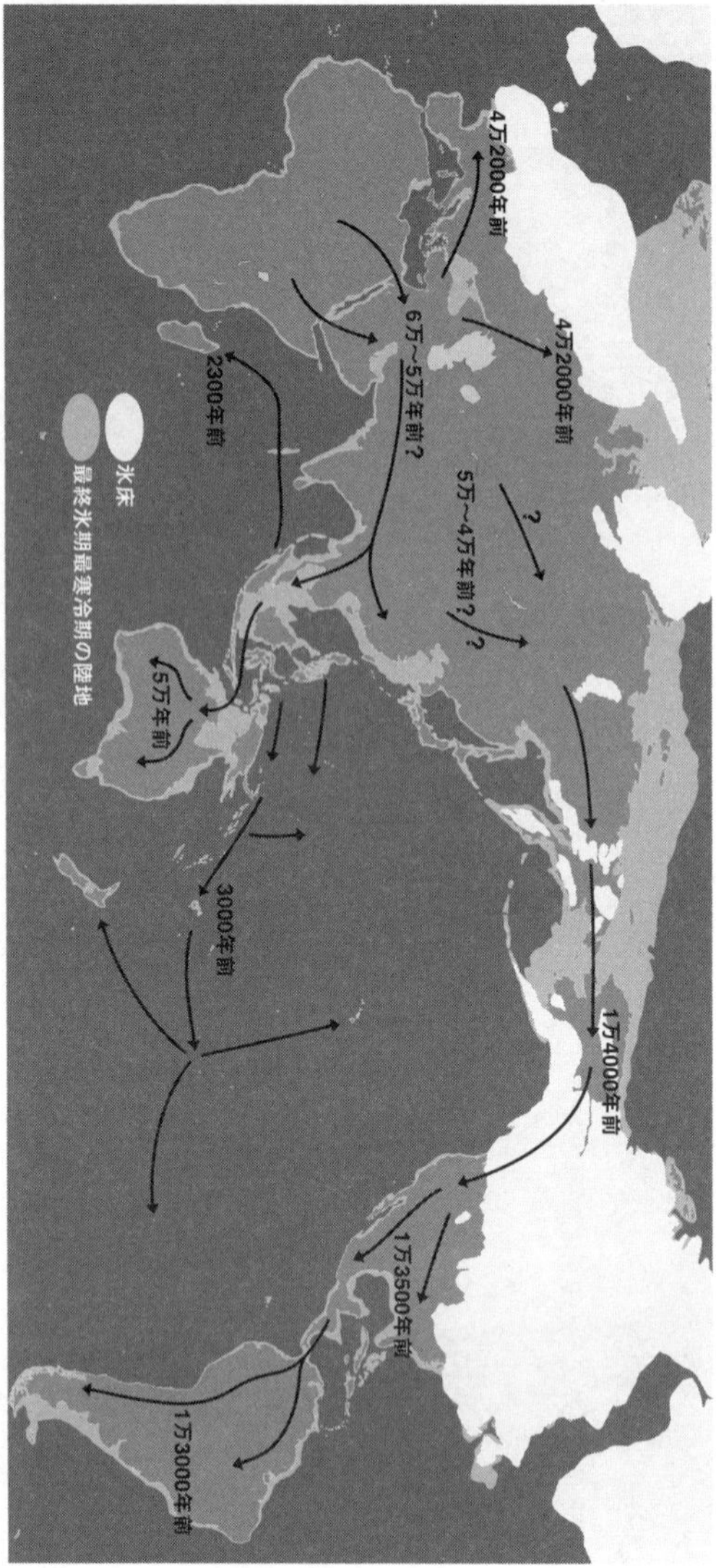

図4-2　推定されるホモ・サピエンスの拡散ルート

（径が砂より小さく粘土より大きい粒子）は、この風に乗って遠くへ運ばれ、レス（黄土）と呼ばれる厚い堆積層を形成した。影響はさらに氷床から遠い土地にも及んでいる。多くの地域では降雨量が減り、アフリカ、東南アジア、アマゾンの熱帯雨林は縮小して草原が拡大していた。ユーラシアの高緯度地域に広がったツンドラステップを舞台に、マンモスやケサイなどの大型獣が繁栄していたことは有名であるが、この時期には、全世界的に現在よりもずっと多様な動物たちがいた。

二万一〇〇〇年前の寒冷化のピークを超えると、気温は上昇しはじめた。そして一万四〇〇〇年前ごろには氷期が終結し、現在の間氷期へと移行した。

拡散は何回起こったか、なぜ拡散したか

水面に石が落ちたとき、落ちた中心から周囲へと一様に波が広がっていく。祖先たちが広い地球全体へ拡散していった様子を、この波にたとえることができるだろうか。さらにアフリカからの拡散は、一度だけ起こってそれで完結したのだろうか。

大枠はそう表現できても、もちろん歴史の細部までがそのように単純であったわけはない。これから描いていくように、祖先たちの拡散スピードは地域によって様々であった。ある地域は短時間で植民されたが、大きな自然障壁のある地域では、それを越えるのに相当の時間を要した。

拡散の波が何度あったのかという問題は、遺跡や化石、そしてDNAなどから得られる証拠を科学的に詰めていっても、厳密には答えることのできない難しい問題である。しかしホモ・サピエンス集団の移動は文明誕生以後の歴史の中でも頻繁に起こっており、先史時代でもある程度そうであった痕跡がある。従って、拡散初期の祖先たちの移動の方向も、アフリカから外へという一つの方向ばかりでなく、状況次第で進路を変えたり後戻りしたりと、様々な場合があったろうし、最初の移住の後にも、植民された地域内で集団の移動は繰り返し起こっただろう。例えばケンブリッジ大

学のマルタ・ミラゾン・ラーとロバート・フォリーは、アフリカからの拡散は、別のルートで二度なされた可能性を指摘している。この仮説については、第六章で再び触れることにする。

それでは、なぜ祖先たちはアフリカから全世界へと広がったのだろうか。誰しもが考える疑問だが、答えるのは容易ではない。山の向こうに何があるのかというような、純粋な好奇心が原動力という考え方もできれば、元いた土地の人口が増えたり、海水面の上昇で土地が水没したことが移住の引き金になることも考えられよう。そもそも、そうした理由は一つではなく、複数あったかもしれないし、時代と場所によって異なった因子が働いたと考えるのがおそらく自然であろう。いずれにせよ、答えは単なる空想によってではなく、復元された拡散史に照らし合わせて探さなくてはならない。本書では、科学的信頼性の高い議論が困難なこの問題についてあまり立ち入らないことにするが、読者のみなさんには、これ以降の章を読みながら、是非ともあれこれと考えていただきたいと思う。そのように祖先たちの立場に立ってみることは、私たちの歴史のはじまりをより深く理解するための、最良の方法であると思うからだ。

ただしいくつかのことは指摘しておきたい。まず分布域を拡大させるのは、何も人間に限ったことではない。適応可能であれば、動物たちは基本的に新しい土地へ広がっていく。そこに生息域や食物が競合する別の動物がいる場合は、適応度の高いほうが、より勢力を伸ばしていくことになる。その一方で、神経系が極端に発達しているホモ・サピエンスには、新しい土地を探す上で、ほかの動物たちとは異なる動機というものが存在した可能性も大いにある。

祖先たちは世界地理を知らなかったことも、指摘しておきたい。現在の私たちは、地球上の陸地の位置や形を知っていることを、当たり前と思っている。しかし、そもそも世界地図のようなものが作られはじめてから、まだ数百年しかたっていないのだ。私たちだって、もし地図を見たことがなければ、自分が地球上のどの位置にいるのかを意識することはできない。同じように祖先たちがアフリカの外へ広がり、はじめてユーラシアの土を踏んだとき、彼らがそれを歴史的な出来事と思ったはずはない。一万二〇〇〇年ほど前に南アメリカ大陸の南端へたどりついた集団が、自分たちがアフリカにはじまるホモ・サピエンスの壮大な拡散史の終着点の一つに今達したのだとわかっていたら、彼らはたいへんな興奮を味わうことができたろうが、残念ながら彼らはそれを知らなかった。祖先たちは、行く先に何があるのかはあまり知らずに、何しろ行けるところまで行ったのだ。そしてある時点で、幾世代も前の彼らの祖先たちがもっていた、古い土地の記憶を失っていったことだろう。地球上のすべての陸地がホモ・サピエンスで埋め尽くされていく歴史は壮大なものだが、以上のような意味において、これは現代のいわゆる冒険物語とは少し違うのである。

V

クロマニョン人の文化の爆発
西ユーラシア

音楽のルーツ：ヨーロッパの遺跡からは、鳥の骨製のフルートが発見されている。その一部は3万7000年前までさかのぼり、確実な楽器としては世界最古である。しかし楽器そのもののルーツは、もっと格段に古かったはずだと多くの研究者は考えている。音楽は各地のホモ・サピエンス社会に普遍的であり、おそらくアフリカにいた共通祖先の時代から存在しただろう。(国立科学博物館常設展より)

地底に眠る大遺跡

ラ・ガルマ洞窟は、一九九五年に発見されたばかりの新しい遺跡だ。スペイン北部の避暑地、カンタブリア海に面した港町サンタンデールから、車で三〇分ほど行った石灰岩の丘にある。辺りはウマがのんびりと草を食み、のどかな雰囲気漂う田舎である。緑に覆われたこの丘の中にとてつもない洞窟遺跡が存在するとは、にわかに想像し難い。調査を取り仕切るカンタブリア大学のパブロ・アリアスは、この遺跡を奇跡であるとともに悪夢でもあると言う。あまりの特異な状況ゆえ、どのように調査を進めるべきか困っているのだ。

ラ・ガルマ洞窟は、上段、中段、下段の異なる三つの洞窟が、垂直方向の穴が形成されて連絡するようになったものだ。最初に発見され、発掘された上部洞窟の開口部には、過去五万年以上にわたる人間の居住の痕跡が埋まっている。これだけでも十分興味深いが、さらなる驚きは洞窟の内部にあった。調査隊が洞窟の奥にある小さな隙間をつたって内部をさらに調査したところ、上部洞窟から七メートル以上ある垂直の穴を二回下りた地点に、大きな下部洞窟を発見したのだ。

下部洞窟には、およそ二万年前に人が住み、使っていた道具やアクセサリー、それに食べた動物の骨を散らかし、石を並べてテントらしき構造物を作り、赤や黒の顔料を準備して壁に見事なウマの絵を描き、そして床面に足跡を残した。その後、洞窟の入口が落盤で封鎖されたため、この居住跡が土に埋もれることなくそのまま保存されたのである。

これはまさに、旧石器時代の狩猟民の留守宅に入っていくようなものだ。ここへ足を踏み入れてライトを照らすと、床面に散らばる動物の骨の破片は、洞窟の中央にあるものほど細かく砕かれている一方、壁際にあるものほど壊れていないことに気づく。洞窟を歩いた人々によって、中央部の骨は踏みつけられ、砕かれたのであろう。ここで待っていれば、じきに洞窟の主であった人々が戻ってきそうな気すらしてくる。もっともここは、今は暗闇に閉ざされているが。この洞窟で生活していた人々は、一般にクロマニョン人と呼ばれている。

図 5–1　ラ・ガルマ洞窟
洞窟内には調査用の道具類が置かれている。（提供：深沢武雄／(株) テクネ）

クロマニョン人の発見

ヨーロッパは、旧石器文化の研究において何とも恵まれた場所だ。ラ・ガルマの例のように、そこここにある石灰岩洞窟の中や岩陰の下の堆積層は、骨の保存に好適な環境を作り出しており、地層中には旧石器時代人が残した石器だけでなく、骨角器や当時この地域にいた動物たちの骨、さらに旧石器時代人の人骨そのものも、何万年の時を超えて残存している。

こうした環境の中、最初に有名になったクロマ

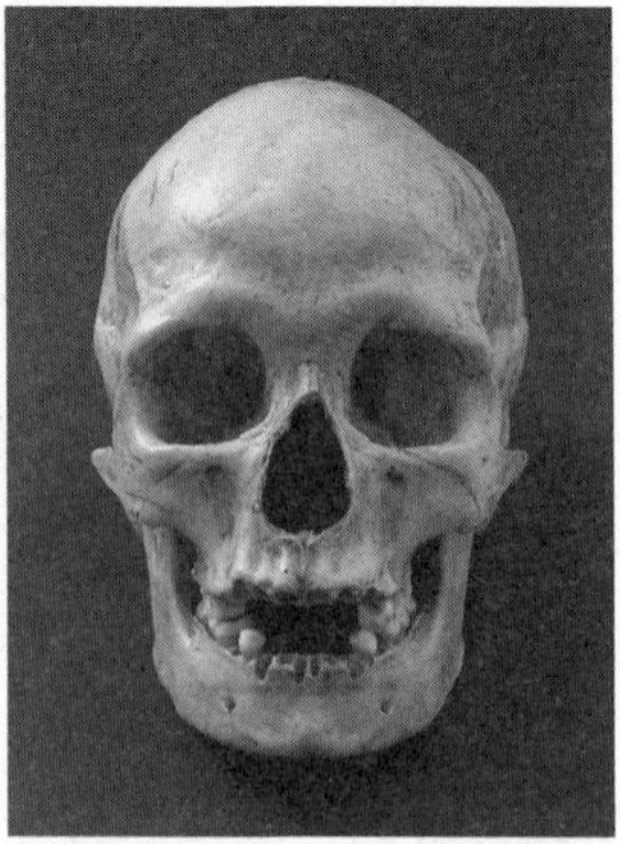

図 5-2　クロマニョン人の女性の頭骨

フランスのパトー岩陰から出土した2万6500年前のもの。(国立科学博物館常設展より)

ニョン人の化石は、フランス西部のドルドーニュ地方にあるクロマニョン岩陰から、一八六八年に発見された。実はこれに先行する化石人骨の発見はあったのだが、その古さが認識されるには時代が早すぎたのだった。例えばウェールズのパヴィランドからは、一八二〇年代に多数の加工されたマンモス牙製品とともに人骨が見つかっていた。しかし発掘したオックスフォード大学の地質学教授は、現在では二万二〇〇〇年前のものとわかっているこの人骨を、ローマ時代のものだろうと考えていた。

さて、クロマニョン岩陰に五体分以上あった人骨は、掘り出した鉄道工事の作業員によって混ぜられてしまったが、発見直後に遺跡の調査を行なったルイ・ラルテによれば、これらの人骨は元々この岩陰に丁寧に埋葬されていたものらしい。これらクロマニョンの人骨は、背が高くがっしりとしているが、基本的な骨格の形態特徴は現代人と同じであった。

クロマニョン岩陰から発見されたのは、人骨だけではなかった。マンモス、ホラアナライオン、トナカイなどの骨が一緒に出ているので、まずその年代が相当古いことがうかがわれる。人工遺物としては、石器のほか、先端を尖らせた骨製の尖頭器、彫刻されたトナカイの角、三〇〇以上にのぼる穴の開いた貝殻と、同じく穴の開いた動物の歯、マンモスの牙製のペンダントなどが見つかっ

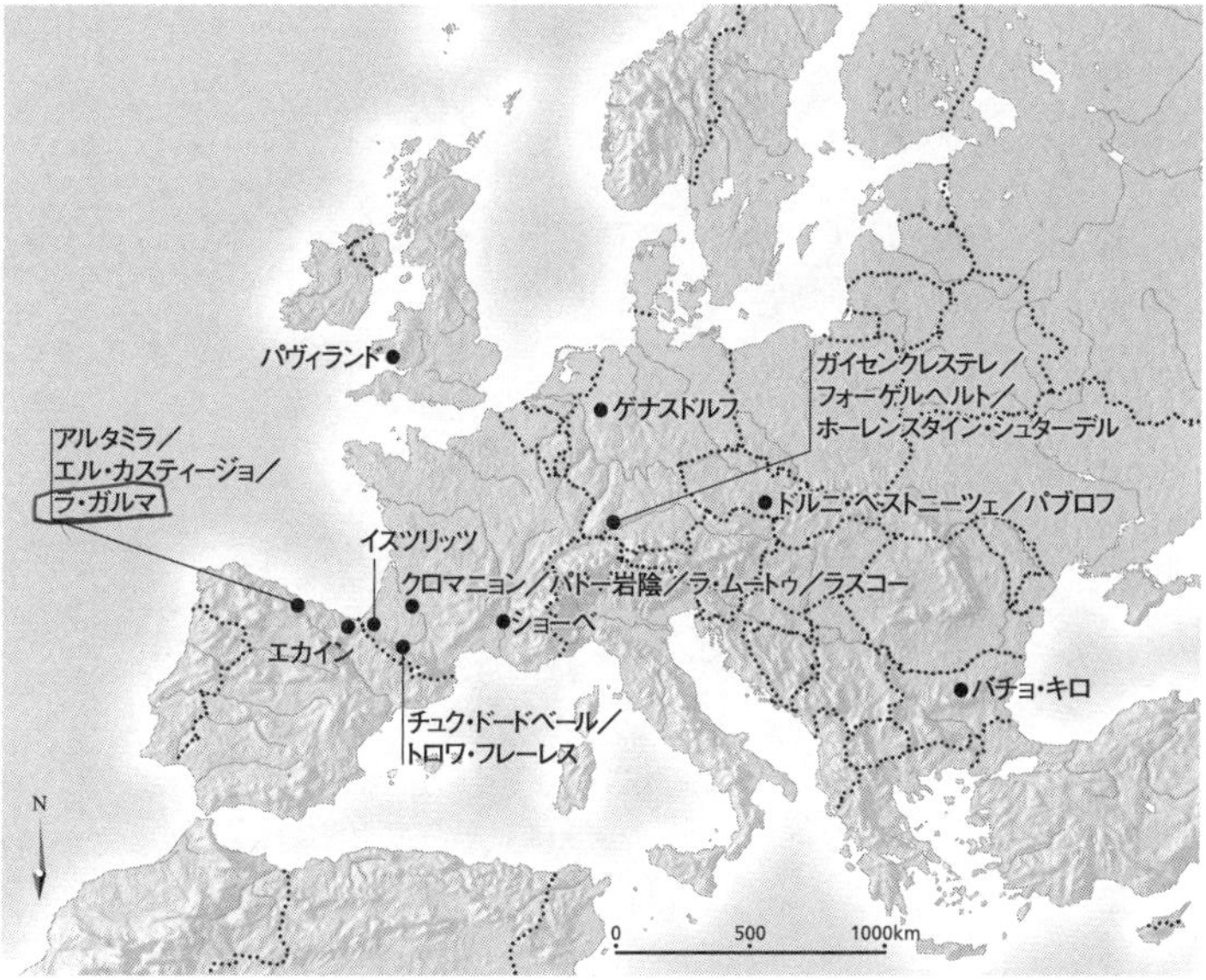

図 5-3　この章に登場するヨーロッパのホモ・サピエンスの遺跡

た。

　クロマニョンの人骨化石は、岩陰の遺物包含層の上部から発見されたと言われるが、骨がすでに取り上げられてしまっている今では、誰もそうだと断言はできない。しかし幸いにも、近隣には炭素14法で年代の測られているパトー岩陰遺跡がある。石器などの出土遺物がパトー岩陰の三万五〇〇〇年前ごろ（オーリニャック期の後半）のものと似ているため、現在では、クロマニョンの人骨はこの時期のものであろうとされている。

　クロマニョン岩陰での発見後、チェコ、フランス、イタリアをはじめヨーロッパ各地から、同じような形態を示す人骨が、絶滅動物の化石と一緒にいくつも発見されるようになった。そしてこれらの人骨で代表される上部旧石器時代の集団を総称して、クロマニョン人と呼ぶようになった。クロマニョン人は鼻が低く、頬の骨も大きいなど、現代の典型的なヨーロッパ人とはやや異なる特徴を示す。身長も平均一八四センチと推定されており、かなり高かったようだ。それでも彼らは、広い意味で現代ヨーロッパ人の祖先である。

ネアンデルタール人の姿

この章ではクロマニョン人のルーツを探り、彼らが発展させた文化の中に、現代人的な行動の痕跡を探していく。しかしその前に、彼らがやってくる以前のヨーロッパ地域の住人であったネアンデルタール人、学名でいうホモ・ネアンデルターレンシスについて、わかっていることを整理しておこう。ネアンデルタール人の化石は、化石人類としては例外的に、覚えきれないほどたくさん見つかっている。しかも彼らは、七万年前ごろから積極的に死者を埋葬するようになったため、頭から足まで揃った化石も一〇以上ある。そのため、この種の骨格形態、文化、行動については、比較的多くのことがわかっている。

ネアンデルタール人は、一連の形態特徴によってほかの人類集団と区別される。彼らは大きな鼻をもち、現代人の鼻と口を両手でつまんで、顔面を前方へ引き伸ばしたような顔つきをしていた。ホモ・エレクトスほどではないが、眼窩上隆起が発達し、脳のサイズは現代人並みに大きかったものの(クロマニョン人の脳も大きかった)、頭の高さは低く額は後ろへ傾斜していた。彼らの脳頭蓋《とうがい》を後ろから見た輪郭は、現代人のように角ばらず球形である。そのほかの頭骨の細かい形質、そして歯や下顎《かがく》骨にも、数多くの独特の特徴があった。ネアンデルタール人の身長は高くなかったが、腕や脚の関節部が大きく、身体の骨はホモ・サピエンスと比べて頑丈なつくりをしていた。

こうした一連の特徴を示す化石が、ロシアや北欧を除くヨーロッパ、西アジア、そして一部は中央アジアからも発見されている。そのためネアンデルタール人は、これらの地域にのみ分布していた、旧人の一つの地域集団とみなせる。ひところは〝ネアンデルタール段階〟の人類が、アフリカとユーラシアの各地にいたという考えがあった。しかし化石の調査が進むにつれ、アフリカや東ユーラシアの旧人化石はネアンデルタール独特の特徴を欠くことが明らかになり、別の地域集団とみなされるようになった。

今では、ネアンデルタール人はヨーロッパで進化した種であると、自信をもって言える状況となってきている。スペインのアタプエルカ、ドイツのハイデルベルグ、フランスのアラゴ、ギリシャのペトラロナなど見つかっている五〇万～三〇万年前の化石に、部分的ながらもネアンデルタール人的特徴が認められるからである。

ネアンデルタール人は、寒いヨーロッパの氷期を生き抜いた人類である。そして、彼らの身体特徴の一部は、寒さに適応した構造となっていた。彼らの大きな鼻は、乾燥した冷たい空気を吸い込むとき、鼻の内部の粘膜から適度な湿気を与えるのに都合がよかったと、一般に考えられている。

彼らの前腕（肘から手首までの部分）と下腿（すねの部分）は短かったが、これは、現代人の中でもシベリアの北方民族などに認められるもので、同じグループの動物で寒冷地に住む集団ほど四肢の遠位端（人間の前腕と下腿に相当する部分）が短くなるという、アレンの法則と合致するものだ。寒い地域では、四肢を短くしたほうが身体の体積当たりの表面積が減り、体熱を失いにくい利点があるのである。一方のクロマニョン人は、前腕と下腿が長く、体熱を放散するのに適した身体つきをしていた。これは、彼らが熱帯地方からやってきた集団であったことを物語っている。

偏見からの解放

ネアンデルタール人をめぐる評価は、過去一〇〇年間に何度も大きく揺れ動いてきた。研究がはじまった二〇世紀初頭に支配的だったのは、彼らを「野獣のような下等な人類」とする考えだった。しかし一九五〇年代ごろになると、こうした初期の解釈はネアンデルタール人の独特の風貌に対する先入観、もしくは嫌悪感によって、歪められていたことが認識されてきた。公正な研究姿勢というものが追求されるようになり、さらに第二次世界大戦の後で人類の平等や友愛という考えが広まったこともあって、ネアンデルタール人はかなり現代人に近いとみなされるようになった。彼らにはホモ・サピエンスの亜種、ホモ・サピエンス・ネアンデルターレンシスという位置づけが適当であるという考えが広まったのも、このころである。

ところが一九九〇年代に、現代人のアフリカ起源説が確実視されるようになってくると、再びホモ・サピエンスとネアンデルタール人の違いに目が向けられるようになってきた。ヨーロッパ地域において、ネアンデルタール人は実質的に絶滅したのだから、ホモ・サピエンスとの間には何らかの違いがあったはずである。それでは、両者の間には、実際にどのような違いがあったのだろうか。

この章では、ネアンデルタール人と対照しながら、ヨーロッパの旧石器時代のホモ・サピエンス、クロマニョン人とその文化について見ていきたい。ただしその際に気をつけるべきことがある。私たちの眼が、昔の研究者たちのように先入観で曇ることがないようにすることだ。

上部旧石器文化

ヨーロッパの遺跡から出土する考古遺物の様相が、地層のあるレベルより上で大きく変化することは、二〇世紀のはじめには認識されていた。石器のタイプが変化することに加え、骨やトナカイの角などを材料とした繊細な骨角器が見つかるようになる。そして貝や動物の歯で作ったビーズや、マンモスの牙を彫刻したペンダントが現われ、洞窟の中や野外に見事な壁画や線刻画が描かれるようになるのである。道具技術が変化しただけでなく、まるで突如として、人々が自分たちの精神世界をいわゆる芸術で表現しはじめたかのようだ。このような遺物は、それ以前の遺跡にはほとんど見られなかったものである。

四万二〇〇〇年前ごろにヨーロッパに現われたこのような要素を含む文化を上部旧石器文化と呼び、それ以前の中部旧石器文化と区別している。上部とは、もちろん地層の上部つまり年代の新しい方という意味である。ヨーロッパにおけるこの文化は、およそ一万二〇〇〇年前に中石器文化(西ヨーロッパのアジール文化など)に移行するまで続いた。

まだ件数は十分でないのだが、ヨーロッパで上部旧石器文化の地層から人骨が発見されるとき、それらは例外なくホモ・サピエンスのものである(末期のネアンデルタール人は上部旧石器文化の要素をもつ一風変わった文化を発達させたが、これについては後で述べる)。そのためこの文化は、アフリカ起源のホモ・サピエンスであるクロマニョン人が発展させたものとみなされている。上部旧石器文化が現われる前のヨーロッパに存在した文化は中部旧石器文化と呼ばれているが、これはネアンデルタール人の文化であった。

狩猟活動

クロマニョン人たちが活動した上部旧石器時代は、最終氷期の後半に当たる時期である。このときもともと現在よりも低かった気温はさらに低下し、二万一〇〇〇年前ごろには、氷期の中でも最も寒い時期がやってきた。大陸の北方には氷床が発達し、スカンジナヴィア半島の全体、イギリスの大半、デンマークからバルト三国にかけての領域は、厚く巨大な氷床に覆われた。中央〜東ヨーロッパにかけてはステップと呼ばれる木の少ない平原が広がり、温帯広葉樹林の分布は主に地中海沿岸部に限られていた。海水面が下がっていたため海岸線は現在より沖に位置し、現在のイギリス海峡は陸化して、イギリスは大陸とつながっていた。

氷期のヨーロッパや西アジアで狩猟の主な対象となったのは、ネアンデルタール人の場合もクロマニョン人の場合も、中型か小型の動物であった。地域と時代によっても多少異なるが、シカ、トナカイ、ウマ、ガゼル、バイソン、オーロックス（原牛）、ヒツジ、ヤギ、それにノウサギなどである。石器時代と言えば、人が槍をかざしてマンモスに立ち向かうシーンを思い浮かべてしまうかもしれない。しかし多くの研究者は、ほかの狩りやすい動物がいる環境で、わざわざ危険を冒して人々がマンモスやケサイを追い詰めるようなことを優先して行なっていたとは、考えていない。

遺跡証拠だけを手がかりに昔の人々の活動を推定するのは、困難な仕事だ。例えば、居住跡に動物の骨が散らばっており、人々が動物の肉を食べていたことがわかっても、その動物が狩猟によって得られたのか死骸が拾われてきたのかは簡単に区別できない。ネアンデルタール人は、少なくとも積極的に、しかもかなり組織的に狩りを行なっていた可能性が高いとされる。しかし彼らが実際のところ、どの程度有能なハンターであったかについては、まだ論争が続いている。

よく引用される説は、彼らは投げ槍を使用せず、手にもって突く槍で狩猟を行なっていたというものである。ドイツのシェーニンゲン近郊の四〇万年前の湿地遺跡からは、長さ二メートルもある木の先端を磨いて尖らせた槍が発見された。五本の槍は先の方が太くなっており、調査者は投げ槍であったと解釈している。しかしネアンデルタール人は、木などの柄に先の尖った石器（尖頭器という）を装着した槍を使っていたようで、この尖頭器の形態から判断する限り、彼らの槍は投げて使うものではなかったらしい。当然ながら、木製より石製の尖頭器の方が突き刺さったときの殺傷力は強い。しかし手槍による狩りは投げ槍による狩りに比べ、非効率で危険も大きかったはずだ。

この考えを支持するのが、アメリカの研究者による次の研究だ。バーガーとトリンカウスは、ネアンデルタール人の骨に残る怪我の痕跡を調べ、彼らが全身にたくさんの傷を負っていたが、とりわけ頭部と上半身の怪我が多かったことに気づいた。これは、ネアンデルタール人が至近距離から獲物を仕留めようとし、しばしば派手に突き飛ばされたと考えるとうまく説明できる。

一方のクロマニョン人が槍先に使った石器は、投げ槍に適した形態をしている。さらに彼らは、一万八〇〇〇年前ごろには投槍器と呼ばれる素晴らしい道具を発明した。これは角を加工し、片側にフックをつけた棒状の道具で、使うと槍を投げる手の長さが長くなるような効果をもつ。従ってより正確に、より遠くまで槍を投げられるのである。槍は一万一五〇〇年前ごろに弓矢が発明されるまで最重要の狩猟具であり、その機能向上は、クロマニョン人の繁栄の大きな一因となったであろう。

クロマニョン人が進んだ狩猟技術をもち、多様な食資源を手に入れていた証拠はいろいろある。彼らは、肉だけでなく毛皮を利用するためであったのだろう、ノウサギ、オオカミ、キツネ、ビーバーを積極的に捕らえ、それからウズラ、ライチョウ、カモ、ハトなどの鳥も獲っていた。三万年前のチェコのパブロフ遺跡で見つかった粘土片には、織物や縄の痕が残っており、クロマニョン人が網を発明して小動物を捕らえていた可能性もうかがわれる。さらに一万八〇〇〇年前ごろの上部旧石器時代の終わりごろには、角製のかえしのついた銛《もり》先が作られるようになり、サケ、マス、スズキ、ウナギなどの漁も行なわれるようになった。

さらにクロマニョン人は、狙っている動物の移動経路や行動習性を理解した上で、計画的な狩りを行なっていたと一般に考えられている。彼らの遺跡からは、特定の動物の骨が集中して出土することが多いからだ。そしてこのような彼らの能力が、氷期の終わりに起こったマンモス、ケサイ、バイソンなどの絶滅の原因の一端となった可能性は、十分にある。

石器、骨角器、土器のスペシャリスト

石器製作においてクロマニョン人が多用したのは、石刃技法である。ネアンデルタール人による中部旧石器文化のルヴァロワ技法と比べ、石刃技法は、限られた量の石材から同じ形の石刃を大量

生産できる。石刃は、薄く細長い剥片の両側に刃が平行についた石器で、これをさらに二次加工することによって、様々な種類の石器が作られた（図5-4）。第三章で詳しくは述べなかったが、石刃技法は古くからアフリカに存在しており、クロマニョン人以前の時代の西アジアでも、一時的ながらその存在が確認されている。

石刃から二次加工して仕上げられた石器としては、ビュラン（彫器《ちょうき》）とエンド・スクレーパー（掻器《そうき》）が目立つ。ビュランは、石刃の片方の端を加工して作られた道具で、現在の彫刻刀のように刻み目を入れるのに使う。この道具によって、骨や角や象牙を様々な形に加工できるようになった。エンド・スクレーパーは、皮をなめす、つまり毛や脂肪を取り除いて皮を軟らかくする用途に用いられたようだ。

上部旧石器時代には、石材にタガネをあてたたく間接打法やトナカイの角などを石材に押しあてて加工する押圧剥離《おうあつはくり》という新しい石器製作技法も現われた。さらに、加工する前に石材を熱し、割れやすくするといった前処理も行なわれていた。こうした技術の進歩により、片側の刃をつぶした細石刃、見事に形を整えられた木の葉型の尖頭器など、いくつかの新しい石器が登場した。

要は、彼らは石を扱うことにかけては現代人顔負けの、スペシャリストだったのだ。「昔の人は何しろ石器作りがうまかったんだ」というのが、日本の旧石器考古学界における石器製作実演の第一人者、大沼克彦の口癖である（大沼氏が石器製作を行なっているビデオが国立科学博物館の常設展で見られるので、是非ご覧いただきたい）。

さらに多様な骨角器の存在も、この文化の特徴である。本格的な骨器が最初に出現したのは九万

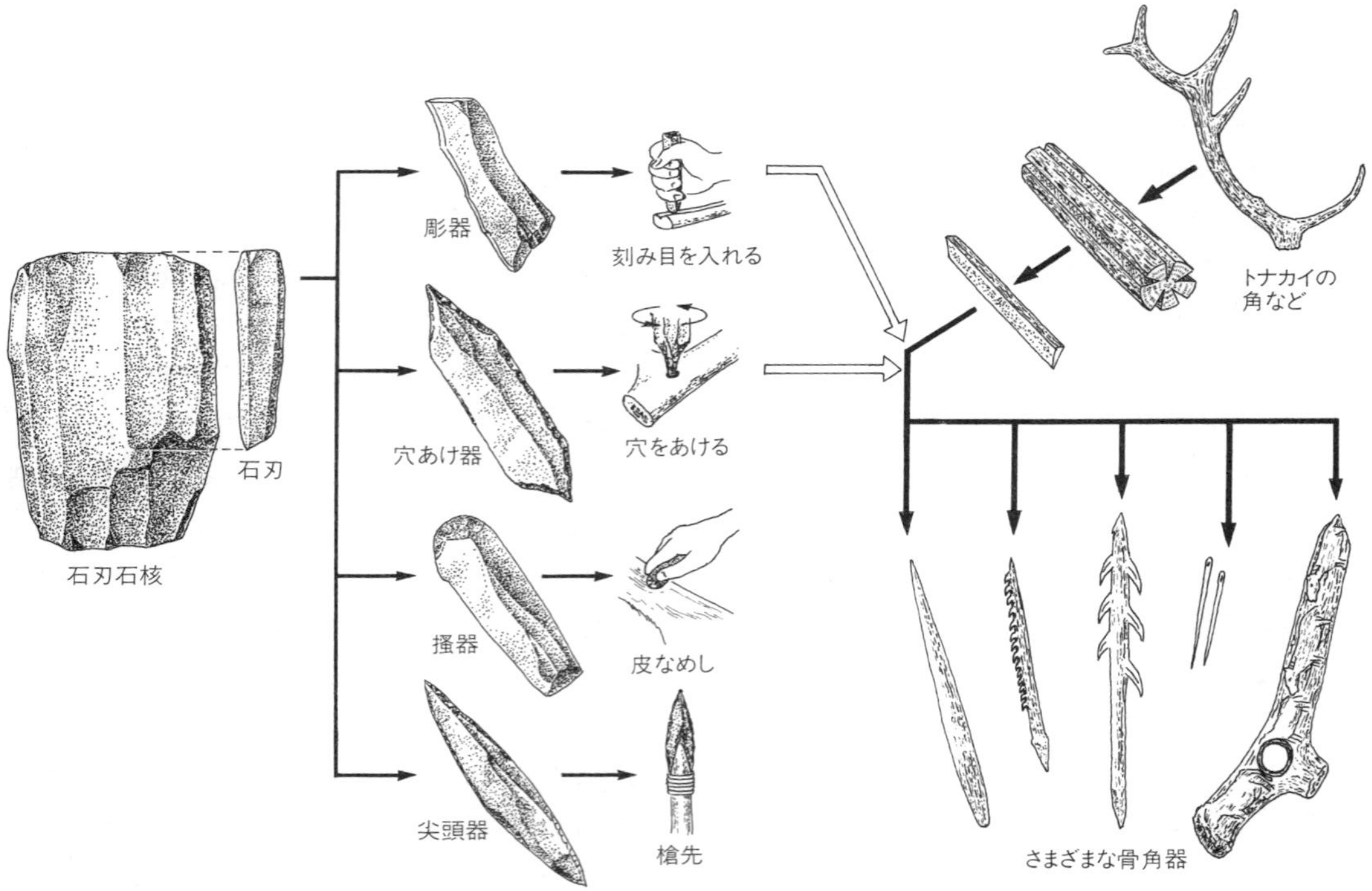

図 5-4　クロマニョン人たちの主な道具とその作り方

年前ごろのアフリカであったことを、第三章で述べた。そして、これはホモ・サピエンスが身の回りの様々なものに新たな道具素材としての可能性を追求するようになったこと、つまり創意工夫する行動が活発化したことの一つのサインと見なせることを、論じた。ヨーロッパに現われたホモ・サピエンス、クロマニョン人も、当初から骨、角、象牙を（もちろんマンモスの牙である）巧みに加工し、洗練された道具や芸術品を製作していた。

骨角器は、四万二〇〇〇年前ごろにはじまる上部旧石器文化の当初から存在した。基部が二つに割れた角製の尖頭器（槍先として柄に装着したと思われる）が、上部旧石器文化の最初に現われるオーリニャック文化（表5-1参照）の特徴的な要素である。後で詳しく取り上げるが、象牙製の彫刻やアクセサリーも、三万七〇〇〇年前には製作されていた。上部旧石器文化の後半には縫い針が出現し（これはもちろん優れた裁縫技術の存在を意味する）、前節で触れた投槍器が発明され、美しい銛先が数多く生産された。

考古学者たちの実験では、新鮮な骨は硬く、非常に鋭利な石器で力を入れて何度も刻み込まないと、線が彫れない。しかし骨は湿らせると格段に細工しやすくなる。クロマニョン人たちは明らかにこのことを知っていた。一方、角は骨と比べると加工がしやすい。象牙は繊維の方向には刻みを入れやすいが、何しろ硬いので、加工には時間を要するだけでなく、やはり水に浸したり長時間置いておくといった前処理が必要になる。

さらに、チェコのドルニ・ベストニーツェ（三万年前）やほかの遺跡から、素焼きした粘土（この場合は湿った黄土）の像が七〇点以上（破片は一万点以上）見つかっている。この中でも特に女性像と、ライオンの頭部の像は有名だ。小像は湿った状態で五〇〇～八〇〇度の温度で焼かれたようで、破裂してひび割れているが、これは意図的な儀礼行為によるものかもしれない。クロマニョン人がうつわとしての土器を作った明確な証拠はないが、彼らはその技術を明らかにもっていたという考えもある。

機能的な住居

ネアンデルタール人の居住跡は、「特徴がない」と表現されることがある。例えば、洞窟の入口や岩陰に見つかる彼らの生活跡には、灰の集積が数多く見つかるので、彼らが火をかなり自由に制御していたことはわかる（注1）。しかし彼らは通常、ふつうの焚き火以上のことはしなかったようだ。一方のクロマニョン人は、周囲を石で囲った機能的な炉を作り、火をよりうまく制御していた。

クロマニョン人は、柱穴を掘っておそらく皮製のテントをつくり、風よけの基礎として石や骨を積んだ。前出のチェコのドルニ・ベストニーツェ遺跡では、住居の中にかまが置かれ、ここで粘土製の小像が焼かれた。第八章で登場するロシア・ウクライナ地域では、彼らが永久凍土の大地に穴を掘り、食物や道具素材を貯蔵した痕跡が見つかっている。つまりクロマニョン人たちは、私たちが仮に文明社会が生み出した道具類をいっさいもたずに山野でサバイバル生活をするはめになったときに、やりそうなことをやっていたと言えるだろう。しかしネアンデルタール人は、そうではなかったようなのだ。彼らの遺跡には、特定の機能をもった構造物の痕跡が、ほとんどないのである。

ただし例外はある。六万年前とされるポルトガルの遺跡では、ネアンデルタール人が作ったらしい、石を用いた構造的な炉が発見されている。また、黒海の北岸部に位置するウクライナのモロドヴァ遺跡では、六万年前ごろにネアンデルタール人が、マンモスの骨を配置して小屋もしくは風よけのような構造物を作ったらしい（注2）。六万年前と言えば、ホモ・サピエンスでも、さしたる構造物を作った証拠は見つかっていない時期であるので、これは注目に値する。しかし、クロマニョン人が上部旧石器文化を携えてヨーロッパに現われた時点で、ネアンデルタール人がこうした行動を一般化させていたわけではないし、ましてやさらに発展させてもいなかった。

クロマニョン人の居住跡の一例として、およそ一万六〇〇〇年前の、ドイツのゲナスドルフ遺跡を見てみよう。この遺跡は洞窟ではなく野外にあり、大型の住居が三つ、そして小型のテントもあったと解釈されている。直径が七～八メートルある円形の大型住居の床面には、ぬかるむのを防ぐためだったのだろう、平たい粘板岩が敷き詰めてあった（しかもこの粘板岩には人間や動物などをモチーフにした多数の線刻画が刻まれていた）。住居の周囲や中央には柱穴があり、しっかりとした木のフレームをもつ家であったことがわかる。ウマの骨が大量に出土していることから、覆いに使われたのはウマの皮だったのだろう。計算によれば、住居全体を覆うのに四〇頭分が必要だったとのことだ。中央の柱のそばには、石を配置した炉が置かれていた。さらに住居内には小さな穴が二〇以上あったが、これが面白い。人々は穴の中に皮を敷き、水を入れ、焼け石を放り込んで、調理用の湯をわかしたらしいのだ。穴から発見された割れた石英の破片が、そのことを物語っている。そして一つ一つの穴は、最終的にはゴミ捨て場となり、石器や骨器、彫像、魚や鳥の骨、さらにホッキョクギツネの脚などが捨てられたようだ。住居内から出土している動物の内容から、少なくとも一つの大型住居は、冬の間に使用されていたものらしい。調理用の穴が二〇以上あることや、何しろ大量の動物骨が住居内で見つかっていることから（ウマだけで一三～五〇頭分の蹄の骨が発見されている）、人々はここへ毎冬戻ってきていた可能性が高い。

（注1）現在のところ人類が火を制御した最古の証拠として広く受け入れられているのは、二〇〇三年に発表されたイスラエルのゲシャー・ベノット・ヤーコブ遺跡で、年代は約七九万年前である。これ以前にも火の使用があった可能性はあるが、灰の集積が見つかっても野火との区別が難しく、なかなか証拠を押さえることが難しい。

（注2）一〇万年以上前の小屋の跡と発表された遺跡は、フランスのテラ・アマタをはじめ、いくつもあるが、現在ではどれも信頼性に欠けるとされている。

社会間ネットワーク

クロマニョン岩陰では、人骨化石と一緒に、貝殻に穴をあけたビーズが三〇〇点も出土している。面白いことに、遺跡はフランスの内陸部にある（図5-3）のに、この貝は海のものである。これらの貝殻は、遠く離れた大西洋や地中海で採取され、運ばれたものなのであった（陸生の貝は殻が薄いのでアクセサリーには利用されなかった）。ネアンデルタール人も、石器製作のための石材を遠くから運ぶことがあったが、大部分は生活拠点の周辺から集めていたようである。これに対しクロマニョン人は、石材だけでなく貝殻や琥珀《こはく》などを、かなり頻繁に一〇〇キロメートル以上の遠方から運んでおり、ときにその距離は一〇〇〇キロメートルに達することもあった。地元にない珍しいものを遠方から入手するという行為は、クロマニョン人の部族間に、交易網や情報網が存在したことを示唆する。

ものの運搬以外にも、部族どうしのネットワークを示唆する証拠がある。象牙や石灰岩を彫刻して作った二万八〇〇〇年前ごろの女性像は、フランスからロシアに至る、ヨーロッパの広大な地域から出土している。これらは、細部の表現に違いがあっても、腰部を際立たせ顔をデフォルメするといった基本的な様式に、著しい共通性が認められる（図8-1）。女性像以外にも、コスチョンキ型尖頭器など、石器や骨器の様式に広い範囲で共通性が認められるものがある。

クロマニョン社会に存在したであろう社会間のネットワークは、単に珍しいものを得るために機能したわけではなかったろう。部族間の交流を維持することにより、例えばある部族が何かの原因で食料不足に陥った際に、隣の部族の支援を受けるといったような、保険の役割があった可能性がある。この保険機能をもつ社会ネットワークは、ホモ・サピエンスが様々な自然環境を克服し、全世界へ定着していく上で、非常に重要な役割を果たしたと考えられている。

部族内での個人間の関係はどうだったのであろうか。ネアンデルタール人たちが傷ついた仲間を介護していたという考えは、すっかり定説となっている。彼らの骨には多くの怪我の痕跡があるが、重傷なものでも治癒傾向の認められる場合が多い。つまり怪我してすぐに息を引き取ったのではなく、しばらくの間は生きていたのだ。有名なのは、イラクのシャニダール洞窟で見つかった男性だ。左眼は失明していたかもしれず、右腕の肘から先を失い、右脚は引きずって歩くような状態であったにもかかわらず、この男性は四〇歳ぐらいと、ネアンデルタール人としては例外的に長生きをした。通常の野生動物であれば、こうはいかない。仲間からサポートを受けていたと考えるのが、最も自然である。ただしこのような仲間のサポートという行為は、もっと古く、彼らよりも一〇〇万年以上前の原人のころから存在していた可能性も示唆されている。

クロマニョン人たちの芸術活動

上部旧石器文化の要素の中で、とりわけ有名でかつ中部旧石器文化との違いが際立つのが、いわゆる芸術の存在である。専門家たちは、旧石器時代の芸術作品を、ポータブル・アート（持ち運びのできる芸術）とロック・アート（岩の芸術）に分類している。まずはロック・アートから見ていこう。

一万八〇〇〇年前の壁画で有名なアルタミラ洞窟は、スペイン北部のカンタブリア地方にある。岩の凹凸を巧みに利用して洞窟の天井に描かれた何頭ものバイソンの絵は、まさに圧巻としかいいようがない（口絵参照）。スペイン北部だけでも壁画のある洞窟が一〇〇ほど知られているが、何といってもアルタミラの天井画は心を打つ（国立科学博物館の展示場では、アルタミラやスペインのほかの洞窟の壁画の素晴らしい映像が見られるので是非お越しいただきたい）。

アルタミラの壁画が地元の地主親子に発見されたのは、一八七九年にさかのぼる。しかしこれが旧石器時代のものと認められるまでには、発見後二〇年もの年月を要した。当時の学界では、はるか昔の原始人に、これらの現代美術と遜色《そんしょく》ない絵を描くだけの知能はなかったという考えが支配的だったのである。さらに、古い岩絵が数千年以上も残っていることなどありうるのだろうか、という疑問もあった。

その後二〇世紀に入るころまでに、フランスのピレネー山麓のいくつかの洞窟からも、同様の壁画が発見されるようになった。中でも一八九五年に発見されたラ・ムートゥ洞窟では、遠い過去に絶滅した動物の描かれた壁面が、旧石器時代の遺物を含む地層に覆われて存在していることが確かめられ、これらの壁画の古さが認識される一つのきっかけとなった。こうしてクロマニョン人による洞窟壁画の存在は、動かし難い事実となっていった。

さて、ロック・アートと言えばこうした壁画が有名だが、数の上でずっと多く残っているのは線刻画や浮き彫りなど、岩の壁面を線刻したり彫り込んだりしたものである。こうした絵は、フランスでは石灰岩の壁が比較的やわらかいペリゴール地方などに多い。浮き彫りの中には、赤色オーカーで色をつけられたものもある。さらにクロマニョン人たちは、洞窟だけでなく、野外にも岩の芸術を残している。

フランスのピレネー山麓では、粘土による大型の造形も知られている。中でも有名なのは、チュク・ドードベール洞窟の奥にある部屋で発見された、長さ六〇センチほどの二体のバイソンである。製作者は粘土を指で整形した後、ヘラのようなもので仕上げ、さらに尖った道具で目の穴や毛の表現をつけたようだ。

壁画はどうやって描かれたか

クロマニョン人たちが壁画を描いた方法は、思いのほか手が込んでいる。旧石器時代の芸術はしょせん原始的なものに過ぎないと思っていた方には、この節を特に楽しんでもらえるだろう。一口に壁画を描くと言っても、材料の吟味・調整から道具の準備、描画法の選択まで様々なステップがある。クロマニョン人たちは、どのような方法と手順で、壁画を描いたのだろうか。

ヨーロッパの壁画に用いられている色は、基本的に赤、黄色、茶色、黒で、稀に白も使われた。これらの顔料の正体は、赤、黄色、茶色が基本的にオーカーつまり酸化鉄であり、黒は炭もしくは二酸化マンガン、白は天然の白陶土などである。これらの材料は、野外やときに洞窟の中からも手に入る。従って材料の入手自体は困難ではなかったが、クロマニョン人たちは材料をそのまま使うのではなく、さらに微妙な色合いを得るために、いくつかの調整を行なっていた証拠がある。

天然の黄色い酸化鉄（リモナイト）は、二五〇度以上で加熱すると酸化が進み、ヘマタイトと呼ばれる赤い酸化鉄に変化する。クロマニョン人たちは、このことを明らかに知っていた。さらに彼らは、異なる顔料を様々に混ぜ合わせているが、これもときに複雑である。例えばフランスのラスコー洞窟における研究では、動物の骨を四〇〇度で焼いてできた黒い炭に方解石を混ぜ、さらに一〇〇〇度で熱したという例が報告されている。また、色合いの調整以外の目的による処置の可能性も指摘されている。絵の顔料に黒雲母《うんも》や斜長《しゃちょう》石などの鉱物が混ざっている例があるのだが、これが人為的なものであるなら、流動性などの点で塗りやすさを向上させる目的があったのだろう。

顔料を壁面にしっかりと付着させるためには、粉にした上で、流動性のある結合剤と混ぜるのがよい。結合剤としては、動植物の脂肪が用いられたこともあったようだが、ある実験で最も効果的だったのは水で、特にカルシウムを豊富に含む洞窟の水であった。

描く方法にもいろいろな工夫があった。指が用いられたことがあったのはおそらく間違いなく、アルタミラやラスコーの壁画のレプリカ作成において、現代のアーティストたちは指を用いた。そのほか、動物の毛のブラシを使ったり、棒の先に皮を丸く被せスタンプのようにして用いる場合があったようだ。スタンプを用いた点だけで構成される点描画があるほか、縁取られた輪郭の中を塗り潰すときに、絵の具を吸いこませたスタンプを何度も壁面に押し、面全体を塗り潰すことも行なわれた。色をつけたくない領域には、動物の皮を当てる方法もとられていたようだ。顔料を口に含んでスプレーのように吹きつける方法もあった。ハンドステンシルもしくはネガティブハンドと呼ばれる手の陰型には、たいていこの手法が用いられているらしい。

最後に灯りの問題がある。クロマニョン人は暗黒の闇の中に芸術を残したのだから、外から灯かりを持ち込んでいたことは疑いない。実際、中央に窪みのある石製のランプが少なくとも八〇以上発見されている。さらに、痕跡が残らないので使用したことを証明はできないが、松明《たいまつ》が有効であることも実験的に証明されている。

何が描かれたか

クロマニョン人が描いた壁画の対象は、動物、ヒト、シンボル（抽象図形）に分けられる。そのほか、不定形や染みのような模様も描かれた。

動物は横向きに描かれることが圧倒的に多かった。大多数は何の動物かわかるが、中には不明瞭で研究者の意見が分かれるものもある。動物の種類では、ウマとバイソンが特に多く、それからシカ、オーロックス、アイベックス（野ヤギ）、マンモスもよく描かれた。そのほか、クマ、ホラアナライオン、ケサイ、そして稀だがオオカミ、キツネ、ウサギ、カワウソ、アザラシなどがある。

魚や鳥もモチーフとなった。一方で小さなネズミなどの動物は、描かれなかったようだ。

ヒトにかかわる壁画として圧倒的に多いのは、手形である。これには、手を壁面に置いて上から顔料を吹き付ける陰画と、手に顔料を塗って壁面に押し当てる陽画がある。ヒトの姿をした絵は、壁画よりも線刻画が多いが、たいていは不明瞭だ。明らかなヒトの絵というものもあるが、動物の絵の中で質の高いものと比べると、見劣りする。

面白いことに、数は少ないが、ヒトと動物が合体したような半人半獣の絵も存在する。有名なのは、フランスのトロワ・フレーレス洞窟の絵で、手足の指と脚の形と直立した姿勢はどう見てもヒトだが、草食動物の背中と耳、トナカイの角、ウマの尾、ネコ科のそれを思わせる陰茎と、いくつかの動物が混ざっている。過去には、こうした絵は動物のマスクを被ったシャーマン(呪術師)とみなされていたが、想像上の生き物を描いた可能性もある。古代エジプトのアヌビス神(ジャッカルの頭と人間の身体をもつ)などの例があることを考えれば、そうした可能性も非現実的とは思われない。後で

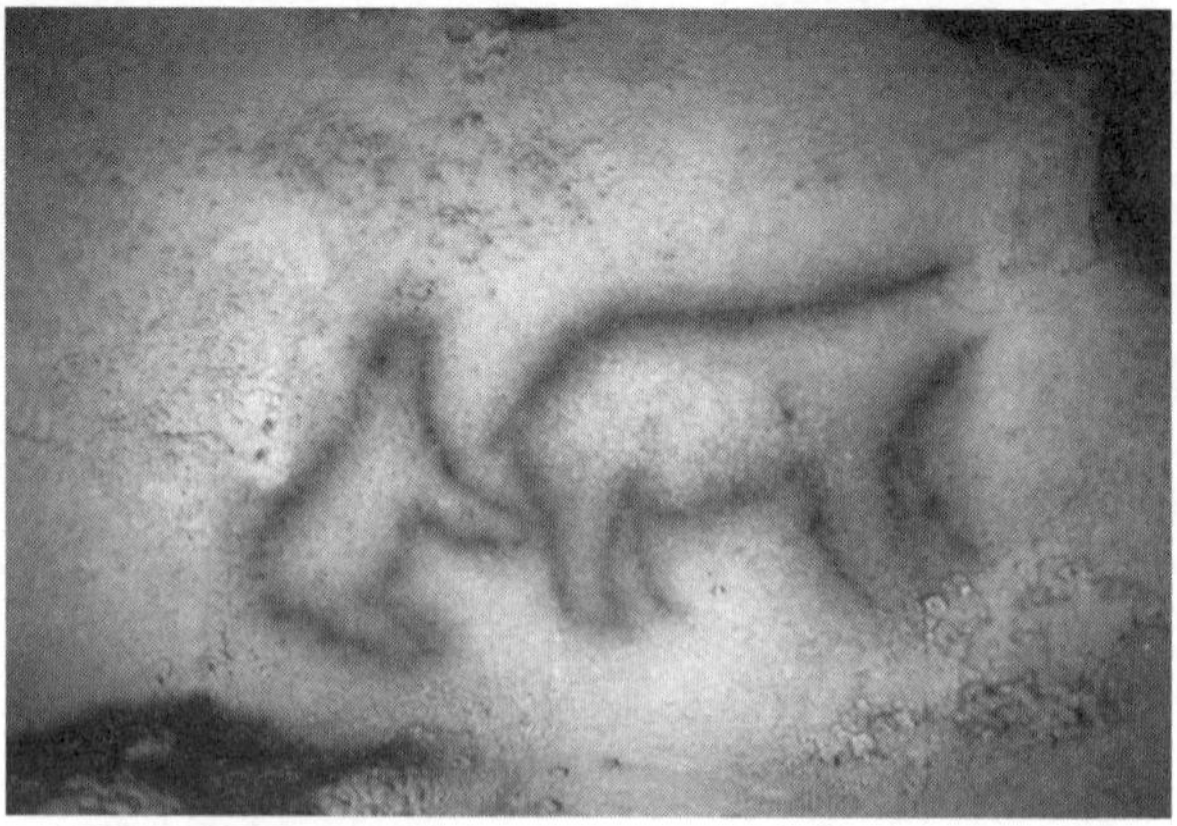

図 5-5　大小のクマの壁画
スペインのエカイン洞窟。(提供：深沢武雄/㈱テクネ)

述べるクロマニョン人が製作したマンモス牙製の小像の中にも、見事な半人半獣の作品が存在する。

最後にシンボルである。これには点列や、長方形をいくつかの線で分割したものをはじめ、多様なパターンがある（図5-6）。何とも説明し難いこれらの絵は、研究史の初期には無視されてきたが、実は数の上では相当多い。異なる洞窟でも繰り返し同じパターンが描かれることがあるので、何らかの意味をもっていたことは間違いないと思われる。

図5–6　何種類かのシンボルの壁画
スペインのエル・カスティージョ洞窟。（提供：深沢武雄/㈱テクネ）

なぜ描いたのか

クロマニョン人たちは、何のためにこうした絵を描いたのだろうか。一九世紀の壁画の発見当初には、何せ原始人なのだから、祭祀《さいし》などの複雑な意味合いをもっていたはずはなく、単に美を楽しむために描いたのだという考えもあった。しかし多くの壁画が、行くだけでもたいへんな洞窟の奥深く——想像して欲しいが、時に入口から一キロメートル以上も先の完全な暗闇の中である——に描かれている事実は、この考えとはそぐわない。壁画には、何らかの意味が込められていたはずである。

二〇世紀に入ると、民族学的調査によってオーストラリアやアフリカの狩猟採集民社会で行なわれていた、呪術やトーテミズムと呼ばれる自然崇拝の習慣が知られるようになり、クロマニョン人の壁画も狩猟の成功や多産を願った呪術の一環として描かれたと考えられるようになった。二〇世紀前半の考古学界に強い影響力をもっていたフランスのブルイユ神父によれば、洞窟内の多数の壁画は、個々の画家が無秩序に描いた絵が何千年かにわたって集積したものであり、個々の絵を描くという行為は、ほとんどすべての場合、狩りの成功と狩猟対象の動物が増えることを願う呪術的なものであったというのである。

こうして当時の学界で支配的な考えであった呪術説だが、大きな難点もあった。槍や傷のようなものが描き込まれた動物の絵は確かに存在するが、そういう絵はむしろ少なく、多くの絵は動物だけが描かれている。そしてよく調べると、描かれた動物は必ずしも狩猟されていた動物と対応しているわけでもない。さらに絵は、必ずしも洞窟の奥深くにあることが多いというわけではなく、入口付近にも存在する（入口付近の絵ほど風化して消失してしまっている可能性も考慮しておかねばならない）。

一九五〇年代になると、フランスのレヴィ＝ストロースらにより、文化人類学の分野で構造主義の思想が展開されるようになった。先史学もこの影響を受け、洞窟内の壁画を、洞窟のつくりや絵の描かれている壁面の形状などの諸要素と合わせて、組織化された全体として見る研究がはじまった。この見方では、ブルイユが注目した個々の絵だけでなく、クロマニョン人が壁面に残した単なる点や線なども考慮し、そうしたあらゆる要素の空間的配置や、絵とほかの構造（例えば近くの鍾乳石）との関係を検討していく。

フランスのアンドレ・ルロワ゠グーランはこの時期の代表的研究者の一人であるが、洞窟内の壁画の配置には秩序があると主張していた。例えば、シカは洞窟の入口付近に多く描かれているが、内部にはウマ、バイソン、オーロックスが多い。そして肉食獣はあまり描かれないが、描かれるとしたら洞窟の奥である。洞窟内の領域はこのように区分され、各領域の境界には適当な動物またはシンボルが配置されている……。彼は、ウマや特定のシンボルは男性を、バイソンや別のシンボルは女性を示すとも考えており、壁画のある洞窟全体が、クロマニョン人にとっての社会や自然の構図（神話と言ってもよい）を示していると考えていた。

しかし、実際の壁画の内容と配置は、洞窟によってかなり異なる。ルロワ゠グーランは、上部旧石器時代の二万年以上にわたって保たれた、洞窟の普遍的デザインを追い求めた。彼が見出した秩序のあるものは、実際に存在するようだが、洞窟全体の普遍的デザインというものは、やはり存在しないのだ。次の世代の研究者の間では、当然の流れとして、個々の洞窟の特異性が強調されるようになった。

それでは壁画は一体何のために描かれたのだろうか。科学の精神に忠実にものを言えば、結局のところ、クロマニョン人が壁画を描いた本当の理由はわからない。しかし現在の研究者たちの間で意見が一致している点が一つある。一〇〇年前に壁画の古さが確認されて以来、研究者たちは長い間、壁画が描かれた唯一で普遍的な理由を探してきた。しかし実際には、そういうものは存在しないのだ。壁画を描いた理由は決して一つではなく、個々のケースによって、様々な背景があったと考えられる。

最近の研究は、洞窟内の空間や壁面の形状、光、そして音響などが、描く対象、技法、使う色などの選択にどう関係したのかといった、新しいテーマのもとで進められている。フランスの洞窟壁画研究の権威ミシェル・ローブランシュが述べたように、旧石器時代の画家は、自分が向き合っている洞窟と「対話」したはずだ。壁画は、土地の自然環境や文化を背景にもつ多面的なものとして捉えなくてはならないというのが、現在の専門家たちの認識である。

芸術の爆発？

壁画の大多数は、上部旧石器時代末のマドレーヌ期（表5-1参照）のものである。それでは、クロマニョン人の壁画の伝統はどこまでさかのぼるのだろうか。一九九六年に、マスコミでも大きく報道された注目すべき発見があった。

石灰岩の垂直の断崖がそびえ立つ南フランスのアルデーシュ川の峡谷は、以前から洞窟探検家たちの人気スポットであった。ここで三人の探検家が、一九九四年に、多数の壁画が描かれている新しい洞窟を発見した。発見者の名をとってショーベ洞窟と呼ばれるようになったこの洞窟の壁画は、微妙な陰影や巧妙な遠近法、優雅な線など、高度な技法が用いられていたことから、当初は旧石器時代末期のものと思われた。ところが炭素14年代の測定の結果、三万七〇〇〇年前と非常に古いものであることがわかったのである。

点描画法で表現されたバイソンの絵もあった。壁面の凹凸を利用して立体的に表現されたマンモスの絵もあった。こうした技法は、時間をかけて発達してきたと考えていた当時の美術史研究家らにとって、予期せぬ発見だったのだ。マスコミの報道も、一様にこの視点からなされた。「これまでの常識を覆す大発見」と。

しかし一方で、ショーベ洞窟の壁画を「予想された発見」と受け取った研究者もいた。彫刻や彫像、楽器といったポータブル・アートについて言えば、上部旧石器文化の当初から質が高いことはわかっていた。確かにポータブル・アートの量とデザインが豊富になったのは、上部旧石器時代の末期だが、彼らの芸術製作技術は、当初から洗練されていたのである（注3）。上部旧石器文化の芸術伝統は、四万年前ごろのヨーロッパに、いわば爆発的に現われたと言えそうだ。

（注3）　旧石器時代の芸術を製作技術の観点から評価するには、注意が必要である。これらの作品の製作者たちは、現代とは異なり、アーティストとして生計を立てていたわけではない。現代のアーティストは、作品が多くの人々の目に触れて評価されることを願うだろうが、この時代の芸術活動の動機は、それとは異なっていたはずである。

ポータブル・アート

トナカイの角などに刻まれた彫刻、象牙製の彫像、アクセサリーなどを含むポータブル・アートは、ヨーロッパの上部旧石器文化の遺跡から大量に見つかっている。実際にどれだけあるのかはよくわからないが、個人が私蔵しているものや、まだ未報告のまま博物館に眠っている資料も多いよ

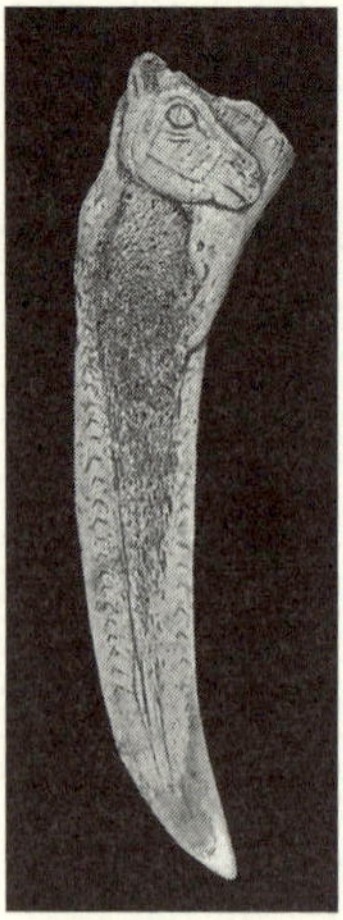

図5–7　トナカイの角に浅掘りされた雌ヤギ
スペインのラ・ガルマ遺跡出土。（提供：深沢武雄/㈱テクネ）

うだ。一九八〇年に一万点という推計値が報告されているが、実数はこれよりはるかに多いともいわれる。

　遺跡で見つかる代表的なアクセサリーは、貝殻や動物の歯などに穴を開けたビーズである。貝は海で採取された特定の種だけが選ばれ、遠く内陸まで運ばれた。動物の歯としては、肉食獣や雄ジカの犬歯や、ウシ科の動物の切歯が好んで用いられた。例えば、フランスで発見された墓では、埋葬されていた女性の頸《くび》もしくは胸の位置に輪を描くようにして、穿孔《せんこう》された雄ジカの犬歯が七〇点も発見されている。

　クロマニョン人たちは、岩壁だけでなく、石や動物の骨や角などにも絵や線刻を施している。さらに角に施した動物の浅彫り（図5-7）や、象牙を彫刻してペンダントに仕上げたものもある。彼らは、道具にも装飾を施していた。先に紹介した角製の銛先にも、模様を線刻したものが多いし、投槍器の一端に施された彫刻などは、まさに素晴らしいの一言に尽きる。さらにこの類のものとしては、角に穴を開けて周囲を線刻して装飾したバトンと呼ばれるもの（図5-4）、薄く平らな骨から作った穴の開いた円盤など、何に使ったのかよくわからないようなものも、数多く見つかっている。

　彫像には、ヒトをかたどったものと動物を模したものがある。前者で目立つのは、一般にヴィーナス像と呼ばれている女性の像で、フランスからロシアにかけての広い地域で見つかっている。象牙や石灰岩を彫刻したものが一般的だが、先に触れたように粘土の造形を素焼きした像も存在する。

象牙の彫像は上部旧石器文化の初期から存在したが、いくつもの素晴らしい作品がある。ドイツのフォーゲルヘルトからは、動物を模した一〇以上のペンダントが見つかっているが、とりわけウマの作品は見事だ。さらにホーレンスタイン・シュターデルからは、「ライオン人間」と呼ばれる、高さ約三〇センチの彫像が出土している（図5-8）。これはいわゆる半人半獣像で、頭はライオンだが身体は人間で、直立した姿勢をしている。一九三九年に二〇〇個の破片の状態で発見され、その後博物館の標本庫に眠っていたのを一九六九年に再発見され、段階的に修復されて日の目を見た。

最古の楽器

ヨーロッパ各地からは、一般にフルートと呼ばれる鳥やトナカイの骨製の吹奏楽器が、三〇以上

図5-8 「ライオン人間」と呼ばれる象牙製の彫像
ドイツのホーレンスタイン・シュターデル遺跡出土。（提供：Ulmer Museum/Thomas Stephan）

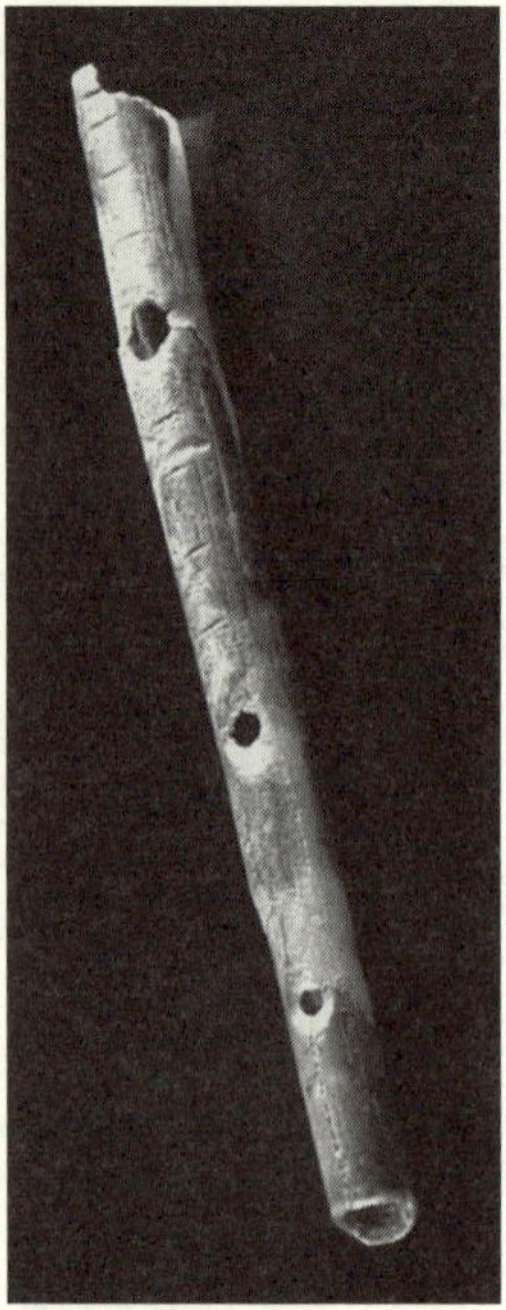

図5-9　世界最古の楽器
ドイツのガイセンクレステレ遺跡で発見された鳥の骨製のフルート。(撮影：Hilde Jensen, University of Tübingen, 提供：Nicholas Conard)

も発見されている。最古のものはドイツのガイセンクレステレ遺跡のもので、三万七〇〇〇年ほど前のものだ（図5-9）。そしてフランスのイスツリッツ遺跡からは、壊れたフルートが何と二〇も発見されており、そのうちの二つは、最近完全に近い状態にまで復元された。

これらは筒状の骨に三〜七つほどの穴を開けたものである。実際にはフルートというよりは、呼子笛のように演奏されたと思われるが、本来はリードがついたもっと複雑な楽器であったという意見もある。いずれにせよこのヨーロッパのフルートは、誰もが認める楽器としては、現在のところ世界最古のものである。

一方、スロヴェニアのディブジェ・バベ遺跡からは、八万〜四万年前の地層からクマの骨製のフルートが発見されたと報じられた。しかしフランスのデリコらによる顕微鏡を使った最近の調査からは、ネアンデルタール人が開けたとされる穴は、実際には洞窟にいたほかのクマが噛んでつけた歯跡であるようだ。

フルートのほかにも、楽器と報告されているものがいくつかある。そのうちの多くは真偽性が疑われているが、ホイッスルとして使われたと考えられる鳥の骨製品があるほか、洞窟の中の大広間にある鍾乳石の中には、クロマニョン人が棒で叩いて音を奏でたと思われるものもある。

文化のダイナミズム

私たち現代人は、地域ごとに多様な文化を発展させている。そしてこの文化は固定的なものでなく、時代を追って変化していくものだ。これは、ホモ・サピエンスという種の、行動の柔軟性の表われと言ってよいだろう。一方の原人や旧人たちの石器文化は、広い地域にわたって一様であるとともに、何万年、何十万年という単位で目立った変化を示さなかった。それでは旧石器時代のホモ・サピエンスたちの文化は、どうだったのであろうか。

クロマニョン人の文化では、地理的多様性や時代的変化が、極めて顕著だ。まず、彼らの芸術活動には、明白な地域的偏りがある。西ヨーロッパでロック・アートのある三〇〇ほどの遺跡は、スペイン北部、フランスのピレネー山麓およびペリゴール地方に集中している一方、中央・東ヨーロッパでは稀で、イギリスからは全く見つかっていない(注4)。女性像はフランスからチェコ、さらにロシアに至る地域で盛んに作られたが、不思議なことに壁画の宝庫、スペイン北部のカンタブリア地方では見つかっていない。こうした地域文化圏のようなものの形成が、部族間のネットワークの存在を示唆することは先に述べた。

地域的偏りだけでなく、同一地域の遺跡間でも芸術作品の出土数に大きな偏りが見られる。多く

表 5-1　上部旧石器文化の主要な文化期

オーリニャック期　4 万 2000〜3 万 2500 年前

スペイン北部からバルカン半島に至る地域に存在した。西アジアに存在したものは、レヴァント・オーリニャック文化と呼ばれる。特徴的な石器として、オーリニャック型石刃（石刃の全周を二次加工したもの）や、厚みのあるエンド・スクレーパーとビュランがある。角製の尖頭器や、壁画、彫像、ビーズ、楽器などの芸術も、この当時から存在し、石材や貝殻の遠距離運搬も行なわれていた。

グラヴェット期　3 万 2500〜2 万 4000 年前

気温の寒冷化が進む中で、スペインの一部からロシアに至る領域、およびイタリアなどに現われた文化。グラヴェット型尖頭器やコスチョンキ型尖頭器など、地域によって異なるが、特徴的な石器がある。この時期には、象牙や石灰岩製のヴィーナス像が盛んに製作された。織物が存在した証拠があり、バスケットなどが編まれたのかもしれない。

ソリュートレ期　2 万 6500〜2 万 1500 年前

最終氷期の中でも格段に寒かったこの時期には、さすがにクロマニョン人も、ヨーロッパの北部地域を離れたようだ。逆にフランスとスペインの一部地域では人口が集中したようで、人々が限られたテリトリーの中での活動を強いられる中、新しいソリュートレ文化が生まれたと考えられる。この時期には、美しい木の葉形の尖頭器が製作され、ロック・アートにも質的な洗練化がみられた。骨器は多くないが、末ごろには骨製の縫い針が出現した。また、矢じりを思わせる形の石器も出土しており、弓矢が存在した可能性もある。

マドレーヌ期　2 万 1500〜1 万 3000 年前

気温が温暖化に転じた時期に、スペイン北部からフランス、ベルギー、ドイツを通り、ポーランド南部までの地域に広がった文化である。骨や角を加工する技術が高度化し、かえしのついた銛先や投槍器が登場した。網を沈める錘も出現し、魚や鳥を獲る技術が向上したことがわかる。さらに細石刃が現われ、末期には中石器時代の重要な要素である細石器も見られるようになった。スペイン北部やフランスにある洞窟壁画は、ほとんどがこの時期に描かれている。この時期には人口が増加したことを受け、各集団は狭いテリトリー内で小動物も含めた食料採取を行なう必要が生じ、社会関係が複雑化し、祭祀なども活発に行われたと考えられている。化石人骨から健康状態を調べたところ、この時期の人々には、以前よりも多くのストレスがあったことが示唆されている。

の遺跡では全く出土しないか、あってもわずかであるのに対し、一部の遺跡では何百点もの芸術作品が見つかっている。フランスのペリゴール地方では、七二の遺跡から二三二九点が見つかっているが、そのうちの約半数は、たった二つの遺跡から出土したものだ。

そして、上部旧石器時代の三万年間に、クロマニョン人の文化は大きく変容していった。変化は必ずしも人々の自由意思で起こったものではなく、気候や自然環境の変化が影響しているようだが、同じような気候変動を経験していながら、原人や旧人の文化は、変化が少なかった。上部旧石器文化の主要な四つの文化期について、特徴をまとめると表5-1のようになる。

（注4） しかし見かけの地域的偏りを、歪ませているかもしれない因子についても注意を払わねばならない。壁画のない洞窟でも、地層中に埋もれている崩落した洞窟の壁の一部に、色彩を施した痕跡が見つかることがある。壁面についた水分が凍ったり解けたりを繰り返したような洞窟では、一万年以上前の壁画は風化して消失してしまっている可能性が高い。

ネアンデルタール人の埋葬

第三章で述べたように、芸術は、シンボルを用いて意思伝達する能力があって成り立つものである。そしてシンボルを自由に操る能力は、現代人的行動能力の中の、極めて重要な要素の一つと考えられている。ここでは、この能力と関連づけて語られる、もう一つの遺跡証拠について述べよう。死者を埋葬する行為についてである。

多くの研究者は、七万年前以降のネアンデルタール人が埋葬を行なっていたと考えているが、その実態をめぐっては論争がある。イスラエルのタブーン遺跡の墓は、一〇万年以上前のものである可能性もあるとされるが、まだ確かなことはわかっていない。一つの極端な考えは、彼らの埋葬行為は単なる遺体の処分に近いもので、シンボリックな行為ではなかったとするものである（墓とされるものは自然死した遺体が運よくそのまま保存されたもので、ネアンデルタール人には埋葬行為自体が存在しなかったという説もあるが、これは極端に過ぎる）。こうした説の支持者は、ネアンデルタール人の墓には明確な副葬品が存在しないと主張し、クロマニョン人の埋葬との違いを強調している。三万七〇〇〇年前以降のクロマニョン人の墓では、死者はアクセサリーを身につけ、赤色オーカーがまかれたり、火を焚かれたりした例も知られている。これはおそらく儀礼を伴う、明らかにシンボリックな行為だ。

しかしこうした考えは、ネアンデルタール人の埋葬行為を、あまりに過小評価しているとの意見も根強い。イスラエルのケバラ、およびフランスのレグゥドーで発見されたネアンデルタール人化石は、身体の骨と下顎骨がありながら頭骨がない。これを何らかの葬送儀礼が行なわれた痕跡と見る意見もある。さらにわずかながら、ネアンデルタール人の墓にも副葬品があるという主張もある。一方のホモ・サピエンスにしても、四万年以上前の時代となると、儀礼的な埋葬行為の証拠は乏しい。西アジアで発見された一〇万年前のホモ・サピエンスの墓（カフゼーとスフール）に、動物の骨が供えられていたという主張もあるが、これ以降三万七〇〇〇年前までの間の時期には、アフリカ、西アジア、ヨーロッパで、ホモ・サピエンスの墓らしいものはほとんど見つかっていない。

一九五七〜六一年にかけて、イラクのシャニダール洞窟で発掘が行なわれ、その結果、ネアンデルタール人が墓に花を添えた証拠が見つかったと報じられた。発見された一体の人骨の周囲の土壌から、様々な種類の花粉が検出されたのである。これは、ネアンデルタール人のイメージを、野蛮から人間味あふれる存在へと転換させる、大きな契機となった。しかし最近では、もっぱらこの見解に懐疑的な意見ばかりが聞かれる。花粉は、後から動物が巣穴を掘ったことなどによって、外部から紛れ込んだ可能性があるというのだ。花粉を伴う別の墓が新たに発見されれば決着はつくのだが、残念ながら現在までのところ、そうした報告はない。

謎の文化の主

フランスからスペイン北部にかけて、四万三〇〇〇～三万七〇〇〇年前ごろの、一風変わった文化の存在が知られている。シャテルペロン文化と呼ばれているもので、中部旧石器文化と上部旧石器文化に特徴的な石器が両方存在することに加え、上部旧石器文化の重要な要素である、骨器、アクセサリーなどが出土するのである。これは初期のクロマニョン人の文化であろうというのが大方の予想であったが、遺跡の本当の主が明らかになったのは、一九七九年以降のことである。

フランスのサン・セゼールで、マッシュルーム栽培のために石灰岩の壁を削っていたところ、パワーショベルの刃先に、大量の石器が引っかかった。そこで緊急調査を行なったところ、ショベルの刃先のわずか一メートル先にあったシャテルペロン文化の地層から、ネアンデルタール人の骨格が発見されたのである。測定の結果、その年代は四万二〇〇〇年前と出た。次いで、パリの東に位置するアルシ・シェル・キュールでも、四万年前のシャテルペロン文化の地層から、ネアンデルタール人の化石が出土していることが明らかになった。この化石は以前から知られていたが、断片的で、発見当時はネアンデルタール人のものかクロマニョン人のものかを特定できなかった。しかし最近、コンピュータ断層撮影（CT）技術の発達により、ネアンデルタール人は側頭骨の内部にある内耳の構造が独特であることがわかってきた。そこでアルシ・シェル・キュールの側頭骨化石をCTで調べたところ、この化石もネアンデルタール人のものであることがわかったのである。

アルシ・シェル・キュールのシャテルペロン文化の地層からは、三六点ものアクセサリーと、一五〇点以上もの骨器が出土している。従来は、こうしたものが存在しないことが、ネアンデルタール人の文化の特徴とみなされていたので、これは一部の研究者にとっては、にわかには受け入れ難い発見であった。上にあるオーリニャック文化の地層から遺物が混ざったとか、ネアンデルタール人がクロマニョン人のキャンプから、珍しいものをもってきただけといった、懐疑的な意見が出された。しかし遺跡には、骨器を製作した際に出る骨の割れたかけらが存在することなどから、どうもこれらは、本当にネアンデルタール人が作ったもののようなのだ。ヨーロッパのほかの地域にも、セレタ文化、ウルッツァ文化などと呼ばれる、シャテルペロン文化と似たような文化がいくつか存在する。まだ十分な証拠はないが、これらもネアンデルタール人のものであった可能性が浮上してきている。

ネアンデルタール人の本当の姿

シャテルペロン文化はネアンデルタール人のものと認めても、大半の研究者は、これはネアンデルタール人がホモ・サピエンスの文化を模倣したものであると解釈している。極端な考えでは、ネアンデルタール人の埋葬、少数ながら存在する構造物なども、すべてホモ・サピエンスの文化の影響とされる。仮にそうであっても、あるレベルで、彼らにシンボルを操作する能力などがあったということにはなる。しかしもっと踏み込んで、ネアンデルタール人が独力でシャテルペロン文化を発明したという可能性は、あるのだろうか。

この異端とも言える考えを推進しているのが、ボルドー大学のフランチェスコ・デリコだ。彼は一九九九年に発表したポルトガルのジィラオとの共著論文で、ネアンデルタール人による模倣という考えには、重大な欠陥があることを示した。模倣説の拠り所は、シャテルペロン文化よりもクロマニョン人のオーリニャック文化のほうが、早く出現するという点にあった。シャテルペロン文化は四万三〇〇〇年前にはじまるが、オーリニャック文化の開始年代としては、バルカン半島で四万六〇〇〇年前（ブルガリアのバチョ・キロ遺跡）、西ヨーロッパで四万三五〇〇年前（スペイン北部のエル・カスティージョ遺跡）と信じられていたのである。ところが、ジィラオとデリコがヨーロッパの多数の重要な遺跡について、発表されている年代の信頼性と、出土している遺物が本当にオーリニャック文化のものと言えるかどうかを検討し直したところ、オーリニャック文化の古い年代値にはみな問題があり、この文化の本当の開始年代は、四万二〇〇〇年前を超えないとの結論に達した。さらに、オーリニャック文化とシャテルペロン文化が両方存在する遺跡では、必ず前者が後者の地層の上に位置するという関係がある。彼らの主張どおり、シャテルペロン文化がオーリニャック文化に先行するなら、模倣説は大きく揺らぐことになる。

シャテルペロン文化とオーリニャック文化が独立に発展したというのが、デリコらの好む考えである。一方で、彼らはもう一つのシナリオも提示している。シャテルペロン文化が先行したにせよ、オーリニャック文化が誕生した時期とは、一〇〇〇～二〇〇〇年程度のずれしかない。西アジアにクロマニョン人の祖先、ヨーロッパにネアンデルタール人がおり、当初は両者とも同様の文化(中部旧石器文化)のもとで生活していた。しかし両者にとって互いの存在が刺激となり、緊張感のようなものが生まれたときに、それぞれの新しい文化が出現したのではないか、というのである。おそらく行動範囲が大きく、両集団の接触のきっかけをつくったのは、クロマニョン人のほうであったろう。しかしデリコの考えでは、そうした文化を生み出す潜在能力は、どちらも最初からもっていたわけである。

ホモ・サピエンスのアフリカ起源説が確実視されるようになり、ヨーロッパにおけるネアンデルタール人の絶滅が定説となった一九九〇年代ごろから、ネアンデルタール人を見る研究者の眼は、やや厳しいものに変化していた。ホモ・サピエンスとの違いが大きければ、彼らの絶滅を説明しやすくなるからである。しかし、第三章でも述べたように、ネアンデルタール人も、赤色オーカーを何らかの用途に利用していた可能性があるし、彼らは死者の埋葬も行なっていた。ネアンデルタール人の真の姿を知るには、彼らの絶滅という事実に惑わされることなく、もう少し辛抱強く遺跡証拠を調べていくことが必要なようだ。

消えたネアンデルタール人

シャテルペロン文化の主の発見は、同時に、ヨーロッパにおいてクロマニョン人とネアンデルタール人が共存していた時期があったことをも、明らかにした。最近では、このほかにもスペイン南部、ポルトガル、クロアチアから、およそ三万五〇〇〇年前ごろとされるネアンデルタール人の化石が報告されている。ネアンデルタール人は、ホモ・サピエンスがヨーロッパにやってきたのと同時に消滅したわけではなく、一部の地域で、数千年間生き残っていたわけだ。

ただしこの間、彼らの居住地は、ヨーロッパの辺縁地域に押しやられていた可能性が高い。そしておよそ三万五〇〇〇年前ごろに、彼らはヨーロッパからいなくなる。ネアンデルタール人の実像は、まだ専門家の間でも定まっていないが、前節で示したように、ここ最近優勢だった考えは彼らのことを過小評価しているかもしれない。しかし一方で、アフリカからやってきた新しい人類集団、ホモ・サピエンスは、先見性、計画性、発見・発明能力、シンボルを操作する能力などにおいて、旧人たちより勝っていたことも事実なようだ。ネアンデルタール人は、寒いヨーロッパに適した身体つきを進化させていた。ところがそうではない私たちの祖先が、こうした現代人的行動能力によって、結局彼らと置き換わってしまったのである。これは、ホモ・サピエンスが文化を創造的に発展させる力の強さを、端的に表わした事件であったと言えるかもしれない。

クロマニョン人はどこから来たか

話をクロマニョン人に戻そう。そもそも彼らは、アフリカを故郷とするホモ・サピエンスの一集団だった。デリコらの主張を受け入れれば、クロマニョン人のヨーロッパへの渡来年代は、四万二〇〇〇年前以降ということになる。このとき彼らがたどってきたのは、西アジアから東ヨーロッパを経由して西ヨーロッパへ入るルートであったろう。西アジアでは、少なくとも四万二〇〇〇年前には、ヨーロッパのクロマニョン人の文化と関係があると思われる上部旧石器文化（レヴァント・オーリニャック文化）が出現する。さらにレバノンのクサル・アキルやトルコのウカジャイズリといった遺跡では、四万三五〇〇年前もしくはそれ以前とされる地層から、初期上部旧石器文化と呼ばれる石器群と貝製のビーズなどが発見されている。これらはネアンデルタール人ではなく、ホモ・サピエンスのものであろうというのが大方の予測だが、まだ人骨化石による裏づけは得られていない。西ヨーロッパのシャテルペロン文化のような例もあるため、現在のところ五万〜四万年前の西アジアの遺跡の主が誰だったのか、なお慎重に考えていく必要性も説かれている。

一方、クロマニョン人がジブラルタル海峡を越え、北アフリカからスペインへ入った可能性はあるのだろうか。スペイン南部には、ネアンデルタール人が三万五〇〇〇年前ごろまで生き残っていた証拠があるので、そのようなことがあったとは考えにくい。ジブラルタル海峡は狭いところでは幅が一三キロメートルしかなく、晴れた日には、対岸の大陸が目視できる。しかしそれでも、ネアンデルタール人もクロマニョン人も、ここを渡った痕跡は見つかっていない。

上部旧石器文化の終焉

二万一〇〇〇年前の寒さのピークを越えると、気温は急激に上昇しはじめた。海水面が上がり、マンモスなどが好んだツンドラステップは北方へ後退し、亜寒帯針葉樹林、次いで落葉樹林帯が、ヨーロッパに広がった。これと同期して上部旧石器文化も終わり、一万三〇〇〇年前ごろに、細石器というはめ込み式の小さな石器を中心とする、中石器文化がはじまった。氷期の旧石器文化に比べて中石器文化は地味なイメージがあるが、もちろんこの間、集団が入れ替わったわけでも、人口が減って文化が衰退したりしたわけでもない（注5）。

この時期、マンモスやケサイやバイソンはすでにいなくなっており、大きな群れで移動するトナカイたちも北方へ去ってしまっていた。しかし祖先たちは環境の変化に柔軟に対応し、それぞれの土地でより多彩な食資源に目を向けるようになった。広がった森林地帯では人々はシカやイノシシなどを狙い、場所によって水鳥、海獣類、魚、貝などへの依存も高まったほか、ドングリやナッツ類などの植物も、安定的に栄養を供給する重要な食資源となっていた。こうした活動のための特別な道具類、例えば弓矢（注6）や植物を粉にする石臼なども普及し、社会は安定化して次第に人口も増えていった。凝った葬送儀礼などからわかるように社会もさらに複雑化の様相を見せるようになったが、一方で、上部旧石器時代にあれほど盛んだった壁画などの芸術伝統は、途絶えてしまった（注7）。

そして、九〇〇〇年前以降の新石器時代になると、西アジアから伝わってきた新しい生業形態である、穀物の農耕とヒツジ、ヤギ、ウシなどの牧畜が、ヨーロッパでもはじまる。土器が製作され、人々は定住して村落社会が発達し、複雑な交易ネットワークを通じてよい石材であるフリント、石《せき》斧《ふ》、琥珀《こはく》、貝殻、金、銅、スズなどがやり取りされるようになった。次の青銅器時代にかけて栄える巨石文化が広がったのも、この時期である。そしてこうした変化の先に、東方からの影響のもと、五〇〇〇年前ごろにヨーロッパ最古のエーゲ文明が現われるのである。

（注5） 過去にはそのような説もあった。一九世紀に旧石器時代と新石器時代を区別したイギリスのラボック卿は、旧石器時代のトナカイ狩猟民たちは、トナカイの群れを追って北方へ移動し、新石器時代がはじまるまでヨーロッパの中緯度地域は無人の地であったと考えていた。

（注6） 弓または矢そのものの最古の証拠は、ドイツやスカンジナヴィアの中石器時代の遺跡から見つかっている。矢じりの可能性のある石器は、上部旧石器文化後半からも知られるが、本当に矢じりであった確証をつかむことは難しい。アフリカではMSAから弓矢が存在したと考える研究者もいる。

（注7） ルロワ＝グーランは、クロマニョン人の洞窟壁画を「西洋美術の起源」と捉えたが、この壁画の伝統は、中石器時代の開始とともに途絶える。技法においても、例えば遠近画法の技術は旧石器時代には存在していながら、その後途絶え、ルネッサンス期に再発明される。従って、ルロワ＝グーランの解釈は正しいとは言えない。

VI

人類拡散史のミッシング・リンク

東ユーラシア

磨製石斧を製作する人々：どの地域のホモ・サピエンス集団にも、独自の発見・発明らしきものがある。打ち割った石器を砥石で磨いて仕上げる技法が一般化するのは、約1万2000年前以降の新石器時代のことである。ところが日本では、旧石器時代の3万5000年前ごろに、刃の部分を磨いた石製の斧が多数つくられた。周辺地域に類例がないことから、日本で独自に発達したものと考えられている。(国立科学博物館常設展より)

ミッシング・リンク

この章で議論する地域は、東ユーラシアである。ただし北方のシベリア地域は除く。東南アジアの先に広がるオセアニアも、もちろん対象外である。残った東ユーラシア地域は、ホモ・サピエンス以前の人類によって、すでに居住されていた領域だ――もちろんこの領域の中でも、ヒマラヤやゴビ砂漠などの過酷な場所に旧人がいたとは思えないが――。従って、私たちの祖先がこの地域へやってきたとき、ヨーロッパの場合と同様に、原始的な先住民との遭遇があったはずだ。

しかし東ユーラシアの状況は、ヨーロッパの場合と比べて格段に不明確である。ヨーロッパは保存状態のよい遺跡が多いだけでなく、近代考古学発祥の地という土地柄、旧石器時代の研究が進んでいる。遺跡調査体制が比較的整っている日本では、発見されている遺跡の数こそ多いが、土壌の性質上、骨はたいてい消失しており、ほとんどの場合残っているのは石器だけだ。

ミッシング・リンクとは、直訳すれば「失われた鎖の輪」で、まだ発見されていない化石記録の欠落を指す言葉である。東ユーラシアは、まさにホモ・サピエンスの拡散史を語る上でのミッシング・リンクだ。その先のオーストラリアへの渡来年代が見えてきつつあるのに、ホモ・サピエンスがいつ東ユーラシアに現われたのか、まだほとんどわかっていない。この地域の現状は、あまりに多くのピースがなくなってしまったジグソーパズルのようである。しかし現状でも、発見されているピースの位置と向きを正確に特定できれば、過去の全体像が見えてくるかもしれない。そして丹念に調べていくと、手持ちのピースの中にも、ホモ・サピエンスの本質を考えるよい材料がたくさんあることがわかってくる。

中国の旧人とスンダランドの原人

アフリカからやってきたホモ・サピエンスたちは、東ユーラシアでどのような人類と遭遇したのだろうか。東ユーラシアにおけるホモ・サピエンス以前の人類の化石は、ほとんどが中国とインドネシアの二つの国だけで見つかっている。

六〇万〜二五万年前の北京原人で有名な中国であるが、二五万〜一〇万年前ごろの化石も一〇以上の遺跡で見つかっている。これらは形態的に原人よりは進歩的で、現代人よりは原始的であるので、通常旧人に位置づけられている。ただしこれらの化石にはネアンデルタール人独特の特徴は見られず、従って中国地域には、ネアンデルタール人とは別の旧人集団がいたことがわかる。

東南アジアでホモ・サピエンス以前の人類化石がまとまって出土しているのは、インドネシアだけである。氷期の海面低下時には、インドネシア地域の西半分はマレー半島とつながり、スンダランドと呼ばれる広大な陸地を形成した。そうした時期にここへやってきたのが、ジャワ原人であると考えられている。これまでに発見されている化石から、ジャワ島地域には、百数十万年前から少なくとも三〇万年前ごろまで、ジャワ原人が存続していたことがわかっている。今のところ、この地域から旧人と言えるような進歩的形態を示す化石は見つかっていない。そのため、数万年前にスンダランドへやってきたホモ・サピエンスたちが遭遇したのは、この原人たちであった可能性が高い。

図6-1　この章に登場する東ユーラシアのホモ・サピエンスの遺跡

ただし、中国の旧人やジャワ原人については、その活動を描けるような十分な考古学的情報が揃っていない。末期のジャワ原人に至っては、どのような石器を作っていたかについてさえ、明らかでない。従って、彼らがホモ・サピエンス集団と出会ったとき、どのような反応をしたのか類推することは、現時点では難しい。

さて、この原稿を執筆中の二〇〇四年の一〇月に、誰も予想していなかったとんでもないニュースが飛び込んできた。インドネシアのジャワ島からはるか東方の海上に浮かぶフローレス島から、身長一メートルほどの小型の人類の化石が発見されたというのである。オーストラリアのピーター・ブラウンらが化石の形態を吟味《ぎんみ》した結果、どうやらこの人類は、ジャワ原人が孤島に渡って矮小化《わいしょうか》してしまったものらしいことがわかった。孤島では大型動物が矮小化し、小型動物が大型化する傾向があることが知られている（これは食資源の乏しい環境で動物たちが適度な大きさに収斂《しゅうれん》する現象と理解できる）。フローレス島にも、体長一メートルほどに縮小してしまったゾウの仲間、ピグミー・ステゴドンがいた。おそらく原人も同じ進化の道を歩んだのだろう。この発見は、少なくとも次の三つの点で驚きであった。まずは原始的な人類がある程度の距離の海を渡って島へたどりついたという事実、そして人類の系統でここまで劇的な進化が生じたという事実、さらに化石の年代が二万一五〇〇年前とごく最近のものであった事実である。二万一五〇〇年前というと、私たちの祖先がこの地域に姿を現わし、オーストラリアにまで到達していたときである。ホモ・サピエンスは、フローレス島をこの時点まで発見できなかったのだろうか。両者は、ある時点で遭遇したのだろうか。何が起こったのか、今後の調査の進展に期待したい。ホモ・フローレシエンシスと名づけられたこの新種の人類の発見は、人類史の中の特異な出来事として特筆に価するものである。

カフゼーとスフールの謎

第五章で述べたように、ホモ・サピエンスのヨーロッパ進出は、四万二〇〇〇年前ごろのことと考えられる。しかし西アジア地域には、一〇万年前ごろの古い時期に、すでにホモ・サピエンスが出現していた証拠がある。第三章で触れた、イスラエルのカフゼーとスフール遺跡で発掘された多数の人骨化石がそれだ。カフゼーとスフール遺跡のホモ・サピエンス集団は、何者だったのだろうか。彼らは八万年前までにはこの地域からいなくなったようだが、一体どこへ消えたのだろうか。

ホモ・サピエンスの形態をしたカフゼー・スフール集団の文化が、ネアンデルタール人の文化より先進的なものであったのなら話はわかりやすくなる。ところが謎めいたことに、事実はそうではないのだ。彼らの石器文化は、基本的にネアンデルタール人のものと同じ中部旧石器文化に分類される。専門家たちは、両者の文化の間にある程度の違いがあるかないか、またその違いが何を意味するのかを巡って議論を続けているが、要はそれが決着しないほど両者の違いは微小なのだと考えてもよい。しかも八万年前以降、彼らはネアンデルタール人にこの地を明け渡し、どこかへ消え去った。続く八万~五万年前の間、西アジアの遺跡――イラクのシャニダール、イスラエルのタブーン、アムッド（一九六〇年に東京大学の鈴木尚《ひさし》らが発見した）、ケバラ、シリアのデデリエ（一九九〇年代に東京大学の赤澤威《たける》らが発見した）など――から見つかっているのは、これまでのところネアンデルタール人の化石だけだ。

ホモ・サピエンスが次にこの地へ現われたとき、それはおそらくこの種が本格的な世界拡散を開始するときであった。その正確な年代はまだわかっていないが、第五章で述べたように五万~四万年前であった可能性が高い。それではなぜカフゼー・スフール集団はヨーロッパへ進出しなかったのだろうか。彼らが西アジアに姿を現わした一〇万年前ごろは、気候が比較的温暖な時期であった。彼らはこのころ一時的にアフリカから出てきて、その後、寒冷化の進行に伴ってアフリカへ戻ったのだろうか。それとも彼らは、気候の寒冷化とともにヨーロッパ地域から南下してきたネアンデルタール人集団に、絶滅させられてしまったのだろうか。彼らは見かけは現代的でも、知能はまだ現代人の水準に達していなかったのだろうか。

第三章で登場したリチャード・クラインは、一〇万年前の時点では、ホモ・サピエンスの知力はまだ十分に進化していなかったと考えている。彼の「神経仮説」によれば、五万年前ごろにアフリカのサピエンス集団の神経系に急激な進化が起こり、真に現代的な行動能力というものが現われた

――ただし最近では、そうした能力はもっとゆっくりと累積的に進化したという考えが有力になっているることはすでに述べた――。一方そうではなく、ホモ・サピエンスは古くから現代的な知力を備えていたが、ヨーロッパへ進出するには高度な文化的装備が必要で、そのために時間を要したという考えも、理論的には成り立つ。ヨーロッパはアフリカと違って寒く、しかもすでにそこへ適応していたネアンデルタール人という先住民がいた。このためヨーロッパへの進出は、文化が十分に発展した段階で、はじめて可能になったのかもしれない。

それでは東ユーラシアはどうだったのだろうか。カフゼー・スフール集団のような初期のホモ・サピエンスが、とりわけ温暖な東ユーラシアの低緯度地域へ、早い時期から進出を開始していたということはないのだろうか。特に現代的な行動能力が五万年前以前にすでに進化していたのなら、ヨーロッパへの進出よりずっと前に、ホモ・サピエンス集団が東南アジアまでやってきていた可能性を考えたくなる。これを論じたのが、最近、一部で注目を集めている沿岸移住仮説だ。

沿岸移住仮説

ケンブリッジ大学のラーとフォリーは、ホモ・サピエンスの起源をめぐってアフリカ起源説と多地域進化説の両陣営がなお激しく論争を続けていた一九九〇年代前半から、他研究者に先駆けて、祖先たちの拡散のパターンについて議論をはじめていた。二人の提案は、ホモ・サピエンスのアフリカからの拡散は少なくとも二回あったと想定する点で注目を集めた。

一つは、エジプトのシナイ半島からレヴァントへ抜け、ユーラシアの東西へ広がるというルートによる拡散で、四万四〇〇〇年前ごろ生じたと考えられる。これはいわば誰もが考える、オーソドックスなシナリオだ。しかしラーらによれば、これは二回目の拡散で、最初の拡散は別のルートでもっと早い時期に生じた可能性があるという。彼女らの想定する最初の移住ルートは、アフリカの角と呼ばれるソマリア半島からアラビア半島の南端を結ぶ地域で、氷期に海面が大きく低下したときにのみ、陸続きになっていた（図4-2）。ラーらは、大胆にも一〇万～五万年前の間にここを通り、沿岸部を伝ってアラビアからインド、さらに東南アジアまで進出したホモ・サピエンスの集団がいたのではないかと予測した。

その後、アフリカにいたホモ・サピエンスが、一〇数万年前には海岸部に進出して海産食資源の利用をはじめていたという証拠が報告されるようになると、この沿岸移住仮説は、一部で脚光を浴びるようになった。ユーラシアにいた旧人が海産資源を利用していなかったとすれば、理論上は、内陸にいる旧人と無用な接触をすることなく、初期のホモ・サピエンスは東南アジアまで進出できたと考えられる。

さらに最近では、海産物に含まれる脂肪酸は神経系の発達を促すので、それがホモ・サピエンスの行動能力の向上にもつながったというような話まで持ち出されている。もっともアフリカの初期サピエンス化石の分布は、必ずしもこの種の進化が海岸部で生じたことを示しているわけではなく、この説が適切かどうかは疑問だ。

ラーとフォリーの仮説の拠りどころは、オーストラリアの最も古い遺跡が六万年前にさかのぼるという報告にあった。東ユーラシアでは、一〇万～四万年前にホモ・サピエンスが存在した証拠が見つかっていないが、沿岸移住仮説ならこの事態を説明できる。氷期のころの沿岸部は現在は海の底なので、陸地に痕跡がなくても不思議はないということになるからだ。しかし最近では、オーストラリアの一部の遺跡に与えられていた七万〜五万年前という年代値は、十分に信頼できるものではないという慎重な見方もある（第七章参照）。

さらに私見を述べると、仮にアフリカからの移動の大きな波が二回あったとしても、最初の移住集団が沿岸部だけを移動したという考えは、あまり現実的とは思えない。ホモ・サピエンスの世界拡散史を概観していくと、柔軟に行動を変え、幅広い環境に適応していくのが、この種の大きな特徴に思えてくる。第七章では、オーストラリアへの渡来者たちが、やはり特定の地域に縛られることなく、短期間のうちに大陸全体へ広がった可能性に触れる。そうしたことからすれば、かなりの長期間にわたって、私たちの祖先が海岸部だけに留まっていた時期があったとは考えにくい。

このように、ホモ・サピエンスの最初のユーラシアへの進出については、まだ多くの謎が残っている。この謎を解くために、東ユーラシアの内陸部にホモ・サピエンスが拡散した年代について、もっと調査を進める必要があるだろう。二〇万〜一〇万年前の中国には、旧人以外の人類はいなかったようだ。しかし、一〇万〜四万年前の東ユーラシアにどのような人類がいたのかを示す信頼性の高い化石証拠は、まだほとんどない。石器の研究からこの課題について言えることも、現段階では限られている。

日本列島の重要性

ホモ・サピエンスが東ユーラシアへ進出した年代は、どのように探っていけばよいのだろうか。この問題に関して、日本列島は重要な鍵を握っていると考えられる。日本の遺跡では、残念ながら酸性土壌のおかげで骨はほとんど消失してしまっているが、このハンディにもかかわらず、各地の研究者の長年にわたる地道な調査によって、様々な興味深い知見がもたらされている。これまでに発見されている日本の約四万一〇〇〇～一万四〇〇〇年前の旧石器遺跡の数は、東京大学の小田静夫によれば、今や五〇〇〇ほどもあるという。

過去に繰り返し訪れた氷期の間には、日本とアジア大陸が陸続きになったことがあり、ナウマンゾウなどの動物が大陸から日本へ渡って来た。この状況から推測すれば、原人や旧人クラスの人類が日本まで来ていてもおかしくはない。しかし今のところ、四万三〇〇〇年前を超える可能性のある遺跡はわずかしか報告されておらず、一部には年代について慎重論もある。現段階では、日本列島におけるこの時期の人類について、まだはっきりとしたことはわかっていない。

一方、発掘調査の密度が高いおかげで、日本列島では遺跡の数と質の推移をある程度把握できる状況にあり、そこにホモ・サピエンス到来について探るヒントが見える。日本には四万三〇〇〇年前を超える遺跡はあったとしても少数だが、四万一〇〇〇～三万五〇〇〇年前の間には遺跡の数が急に増える。これは、この時期に人口が増加したことを示唆しており、ホモ・サピエンスが列島に現われたサインなのかもしれない。例えば小田静夫が一九七〇年代に発掘した武蔵野台地の遺跡群では、四万年前を少し超える地層より下位からは、ぱったりと石器が出土しなくなる。

この時期の最も古い石器は形があまり整っておらず、現時点では、その解釈に不透明な部分が残されている。それでもおよそ三万五〇〇〇年前までには、石刃技法、規格化された多種類の石器、そのほか後で触れる環状ブロック群や石材の長距離運搬など、ホモ・サピエンス的な行動要素で特徴づけられる、いわゆる後期旧石器文化が列島各地に現われた。アジア大陸におけるホモ・サピエンスの移動の状況が今一つはっきりしていない現状において、このような日本の旧石器考古学のデータは貴重である。

日本列島への渡来のルートと手段という問題も、興味深いテーマである。氷期の日本列島が大陸とつながっていたかどうかは、海底地形の吟味、海底堆積物から推定する日本海への海流の流れ込みの状況、そして過去の動物分布などの研究を通じて、復元できる（図4-2）。最終氷期に海水準が低下した際には、北海道〜樺太〜大陸の沿海州に至る地域は陸続きとなっていた。つまり、北海道はアジア大陸から突き出た半島の先端となっていたのだ。この陸橋を通って、マンモス動物群と呼ばれる、マンモス、バイソン、オーロックス、オオツノシカ、ヘラジカなどが北海道へ渡ってきていた。一方、北海道と本州の間の津軽海峡は、完全には陸化せず、少なくとも幅一〇キロメートル弱の水道が存在した。しかしここも冬には氷結していたらしく、マンモス以外の大型動物の化石が東北地方でも見つかっている（注1）。最終氷期に、ホモ・サピエンスが、動物たちと同じこの北ルートをたどって日本へやってくるのは容易であったろう。

しかし日本列島の南側では、事情が違っていた。大陸側では、氷期には黄海が陸化し、最終氷期最盛期にはすっかり消滅して、朝鮮半島は半島ではなくなっていた（黄河も揚子江も九州のやや沖で海に注いでいた)。しかしそれでも、九州、対馬、朝鮮半島間は陸橋にはならず、狭い海峡で隔てられていた。最終氷期より前の氷期には、ここには陸橋が存在し、ナウマンゾウなどが大陸から渡ってきたが、ホモ・サピエンスがここを渡るには海を越える必要があった。これは可能だったのだろうか。

氷期でも独立した列島であった沖縄からは、三万七〇〇〇年前の山下町洞穴遺跡において、子供の断片的な人骨化石が発見されている。どうやら日本列島へ南からやってきた集団は、早い時期から、舟を作り操る技術をもっていたようだ。このように卓越した行動能力によって、祖先たちは短期間のうちに、日本列島全域へと活動範囲を広げていったのかもしれない。

(注1) これらの動物はもう一つ前の氷期に渡ってきた可能性も否定できないが、その場合、温暖な間氷期を一度切り抜けて生き残っていたことになる。

山頂洞人の発見

ホモ・サピエンスがいつ東ユーラシアに現われたかという問題はここまでにし、次に、この地に残された祖先たちの活動の痕跡について見ていくことにしよう。

一九三〇年代、中国の周口店《しゅうこうてん》にある竜骨山が、次々と発見される北京原人の化石で沸いていたとき、同じ場所の山頂洞と呼ばれる別の洞窟では、現代人的な形態を示す人骨化石が発掘されていた。これらはほぼ完全な頭骨三点のほかに、七つの下顎骨《かがくこつ》や数多くの歯を含んでいる。さらに数万年前であることを示すゾウ、サイ、チーターやハイエナなどの動物化石とともに、人が作った道具類も見つかった。遺跡の年代はまだ確定はしていないが、一九八〇年代末以降の炭素14法による測定から、三万五〇〇〇～一万二〇〇〇年前のどこかの時点と考えられている。

ここから出土した石器は少数で、つくりは粗い。加工して磨かれたシカの角と顎《あご》の骨以外、骨角器もほとんどないが、縫い針が一本発見されており、人々が裁縫を行なっていたことがうかがわれる。一方で、ビーズなどのアクセサリーは、かなりの量が見つかった。赤色オーカーの塊も、洞窟内で豊富に見つかっており、人々が色を使って何かを行なっていたことがわかる。

赤く染められた小さな石のビーズ七点は、頭骨の一つに付着していた土の中から発見されたので、頭部を飾ったアクセサリーの一部であった可能性が高い。地層中からは、シカ、キツネ、トラなどの動物の歯に穴を開けたものが一二五点以上見つかっており、うち二五点には、やはり赤い顔料が残っていた。三点見つかった二枚貝は、基部に穴が開けられていたが、これらは二〇〇キロメートル以上離れた海から運ばれたものである。そのほか、小さな鳥（?）の骨のビーズ、赤く染められた魚の骨のビーズ、三センチほどの礫に穴を開けたものなどもあった。

発見された三つの頭骨に付着していた土には、赤色オーカーが混ざっており、文化遺物の研究を行なった裴文中は、山頂洞の人骨は、洞窟内に埋葬されていた可能性が高いと結論づけた。彼によれば、人骨やそのほかの遺物は洞窟内で散乱した状態で見つかったが、これは巣穴を掘る動物によって攪乱されたためだ。ある頭骨はつぶれた状態で発見されたが、これは埋葬後に洞窟の入口からの落石があってそうなったと考えられる。

ヨーロッパとの共通点

第四章で、ホモ・サピエンスの行動上の特色と考えられるものをリストにした。それでは、東ユーラシアへやってきたホモ・サピエンスも、こうした現代的とされる行動をとっていたのだろうか。東ユーラシアの旧石器文化は、北方地域と南方地域で様相が異なるので、まずは北方地域について少し詳しく述べよう。北方、つまり東北～東アジア地域の後期旧石器文化については、山頂洞遺跡の例にすでに現代的な行動の片鱗が見えているが、日本でも発掘データが比較的充実している。

現代的行動の要素として、まず道具の多様化と規格化、そして新しい技術の出現というものがあった。日本の後期旧石器文化の石器には、ヨーロッパで普遍的なビュラン（彫器）やエンド・スクレーパー（掻器）以外にも、磨製石斧、ナイフ形石器、台形石器など、規格化されたいくつかの種類の石器が存在した。さらに石器製作においても伝統的な打ち割り以外に、研磨、押圧、限定的ながら敲打《こうだ》（コツコツと叩きつぶすこと）が行なわれるようになり、製作手順でもいくつかの独特の手法が開発された。このように、ヨーロッパとは作っていた石器が多少異なるが、日本の後期旧石器文化にも、規格化された多様な道具と新しい技術が存在した。

次の項目として、石以外の多様な道具素材、例えば骨や角の本格利用というものがあった。東北～東アジアでは、中国から知られている縫い針やかえしのある銛《もり》先のように、精巧な骨角器の利用がなかったわけではないが、骨や角の利用はヨーロッパの場合ほど盛んではなかったかもしれない。日本では、酸性の土壌のため有機物が残りにくいという悪条件があるが、それにしても骨角器の出土例は稀である。しかし日本では、後で述べる磨製石斧が存在していることから、木の加工が盛んに行なわれていた可能性がある（注2）。

芸術と儀礼行為の存在も現代的行動とみなされるが、これについては次の節で述べるとして、居住跡が明確な構造をもつかどうかという点について見てみよう。日本では床面を固め、柱穴があり、テントの縁の押さえ石を伴うというような、確実な住居跡は見つかっていない。しかし東北から九州までの各地では、石器の局所的な集中が環をなす状態で分布する、環状ブロック群と呼ばれるものが知られている。これは中央の広場を囲んだ、旧石器時代人のキャンプ跡であったようだ。環状ブロック群の規模は様々だが、環の直径は二〇メートル以下のものから、大きいものでは五〇メートルを超える場合もある。おそらく寒さが極端ではない環境下で、人々は痕跡が残らない程度の簡単なつくりの住居を使用していたが、集団が生活した場には組織化された空間配置というものが存在したと考えられる。

住居以外の構造物はどうだろうか。クロマニョン人は、ネアンデルタール人と違って構造的な炉を作っていた。日本の後期旧石器遺跡では、石で囲った構造的な炉が少数ながら見つかっているだけでなく、貯蔵穴や蒸し焼き料理に使われたとされる石の集積の報告も多い。さらに居住跡ではないが、静岡県の初音ヶ原遺跡では、およそ三万一五〇〇年前の地表面に掘られた六〇基にも及ぶ径一・四メートルほどの穴が、いくつかの列をなす状態で発見された。ここでは、組織的な落とし穴猟が行なわれていた可能性が高い。

水産資源の積極利用も、ホモ・サピエンスらしい行動の一つとみなされている。クロマニョン人も上部旧石器時代の末期に、漁を盛んに行なうようになったが、中国の山頂洞遺跡の草魚や東京都

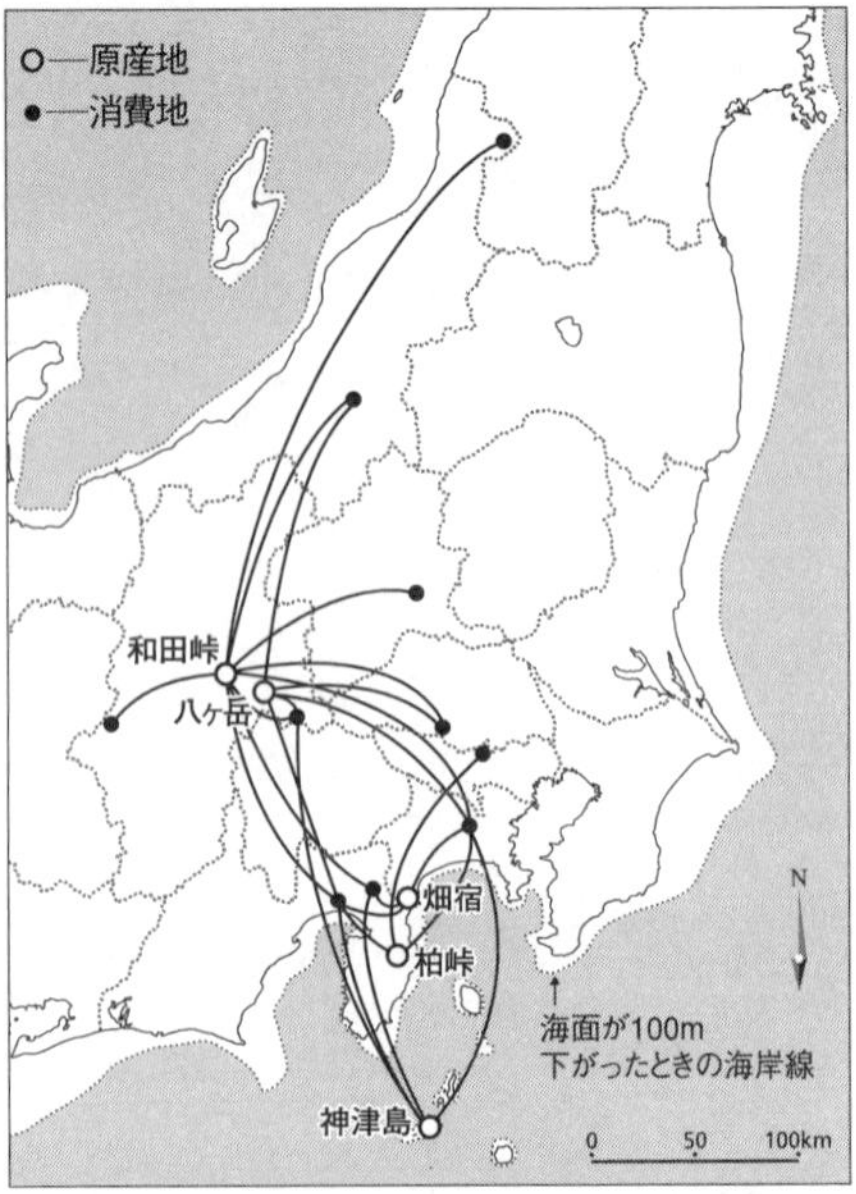

図 6-2　旧石器時代の関東地方における黒曜石の運搬（堤、2004 を改変）

の前田耕地遺跡のサケを含め、東アジアでも魚骨の出土している遺跡がいくつか確認されている。

　長距離の交易も、ホモ・サピエンスの時代になって顕著になったと考えられる。山頂洞遺跡の貝殻が、二〇〇キロメートル以上の距離を運ばれていることは、すでに述べた。朝鮮半島でも、黒曜石が四五〇キロメートル以上の距離を運ばれている例が報告されている。日本では石材運搬の緻密な研究がなされており、石器の材料として優れていた黒曜石やサヌカイトが頻繁に遠方まで運ばれていたことが詳しく調べられている。中でも特筆すべきは、伊豆諸島の神津島産の黒曜石だ。氷期の海面低下時でも、本土から四〇キロメートルほど離れていたこの島の黒曜石は、静岡県、神奈川県から長野県にまで至る複数の遺跡で見つかっている。これは旧石器時代から組織的な海上運搬が存在した、動かし難い証拠である。

　日本列島内でも石器文化に地域色が認められること、そして時代を追って石器文化がダイナミックに変化していったことも、ヨーロッパの上部旧石器文化と共通している。例えば、同じナイフ形石器でも後半期にはいくつかの地方型が現われた。後期旧石器時代全体は、使われた石器の組み合わせによって大きく三つほどの文化期に区分されている。次節で述べる刃部磨製石斧は三万五〇〇〇年前ごろに現われ、しばらくするとなぜか作られなくなった。大陸から伝わって一万七五〇〇年前ごろに列島中に広まった細石刃の文化も、三〇〇〇～四〇〇〇年間利用された後に急速に衰退してしまった。

このように証拠が断片的ではあるが、東アジアにも、ホモ・サピエンスらしい活動というものが旧石器時代から存在していた。

（注2） 日本の磨製石斧の利用法については考古学者の間で議論があるが、海外や縄文時代の例と同様に木の伐採が主だったとする稲田（二〇〇一）の主張には、説得力があるように思える。

ないはずの石器

日本でいう旧石器時代は、一般に、土器が現われる縄文時代以前を指す。日本における旧石器時代の存在は、相沢忠洋、杉原荘介、芹沢長介らの努力により、一九四九年に群馬県岩宿遺跡から古い石器が出土したことによって、明らかになった。ところがこの歴史的発見から時を経ずして、同じ旧石器時代に属する長野県の茶臼山遺跡から、妙な石器が見つかったのである。それは、刃の部分が研磨された、石製の斧（刃部磨製石斧）であった。

人類史の中で、砥石で磨いて仕上げた石斧が一般化するのは、農耕がはじまる新石器時代のことである。磨製石斧は、後に金属の斧にとって代わられるまで、木の伐採や加工に用いられた。そしてヨーロッパの研究者たちは、この磨製技術というものを、新石器時代の定義の一つと定めていた。茶臼山の刃部磨製石斧は、この原則に違反する。こうした事情があったので、日本の旧石器文化発見の立役者である杉原荘介・芹沢長介両氏は、当時この発見に困惑し、その事実を認めようとしなかったという。その後、類例の追加発見があり、この出土品が磨製石斧であることは認められたが、一方で磨製石斧が存在するゆえに、これらの遺跡は真に旧石器時代のものではなく、本当は新石器時代に属するといった考えも提案された。

図 6-3　長野県出土の 3 万 5000 年前の磨製石斧と砥石
3 点の石斧の下方の刃の部分が磨かれている。
(国立科学博物館常設展より)

ところが一九七〇年代以降、南関東を中心に、年代の明確な地層から磨製石斧が出土する例が相次ぎ、日本の旧石器時代における磨製石斧の存在は、疑いのないものとなっていった。現在では、北海道から奄美大島までの全国約二〇〇の旧石器遺跡から、六五〇点以上の磨製石斧が出土しているという。朝鮮半島など周辺地域からの出土例がないことから、これらは日本で独自に発達した可能性が高い。世界を見渡すと、一万二〇〇〇年以上前の刃部磨製石斧は、オーストラリアやロシアなどからも散発的に知られている。しかし日本の磨製石斧は、現在のところ世界最古であり、かつその出土数において他地域を凌駕《りょうが》している。

面白いことに、旧石器時代の刃部磨製石斧は、三万五〇〇〇年前ごろの地層から集中して見つかっている。この後、この石器はなぜかほとんど姿を消し、そして一万四〇〇〇年前に縄文時代の草創期を迎えると、大型で優美な姿に形を変えて、再び磨製石斧が現われるのである。三万五〇〇〇年前ごろの石斧の分布にも、偏りがある。長野県の野尻湖周辺の遺跡群から、二五〇点と大量に出土しているのだ。しかもほかの遺跡では、通常、一～数点しか見つかっていないのに、野尻湖遺跡群の日向林《ひなたばやし》B遺跡、貫ノ木《かんのき》遺跡ではそれぞれ六〇、五三の石斧のほか、見事な砥石もいくつか出土している。これらの石斧の主な素材となったのは蛇紋岩《じゃもん》という石で、五〇キロメートル北西の新潟県糸魚川流域から運ばれたらしい。

この日本列島で独自に発達したらしい石器を、どのように評価すべきなのだろうか。私は、これはホモ・サピエンスという種の行動の柔軟性を反映しているのだと理解している。ヨーロッパから西アジアにかけて存在したネアンデルタール人の石器文化は、地域的多様性に乏しかった。彼らは、ひょっとするとモンゴル西部あたりまで分布域を広げていたのだが、地域や時代によって、新しい石器文化を次々と生み出すようなことはしなかった。対照的に、これまでに見たアフリカやヨーロッパで、そしてこの後見ていく世界のほかの地域で、ホモ・サピエンスの集団は、それぞれの自然環境に応じて、ユニークな道具技術を発達させ、ユニークな文化を築いていった。日本の後期旧石器時代人は、どうやらヨーロッパのように骨角器文化を発展させることはなかった。しかしこの土地のニーズに従って、別な道具技術を発展させていたのだと言えそうである。

このように、地域ごとにユニークな文化が発展していくことは、ホモ・サピエンスの行動の柔軟性からくる現象と言えるだろう。石斧だけでなく、ほかにもナイフ形石器、台形石器、独特の石刃製作法である湧別《ゆうべつ》技法など、日本列島で独自に発展したらしい石器や石器の製作技法が存在する。

儀礼を伴う埋葬

ネアンデルタール人はおそらく埋葬を行なっていたが、彼らの墓は、多数の副葬品や赤色オーカーを伴っていて複雑な儀礼の存在をうかがわせる三万七〇〇〇年前以降のクロマニョン人の墓とは異なるものであった。この点、東ユーラシアの後期旧石器時代の墓は、どうなのであろうか。東ユーラシアの北方地域の状況を見てみよう。

先に紹介した中国の山頂洞遺跡の人骨は、地層が攪乱されているようで明確ではないが、裴文中の結論どおり、おそらく埋葬されていたのだろう。見つかったアクセサリー類は、少なくとも一部は副葬品であった可能性が高いし、赤色オーカーも伴っている。

日本の後期旧石器時代の墓穴から、人骨が見つかった例はまだない。沿岸部の縄文人は、貝塚（食べた後に捨てられた貝殻の集積）に墓を作ることが多かったので、そうしたアルカリ環境の土の中で、人骨が保存される場合があった。しかし貝塚がつくられなかった後期旧石器時代の墓では、人骨はまず残っていないのである。それでも、石器などを供えた後期旧石器時代の墓穴と考えられる例が、いくつか報告されている。北海道の湯の里4遺跡で発掘された一万七五〇〇年前の墓穴らしき穴では、石器以外に琥珀やかんらん岩製のペンダントなども発見され、さらに穴の底には赤色オーカーが撒かれていたらしい。

芸術活動

絵、彫刻、アクセサリー、音楽など、多様な芸術活動も、ホモ・サピエンスに特有な要素であるようだ。私たちは、このことに関する充実した証拠を、ヨーロッパにおいてすでに見てきた。

東ユーラシアで最も豊富にアクセサリーを出土した遺跡は、先に紹介した中国の山頂洞遺跡だ。三万五〇〇〇〜一万二〇〇〇年前とされるこの遺跡からは、ビーズなどが多数出土し、その一部は身につけたと解釈できる状態で見つかった。さらに赤色オーカーの使用も確認された。限られた数のアクセサリー類が出土した中国の遺跡は、ほかにもいくつかある。数は少なく時代も旧石器時代の末期だが、日本からも、北海道の湯の里4遺跡や美利河《ピリカ》遺跡で、石製ビーズなどの出土例がある。石製ビーズがあったのなら動物の歯や貝殻のビーズもあったかもしれないが、現在のところまだ確認できていない。石に残った赤色オーカーの染みも発見されており、何かに色を塗る行為があったことがうかがわれる。

このように、後期旧石器時代の東ユーラシア北方地域に、確かに芸術は存在した。この点で、この地域のサピエンスも、旧人と一線を画している。しかし一方でヨーロッパとは違い、ここでは壁画、彫刻、彫像などの証拠がほとんど見つかっていない。中国の山頂洞遺跡では、磨いてわずかに線を刻んだシカの角などが知られており、河北省の遺跡からも、模様が線刻された一万六〇〇〇年前のシカの角が報告されている。日本からは、大分県の岩戸遺跡から、粗いつくりの石製こけし形人形というものが知られている。しかし、ヨーロッパから見つかっている彫刻や彫像類は、一万点以上と言われ、数の上で東ユーラシアを圧倒している。壁画に関しては、現在のところ、国際的に認知された旧石器時代の壁画というものは、東ユーラシアでは一点も見つかっていない。

この事実をどう解釈すべきなのだろうか。東ユーラシアの遺跡では、壁画も彫刻も保存が悪く、残らなかったのかもしれないし、この地域では、岩壁や石や骨ではなく、木の幹や自分の身体や地面に絵を描いていたのかもしれない。しかし本当にそうなのだろうか。もし実際に、東ユーラシアで絵や彫刻といった、芸術らしい芸術が行なわれていなかったとしたら、私たちは、認めたくないことを認めなくてはならなくなるのだろうか。すなわち、旧石器時代の東ユーラシア人の祖先は、芸術を創造する能力において、ヨーロッパ人の祖先より劣っていたと。

しかし、現代人的な行動能力はアフリカの共通祖先において進化したことが明らかになってきた現在、そのような考えは短絡的であると自信をもって言える。おそらく東ユーラシアの祖先たちは、私たち現代人と同様の芸術創造力をもっていたが、その潜在能力を単に行使しなかったか、または遺物として残るようなかたちではそれを表現しなかったのだ。考えてみれば、新石器時代そして青銅器時代に入れば、どの地域にも、独創的な芸術文化が突如として現われる。圧倒的な存在感を示す古代中国の青銅器文化、岡本太郎のアーティスト魂を震わせたというエネルギッシュな装飾をもつ日本の縄文土器……、まるで旧石器時代の静寂がうそであったかのようにである。ヨーロッパのクロマニョン人たちが盛んに芸術活動を行なった背景には、むしろ特殊な環境要因があったのかもしれない。第五章で述べたように、一部の研究者たちは、ネアンデルタール人の存在が当初西アジアにいたクロマニョン人の社会に緊張をもたらし、芸術を含む上部旧石器文化の誕生を刺激したと考えている。

絵や彫刻だけでなく、音楽、ダンス、詩など、芸術は、すべての現代人集団に普遍的なものである。このようなホモ・サピエンスの芸術を創造する能力は、きっとアフリカの共通祖先が備えていたものなのだろう。東アジアでの芸術活動の証拠は、確かに全部憶えてしまえるほどの数しかないが、存在したことは確かだ。そして新石器時代以降に、集団の大規模移動の証拠なしに各地で芸術文化が湧き起こったことは、旧石器時代の祖先たちが、私たち現代人と同様の芸術創造力を潜在的にもっていたことを示唆している。

大陸南方の文化

それでは、大陸の南方の文化は、どうだったのであろうか。この地域の調査は進んでおらず、検討できる材料が十分ではないが、ホモ・サピエンス的行動の存在を、いくつかの角度から評価することはできる。
東ユーラシアの南方地域では、石刃技法は取り入れられず、比較的単純な石器を中心とする文化が新石器時代まで続いた。南方地域といっても広く、その中には、文化の地域的違いも存在した。しかし全般に、作られた石器は形の定まらない剥片石器や、二〇〇万年以上前から原人が作っていたのとさして変わらない礫器で、ここに北方地域やヨーロッパで見た道具の多様化と規格化、新しい技術などの要素を認めることはできない。文化の複雑性という視点でみるのであれば、東ユーラシアの南北では、明らかに差がある。それでもこの地域にも、旧人とは異なる、ホモ・サピエンスらしい活動の痕跡がいくつか認められる。貝殻などのアクセサリー、そして儀礼的な埋葬行為などである。

日本の沖縄県の港川フィッシャー遺跡からは、石灰岩の裂け目（フィッシャー）から、二万一〇〇〇年前の人骨が数体分見つかっている。これは通常の埋葬とは異なるが、興味深いことに、そのうちの一体（港川4号）の肘《ひじ》の部分は、左右の同じ場所が同じ形に割れている。調査した国立科学博物館の馬場悠男は、これは意図的に割られたもので、何らかの葬送儀礼が行なわれたのではないかと考えている。さらに港川フィッシャーからは、左右の中切歯が二本とも抜けている大人の下顎骨も見つかっている。これは、偶然の事故によるものかもしれないが、後の縄文時代に盛んに行なわれた、風習的な抜歯があった可能性もある。抜歯は、新石器時代の日本や中国など世界各地で、成人式や婚姻儀礼などの際に行なわれていた習俗である。

年代は比較的新しいが、東南アジアからは、疑いのない埋葬例が報告されている。マレーシア科学大学のズライナは、一九九二年にマレーシアのグヌン・ルンツ洞窟で、一万三〇〇〇年前の人骨を発掘した。全身の骨格が残っていた遺体は、脚を折り曲げた状態で埋葬され、その周囲には、多数の貝殻と動物の骨と石器が配置されていた。一方、東南アジアの向こうのオーストラリアでは、四万年前とされる赤色オーカーを伴う墓、さらに火葬された墓が知られているので、こうした行為のもっと古い証拠が、将来、東ユーラシアの南方地域から見つかっても不思議ではない。

東ユーラシア南方地域のホモ・サピエンスの文化が比較的単純であったことに対しては、考古学者たちがよく持ち出す説明がある。一つは、季節変化が乏しく、食物が一年を通じて安定的に獲得できる熱帯～亜熱帯の環境下では、単純な文化で十分やっていけたというものである。そしてもう一つは、ここでは石よりも、この地域に広く自生する竹が道具素材として利用されたので、石器はあまり発達しなかったというものである。どちらも行動の南北差の背景を、環境の違いに求めている。つまりこれらの説明では、南方地域の集団も、環境が厳しくなればそれに応じて複雑な文化を発展させたろうという、暗黙の仮定があることになる。

モンゴロイドの集団

次に、こうしたアジアの旧石器文化を担った人々について見てみよう。日本人も含む東ユーラシア地域の人々の大多数は、身体特徴に基づく昔からの人種分類でモンゴロイドと呼ばれている。モンゴロイドは、さらにシベリアとアメリカ（第八、九章）、南太平洋（第一一章）の人々も含むが、ここでは東ユーラシアだけに話を絞りたい。一方、ヨーロッパから西アジア、そしてインドにかけての地域には、コーカソイドと呼ばれる人々が暮らしている。オセアニア地域のオーストラリア先住民（アボリジニ）とニューギニア人（もしくはメラネシア人）はオーストラロイドと呼ばれ、アジアのモンゴロイドとはややルーツを異にする集団とみなされることが多い（注3）。

このような人種分類につきまとう問題は、各々の人種は互いに明確に異なった独立の存在であるという誤解を与えることだ。人種を定義する基準とされる身体形質には様々なものがあり、そのそれぞれに集団内でも大きな個人差が存在するので、実際には人種とはかなり捉えどころのないあいまいな概念である。さらにどこの地域でも、となり合う小集団間に見られる身体的違いは概して連続的で不明瞭なものであり――この違いの地理的連続性のことを専門用語でクライン（勾配）と呼んでいる――、その連続的な違いが積み重なって遠い集団どうしの違いが明瞭に認められるにすぎない（注4）。このため、人種分類が招く誤解と差別を嫌う現代の研究者たちの間には、「人種という生物学的実体のない言葉の使用を止めよう」という主張もある。しかし身体形質の地理的変異を把握することは、私がちが知るべき歴史の解明に役立つ。さらに身体形質に基づく人種分類を直視しなければ、これを人々の内面や知性と無理やり関連づけて差別を正当化させた過去の虚偽をあばけない。このため本書では、人種分類の不確定性を強調した上で、適宜伝統的な人種用語を使うことにした。

東ユーラシアのモンゴロイドは、一般にひげや体毛が少ない、髪が直毛である、頬の骨が張り出して顔面が平坦な傾向がある、鼻は広くないがおおむね低いなどの特徴を共有している。そのモンゴロイドにも地理的多様性が存在するが、比較的はっきりしているのは南北方向の違いで、そのため北方と南方の二グループに大別されることがある。

北方モンゴロイドは、時に典型的モンゴロイドとも言われる。その特徴としては、頭髪が黒い剛直毛、肌が黄色、顔は幅広く平坦な傾向が強い、一重まぶたで目は細い、などが挙げられている。通常このグループに含められるのは、シベリアの先住民族や、モンゴル人、多くの中国人や日本人などである。一方の南方モンゴロイドには、東南アジア地域の人々や南中国の少数民族などが含められることが多い。このグループは一般的に、皮膚が浅黒く、二重まぶたが多く、毛髪は柔らかく、腕や脚は長いが、身体は華奢といった特徴を示す。

南北のモンゴロイド集団がやや異なることは、歯の研究からも支持されている。アリゾナ州立大学のターナーは、東京大学の埴原《はにはら》和郎による、「モンゴロイドによく見られる歯の形質セット」という概念を拡張し、世界の様々な集団における歯の形態を調べた。その結果、東北〜北アジアに特徴的なタイプと、東南アジアに特徴的なタイプがあることが判明した（図6-4）。ターナーは前者をシノドント（中国型歯列）と名づけ、東シベリアの人々、中国人、アイヌを除く日本人、そしてアメリカ先住民などが含まれるとした。一方彼は、後者をスンダドント（スンダ型歯列）と呼び、東南アジア、太平洋地域のミクロネシアとポリネシア、そして日本のアイヌが含まれるとした。札幌医科大学の松村博文は、シノドント集団の方が全般的に歯のサイズが大きいなど、ターナーのモデルにさらにいくつかの要素を付け加えている。厳密には歯の形態による集団分類は、ターナーが結論づけたほど単純明快ではないと最近の研究者は考えているが、この分類はモンゴロイド集団の大まかな変異を把握する上で有用である。

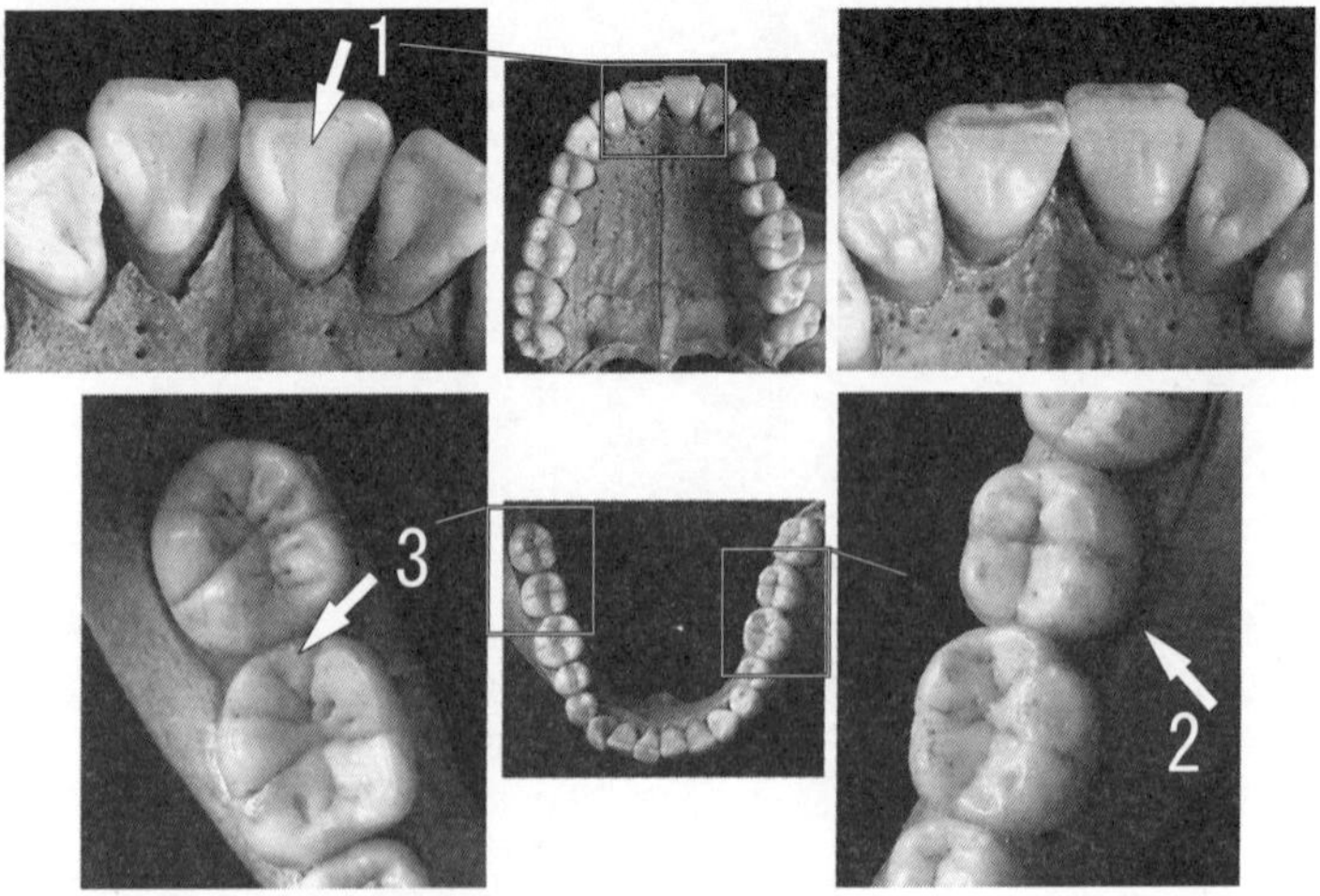

図 6-4　主なシノドントの特徴
北方アジア系の集団（左）はヨーロッパ人など（右）に比べ、例えば（1）上顎の切歯の裏側の中央部がシャベルのように窪むことが多く、下顎の大臼歯の（2）高まりが 4 つでなく 5 つあることが多く、（3）さらに第 6 咬頭とよばれる高まりが存在することが多い。(American Museum of Natural History の所蔵標本より）

（注3）　オーストラロイドに属する人々が、ニューギニアだけでなくメラネシアの広い範囲に分布していることを強調するために、オーストラロ・メラネシアンという言葉を使うことも多い。ただし、もちろんこの集団内にもある程度の地域的変異があり、決して均一なわけではない。

（注4）　地域によっては連続性が弱いように見える場所もあるが、そのような傾向は、農耕が起こって以来、一部集団の大規模な拡大や移住が起こるようになってから現われたという考えもある（Bellwood, 1997）。

アイヌとネグリト

一方、東ユーラシアにも、モンゴロイドとは由来が異なる集団が存在するという議論が古くからあった。例えば、日本のアイヌがコーカソイドの末裔《まつえい》であるというのは、一昔前の欧米の研究者の間で、かなり広く受け入れられていた説であった。アイヌの彫りが深く平坦でない顔つきなどが、モンゴロイドではなくコーカソイドとの類縁性を疑わせたのである。例えば二〇世紀前半のドイツの人類学者、アイクシュテットは、シベリアには元来コーカソイドが暮らしており、後に北上してきたモンゴロイドと混血したが、アイヌは混血せずに残った古代コーカソイドの子孫であると考えていた（アイヌについては後でもう一度ふれる）。

また東南アジアに点在し、森林や海岸部で狩猟採集生活をしていた少数民族で、ネグリトと呼ばれるグループがいる。マレーシアのセマン、フィリピンのアエタ、およびインド領アンダマン諸島の先住民などのことで、背が低く（成人男性の平均身長が一五〇センチ程度）、肌の色が濃く、髪が短く縮れ、鼻が幅広いなどの身体特徴がある。セイロン島のヴェッダやインドのドラヴィダ系集団も、ネグリトと同じグループに含められることが多い。彼らはモンゴロイドではなく、オーストラリア先住民（アボリジニ）やニューギニア人が含まれる、オーストラロイドの仲間であるとする考えもある（注5）。

（注5）　ただし尾本惠市らがフィリピンのネグリトについて遺伝学的な調査を行なった結果では、彼らはオーストラロイドではなく、南方モンゴロイドの一員とみなすべきだという。これに対し、観察された遺伝的類似性は長くアジア地域にいたことによる目に見えない混血の影響であり、ネグリトをオーストラロイドと結びつける考えはなお成立するという反論もある。

モンゴロイドの特徴の由来

北方モンゴロイドの一重まぶた、平坦な顔面、比較的短い腕や脚は、ホモ・サピエンスの共通祖先がいたアフリカで見られないだけでなく、世界のほかの地域と比較しても、独自色の濃い特徴である。従って、これらの形質が、北アジアで進化したことはほぼ間違いない。

一般に特定の動物の中で、寒冷地に生息するグループは、大きな身体と短い脚をもつ傾向がある。例えば、現生のクマで最大のホッキョクグマとヒグマは、どちらも北方系で、最も小型なマレーグマの生息地は東南アジアである。一九世紀に発見されたこれらの法則は、ネアンデルタール人のところでも説明したように、体の体積に対する表面積の割合の関係で説明できる。大型化して凹凸を減らすことにより、寒冷地の動物は、体熱の損失を減らすことができるのである。

アメリカのカールトン・クーンが、二〇世紀の中ごろにこの説明を人間に当てはめたとき、それは当時としては大胆な試みであった——そしてこれをネアンデルタール人に拡張したのもクーンであった——。この特徴は、第八章で扱う極地の集団で最も顕著《けんちょ》となる。例えば北シベリアなどに暮らす集団には北方モンゴロイドの特徴が特に強く現われているが、彼らの眼が細いのは、まぶたに脂肪をためることによって眼球を寒さから守るためで、凹凸の弱い顔面と四肢が短くやや太めの体型は、体熱の損失を防ぐための適応と見なせるのである。さらに彼らにはあまり髭がないが、これは吐く息の湿気がもとで凍りつき、凍傷の原因となるからであろう。

一方の南方モンゴロイドの華奢で四肢の長い体型は、北方モンゴロイドとは異なった熱帯環境への適応と考えられ、さらに浅黒い肌の色は、低緯度地域における紫外線の量と関連していると思われる。アフリカやユーラシアの現代人を見渡すと、一般に、低緯度地域の集団ほど、肌の色が濃い傾向がある。これは、皮膚がんの原因ともなる有害な紫外線の影響を、和らげるためと理解されている。メラニンという色素が皮膚の細胞にあり、これが多いと肌の色が濃くなる。メラニンは紫外線を遮断する性質があるので、低緯度地域の集団では、メラニンの量を増やす方向に、自然選択が作用するわけである。

ただし、すべての身体形質が自然環境への適応として説明されるわけではなく、例えば直毛という髪の毛の形状がなぜ生じたのかは、よくわかっていない。こうした身体特徴の一部は、遺伝的浮《いでんてきふ》動《どう》と呼ばれる、確率的な過程を経て生まれた可能性もある（注6）。

（注6）どの集団にも身体形質の個人差があるが、ある個人がもっている形質が将来集団の中に広まるかどうかは、その形質が適応的であるかどうかだけでなく、偶然によるところもある。特に、例えば直毛か巻き毛かのどちらの方が適応的というわけでもない状況にあったとき、集団の中でどちらが増えるかは、確率の問題となる。これを専門用語で、遺伝的浮動と呼んでいる。個体数の少ない小さな集団ほど、遺伝的浮動の効果が強まり、確率的にある形質が広まる可能性が高い。

アジア集団の形成

それではこうしたモンゴロイドの身体特徴は、いつごろ、どのように進化したのだろうか。そして現在のアジア集団は、どのようなプロセスを経て形成されていったのだろうか。なお得られている証拠は十分でないが、現時点で可能性の高いシナリオを示したい。ただし、ここでは話をわかりやすくするために要点だけを述べるが、実際の私たちの歴史は、短い文章で表現できるほど単純でないことだけは断っておく。

北方モンゴロイドの身体特徴は寒冷地への適応と理解されるので、その進化の舞台はシベリアであったとの予測が一般的だ。ただし東アジアで見つかっている一万年以上前のホモ・サピエンス化石を調べても（図6-5、表6-1）、特殊化した北方モンゴロイドの形態を示すものは見当たらない。さらに、アジアからシベリアを経由してアメリカ大陸へ渡っていったアメリカ先住民も、北方モンゴロイドのような特殊化を示さないので、特殊化は北アジアへの移住の初期に起こったものではないのだろう（注8）。とすると進化が起こったのは、寒さが極限に達した最終氷期最盛期ごろのシベリアであった可能性が高くなってくる。中国北部では約八〇〇〇年前以降の人骨に、北方モンゴロ

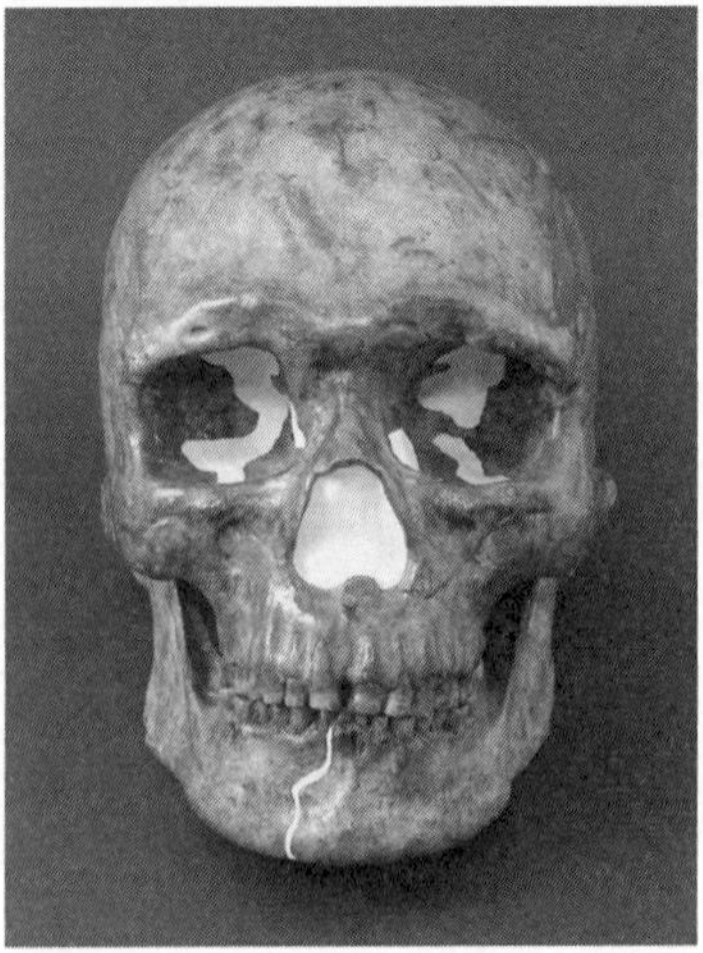

図6-5　山頂洞101号頭骨
最も似ているのは現代人のどの地域集団なのかをめぐって数多くの研究がなされてきたが、解析方法によってモンゴロイド、アメリカ先住民、オーストラリア先住民、メラネシア人、アフリカ人、ヨーロッパ人などと様々な結果が出てしまい、評価が定まらない問題の化石である。現代の集団への分化が起こる前の段階の、ホモ・サピエンスの初期の形態を強く残す人骨なのではないかという見方が、現在では支持を集めている。（国立科学博物館常設展より）

表6-1　東ユーラシアの代表的な初期ホモ・サピエンス化石

遺跡	場所	発見年	年代
周口店山頂洞	中国北部	1930年代	3万5000～1万2000年前
柳江	中国南部	1958年	3万5000～1万2000年前？
山下町洞穴	日本、沖縄	1968年	3万7000年前
港川フィッシャー	日本、沖縄	1970年	2万1000年前
タボン	フィリピン、パラワン	1962年	2万年前？
ニア	マレーシア、サラワク	1958年	4万4000年前？
グヌン・ルンツ	マレーシア、ペラ	1992年	1万3000年前

※このほかにも断片的な人骨化石や、保存はよいが年代が不確定なものが多くある。

イドの特徴が強まるようになるが、これは新石器時代以降に、北方モンゴロイド集団の南方への拡大があったことを示しているのだろう。ただし現代の集団の中で北方モンゴロイドとしての特殊化が最も進んでいるのは、中国ではなくシベリアや極地の集団である。

一方の南方モンゴロイドと呼ばれる集団は、もっと込み入った歴史を背負っているようだ。彼らは、もともとアジア地域に広く分布していたであろうモンゴロイドの基層集団とでも言うべき要素を強く受け継いでいる可能性があるが、それに加え、北方モンゴロイドとオーストラロイドという隣接集団との関係が複雑に絡んでいると予想される。

現在は南方モンゴロイドが主流の東南アジア地域には、かつてオーストラロイドが分布していたという考えがある。ここはオーストラリアやニューギニアへの出発点なのだから、そうであって不思議はない。実際に、マレー半島のグヌン・ルンツ洞窟の人骨にはオーストラロイドの特徴が認められ、ボルネオ島のニア洞窟の人骨化石

（まだ成人していない青年の部分的な頭骨である）については、タスマニア先住民（比較的華奢なオーストラロイド）もしくはネグリトに似ているといった解釈がなされている。そのほかにも、この地域で見つかっている数千年前の人骨で、オーストラロイド的な特徴が指摘されているものがいくつかある。こうした証拠から、おそらく五〇〇〇年前以降に農耕文化をもったモンゴロイド系集団の南下があり、先住のオーストラロイド集団が辺縁に押しやられ、フィリピンやマレーシアのネグリトとなったという仮説が、過去半世紀にわたって強い支持を集めている。

しかし東南アジアにオーストラロイドがいたと言っても、先に述べたように、人為的に定義された二つの人種の境界は連続的で不明瞭なのが常である。オーストラリア国立大学の考古学者ピーター・ベルウッドが強調するように、東南アジア地域の集団形成史復元においては、後氷期に起こった北方からのモンゴロイドの拡大に加え、もともと存在した移行帯としての性格や、そのほかわずかながらこの土地で独自に起こったかもしれない進化といった要素も考慮しなくてはならない。

（注8）　シベリアのアフォントヴァ・ガラ遺跡からは、二万四〇〇〇年前の額の部分の骨が見つかっており、北方モンゴロイド的な平坦な特徴が認められるというが、これだけではなお十分な証拠とは言えない。バイカル湖に近いマリタ遺跡からは、二万八〇〇〇年前の子供の歯が見つかっている。一部の研究者は、これをコーカソイドと結論したり、モンゴロイドとみなしたりしているが、そうした結論を得るには、まだ化石資料が十分ではない。

日本人の二重構造性

日本人の起源という問題には、実に一〇〇年以上にわたる長い研究の歴史がある。なおすべてが解明されたわけではないが、最近では、遺跡出土人骨の増加と遺伝人類学的研究法の発達により、ようやくその大枠のシナリオが固まる段階に入ってきた。

その要点を述べると、まずアイヌはモンゴロイドの一員であり、コーカソイドではない。アイヌは、日本列島に縄文時代あるいはそれ以前からいた人々の系譜を強く受け継いでいるようだ。一方、アイヌ以外の日本人も決して均一な集団ではない。弥生～古墳時代の西日本に、大陸から稲作と金属器文化を携えた北方モンゴロイド系集団の移住があり、この渡来集団と在来の縄文系集団との混血のもとに、現在の日本人が形成された。この混血の程度は、地域、個人によって様々である。琉球列島の人々も縄文人の系譜を強く受け継いでいるという考えがあるが、九州、台湾、大陸との長い接触の歴史の中で、状況は複雑であった可能性が高い。

このように日本人とは、（南方モンゴロイドと関連づけられるかもしれない）縄文人と、大陸からやって来た北方モンゴロイド系の渡来集団との二重構造性をもっているのである。ただし現時点では、いくつか未解決の大きな問題も残されている。その一つは、縄文人のそもそもの故郷はアジア大陸のどこなのかというものだ。縄文人は、身体特徴の上では南方モンゴロイドと近いのだが、遺伝学的、考古学的には、むしろアジアの北方地域との関連が深いようだ。もしこれらのどの観測も正しいとするのなら、縄文人の祖先は北アジアにいた北方モンゴロイドに特殊化する前の段階の集団、ということになるのだろうか。謎が解けるよう、今後の研究の進展を待ちたい。

誰が一番進化したか？

世界にいくつかの人種が認められるということは、過去数万年の間に、ホモ・サピエンスは身体特徴の上である程度進化し分化していることを示している。事情はモンゴロイドにおいても同じだ。それではここで、一つ考えてみよう。現代人集団の中で、どの集団が最も進化しているのだろうか。仮にその答が見つかったとしたら、その集団は他集団より優れていると言えるのであろうか。

人種のみかけの多様性という眼前の事実について、その背景を適切に理解していないと、このような無意味な質問にまどわされることになる。

世界のどの集団にも多かれ少なかれユニークな身体特徴があり、身体の進化が最も進んでいるのはどの集団とはっきり言えるわけではないが、いくつか指摘できることもある。これまで述べてきたように、北方モンゴロイドの身体特徴の特殊化が南方モンゴロイドに対して際立っており、しかもこれが寒冷地への適応として比較的最近生じたことに異論はない。

しかしこのように理解した上で、北方モンゴロイドが南方モンゴロイドより進化した分だけ〝優れている〟と考えることはできない。進化を進歩と捉える誤解は、ダーウィンが進化理論を発表した直後から現在まで絶えないが、生物進化の実例を見ていけばそれが単純な誤りであることは誰にでもわかる。

さらに北方モンゴロイドに外面の進化が起こったからと言って、彼らの内面も連動して進化しているわけではないことも指摘しておきたい。後氷期の東ユーラシア地域で長く文化の先進地域であったのは、いち早く文明を発展させた中国であった。そしてこの先進的文化の主役を演じてきたのは、特殊化した北方モンゴロイドの集団だったのだが、その中でも最も進化したシベリアや極地の集団ではなく、いわば中程度に進化した集団だった。身体特徴とともに行動能力も進化していたとするのなら、シベリアや極地の〝典型的〟な北方モンゴロイド集団こそが文明を最初に築いてもよさそうなものだが、そうはならなかった。

後氷期の東ユーラシア

氷期が終わった一万四〇〇〇年前ごろから、東ユーラシアに生じた変化は、ヨーロッパで起こったものとよく似ている。日本ではここから縄文時代を迎える。このとき、ナウマンゾウなどの大型哺乳動物はすでに姿を消しており、大きな群れを作らないシカやイノシシ、そのほか多様な小動物や鳥をうまく狩るために、人々は弓矢を使うようになった。水産資源への依存が強まり、居住地には巨大な貝塚が形成され、サケやマスだけでなく、カツオのような外洋の魚をも含む漁が行なわれるようになった。植物をすり潰す石皿と磨石は後期旧石器時代から存在したが、これも縄文時代に増えた。水にさらすなどして、ドングリなどのアク、つまりしぶみやえぐみを抜く方法も縄文時代には存在し、人々が利用できる食べ物が増えた。さらに最近の研究からは、限定的ながら栗などの栽培も行なわれていた可能性が高まっている。つまりこの時期には、新しい技術や工夫により、人々が周囲の多様な食資源を効率的に利用するようになってきたのである。縄文文化の土製品は、独特の装飾で有名な土器以外に土偶がある。さらにやはり土製の耳飾や、笛も知られている。湿地遺跡である福井県の鳥浜貝塚からは、漆塗りの櫛《くし》も発見されている。旧石器時代にはほとんど見られなかった創造的な芸術活動が、日本ではこの時期から、突然湧き出るように現われた。

大陸の大部分の地域でも、基本的に似たような変化を経験しながら、狩猟と採集をベースとする生業が続けられていた。地域によって、陸上動物、魚介類、植物の何に比重を置いたかは異なるが、例えば中国南部では、骨角製の銛やヤスで漁が行なわれ、貝塚が形成された。さらに東アジアでは、世界の他地域に先駆けてうつわとしての土器が発明され（注9）、煮るという調理法が発達したと考えられている。

そうした中、中国のいくつかの地域では、農耕と家畜飼育を伴う新石器文化が起こった。一昔前までは、中国における農耕は西南アジアの影響を受けてはじまったと考えられていたが、現在では独立に生じたことがわかっている。およそ一万年前という昔から、中国東北地方、黄河流域、揚子江中・下流域と、複数の地域に雑穀や米の農耕、およびブタやニワトリの飼育を行なう異なる文化が成立していた。こうした農耕文化は次第に周辺地域へと波及するとともに、やがて中国における都市国家と古代文明を生み出すことになる。

（注9）第五章で紹介したように、素焼きした土製品は、約三万年前のチェコの遺跡から大量に出土している。

Ⅶ

海を越えたホモ・サピエンス

ニア・オセアニア

新たな飛び道具ブーメラン：投げる棒から発展したとされるブーメランは、鳥などの狩猟を可能にした飛び道具の1つである。世界のいくつかの地域で発明されたが、オーストラリアでは、とりわけ多様な発展を見せた。オーストラリア南東部では、ブーメランを鷹に見せかけて、飛んでいるカモの群れの上空へ投げ、カモが低空飛行するところを、待ち伏せていた人々が棍棒で叩き落すか、あらかじめ張っておいた網で捕らえる、という猟が行なわれていたという。(国立科学博物館常設展より)

海の向こうの有袋類の国

一九世紀中ごろ、東南アジアで単身、動植物の調査に没頭していた人物がいた。チャールズ・ダーウィンと同じ時期に、生物の進化と自然選択の概念にたどりついていたことで有名な、イギリスの博物学者アルフレッド・ラッセル・ウォーレスである。彼は研究を続ける中、この地域の動物分布について面白いことに気がついた。インドネシアの多島海域（ウォーレスの名にちなんでウォレシアと呼ばれている）を挟んで、東南アジア側とニューギニア島を含むオーストラリア側では、生息する動物たちが全く異なるのである。

カンガルーやコアラなど、オーストラリア側にいる哺乳動物のほとんどは、母親が腹部などにある袋の中で赤ん坊を育てる有袋類で、そのほかに哺乳類でありながら卵を生む単孔類の動物（カモノハシとハリモグラ類）がいる。一方、アフリカ、アジア、南北アメリカ大陸にいるほとんどすべての哺乳類は、人間も含め、みな有胎盤類の動物だ。有胎盤類には胎盤があり、これを介して母親が胎児をお腹の中で育てる。

有袋類や単孔類は、有胎盤類より原始的な哺乳類とみなされている。有袋類はその昔全世界に分布していたが、後にアフリカ、ユーラシア、南北アメリカ大陸では有胎盤類が台頭し、現在に至る大繁栄を遂げた。一方の有袋類は、地理的に孤立していて、進歩的な有胎盤類が進入してくることのなかったオーストラリアとニューギニアでのみ、多様化し栄えた。そしてこれらの地域は、大陸移動によりほかの大陸と切り離されて以来五〇〇〇万年以上もの間、有袋類の国でありつづけたの

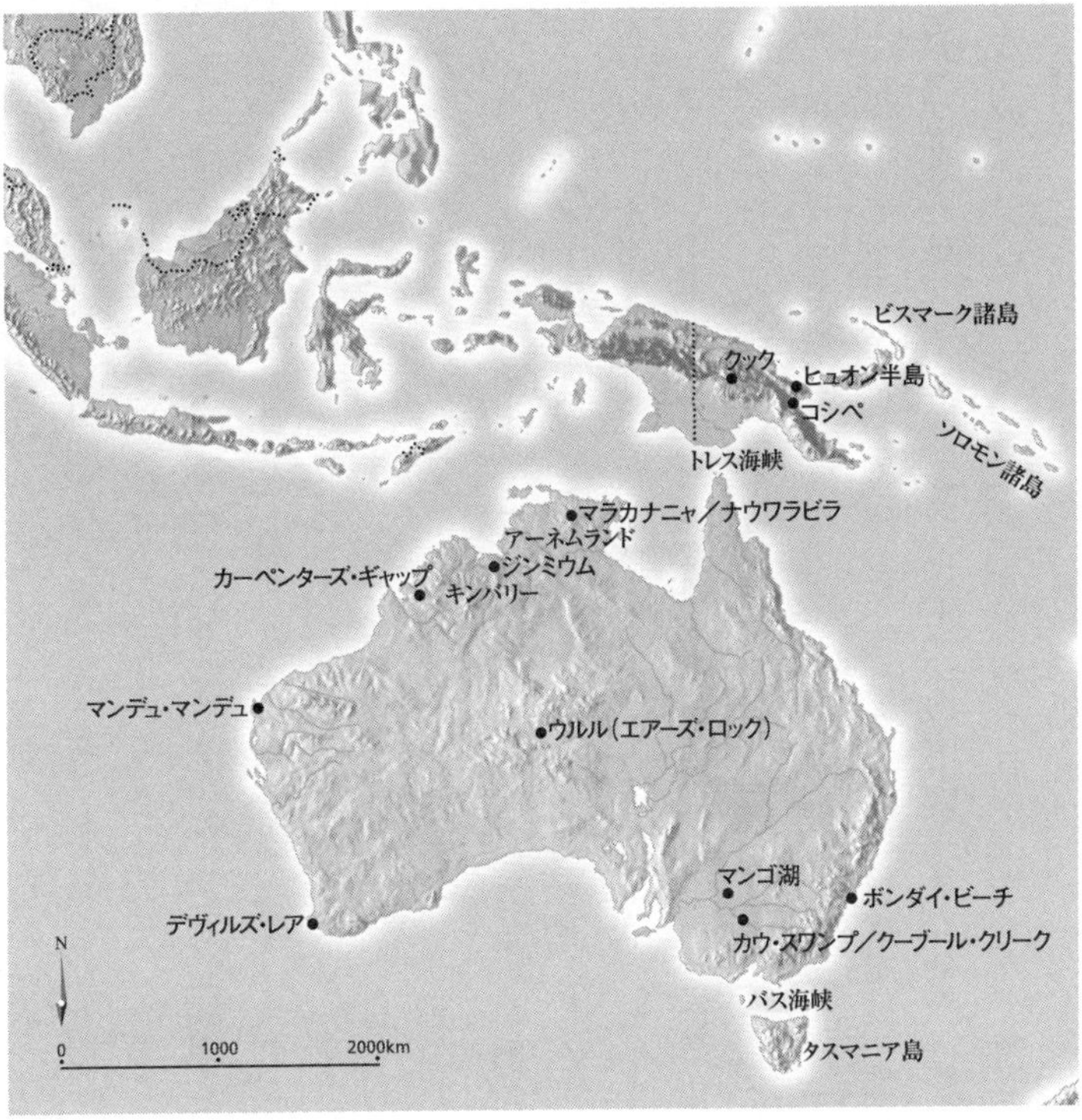

図 7-1　この章に登場するニア・オセアニアの遺跡

だ。しかし数万年前、有胎盤類の一つの種が進入してきて、歴史の流れが変わった。進入してきたのは、ホモ・サピエンスである。

現在のオーストラリアには、有胎盤類のウサギやキツネがいるではないかと思われるかもしれない。しかしこれらは、一九世紀にヨーロッパ人が狩猟を楽しむために持ち込み、野生化したものだ。ラクダもヨーロッパ人がオーストラリア内陸部を探検するために連れて来たものが野生化し、現在ではその個体数はアラブ地域に代わって世界一となっている。ディンゴと呼ばれる野生のイヌは、ヨーロッパ人が来たときにすでにオーストラリアに生息していた例外的な有胎盤類の動物である。しかしこれも四〇〇〇年ほど前に、後の第一一章に出てくる東南アジア系の集団によって連れてこられたという考えが有力である。人の手を介さないでオーストラリアとニューギニアに渡ってきた陸生の有胎盤類と言えば、空を飛ぶコウモリと、小型であるために流木に乗って漂流してきたと思われるネズミだけだ。ウォレシアの海というバリアーを、自らの力で越えることのできた地上性の大型動物は、ホモ・サピエンスだけなのである。

ニア・オセアニアという概念

オセアニアとは、ユーラシアとアメリカ大陸（その属島を含む）に挟まれた太平洋地域を指し、ハワイからイースター島までの南太平洋の島々と、オーストラリア大陸およびニューギニア島を含んでいる。本書では、オセアニアを、ニア・オセアニア（近いオセアニア）およびリモート・オセアニア（遠いオセアニア／第一一章参照）という二つの領域に分けて話を進めたい。耳慣れないと思うが、これは一九九一年に考古学者のロジャー・グリーンによって提案された地理用語で、これを使うとホモ・サピエンスのオセアニア拡散史を理解しやすい。

大陸オーストラリアとその東方に広がる南太平洋地域では、地理環境が全く違う。前者はアジアに近い大きな陸塊であり、後者は広大な海の上に小さな島々が散在している、まさに海の世界だ。このようなオセアニアへの人類の拡散は、二つのステップを経て達成された。その最初の移住は旧石器時代のことで、東南アジアからニューギニアとオーストラリアへ向けてなされた。そして第二段階の南太平洋の島世界への移住を成功させたのは、もっと進んだ文化を発展させた新石器時代の農耕民である。この章の舞台は、第一段階の移住先であったオーストラリアとニューギニア、およびソロモン諸島までを含むその周辺の島々で、ニア・オセアニアとはこれらの地域を指している。

現われ、消えたサフルランド

およそ一二万年前にはじまった最終氷期は、ある程度の寒暖の変動を繰り返しながら二万一〇〇〇年前に寒さのピークを迎え、一万四〇〇〇年前ごろに終結した。寒冷化した時期には極地を中心に氷床が発達した影響で、海水面が最大で一〇〇メートルほど低下した。このため浅い海は陸化し、現在の東南アジアのスマトラ、ジャワ、ボルネオの各島は、マレー半島と接続して、スンダランドと呼ばれる陸塊を形成していた（図4-2）。ホモ・エレクトスを含む大陸由来の動物たちは、氷期にスンダランドが姿を現わしたとき、陸上を歩いて現在のインドネシア地域へ渡ってきたのだろう。

同じように、氷期には海面低下によりオーストラリアとニューギニアは連結し、巨大なサフルランドを形成していた。現在両地域の間にあるトレス海峡は、水深が三〇メートルほどと浅く、船の難所として知られている。大陸の南ではバス海峡も陸化しており、タスマニア島もサフルランドの一部だった。しかしスンダランドとサフルランドの間には、深く幅広い海峡が存在し、氷期の最寒冷期にも、両者が接続することはなかった。

この章では、最初にオーストラリア大陸の先史時代を中心に、ホモ・サピエンスのサフルへの渡来、拡散、適応について整理し、それからニューギニアの先史文化についてまとめたい。

オーストラリアのアボリジニ

ヨーロッパ人がオーストラリア大陸へやってきたとき、この大陸に暮らしていたのは、現在アボリジニと呼ばれている人々であった。アボリジニという呼称は、英語で「原住民」を意味する単語が固定化したものである。広大なオーストラリア大陸のあちこちに分散し、ヨーロッパ人が来るまではほとんど大陸外の世界を知る機会のなかった彼らには、部族ごとの呼称こそあれ、大陸の全部族がまとまって一つの民族集団をなすという概念はなかった。オーストラリア大陸の先住民族というのは、オーストラリア以外の地域を含めた視点でものを眺めたときにはじめて成り立つ概念であるから、これは当然のことだ。歴史的には侮蔑的なニュアンスを伴っていたアボリジニという呼称であるが、現在ではそうした意味合いは薄れ、当事者たちも自分たちの呼称として使っている。ただしオーストラリア国内でも、北のトレス海峡の先住民たちは、自らをトレス海峡諸島民と称しているが。

アボリジニについてのイメージや宣伝文句には、的外れのものが少なくない。旧石器時代の生活を今でも続ける人々、砂漠に暮らす先住民、現存する人類最古の文化……。どれもオーストラリアの先史文化のダイナミズムを見誤っている。

アボリジニは、五万年ほど前にオーストラリアへやってきたと考えられている。そして土器を作らず、農耕や牧畜をはじめることなく、ごく最近まで狩猟採集生活を続けていた（一部集団は今でも意図してそうした暮らしを続けている）。しかし後で述べるように、この間、彼らの文化が不変であったわけではない。アボリジニの祖先たちは半砂漠環境へもチャレンジし、文化的適応を果たした。しかしすべてのアボリジニが、好んで乾燥地帯に暮らしていたのではない。彼らはもともとオーストラリア全土に広がっていたが、一七八八年にイギリスがシドニーに入植して以来、過ごしやすい土地を追われたのだ。アメリカ先住民などの例と同じで、現在の彼らの分布は本来のものではない。

アボリジニ文化の地域的多様性にも、目を向けておく必要がある。広大なオーストラリアで、アボリジニも異なる言語を話す多くの部族に分かれていた。一八世紀のイギリス人入植当時にはおよそ二五〇、方言も勘定すれば七〇〇にものぼる言語が、オーストラリアに存在したと推定されている。彼らは部族間で結婚相手を交換しており、多くの人々は複数の言語を話せたという。同様に、彼らの文化、道具、神話、芸術のスタイルなどにも、かなりの地域的違いが存在する。

そして、他地域のホモ・サピエンス集団がそうであるのと同様に、アボリジニの文化にも、いくつもの独特の魅力がある。彼らは弓矢を知らなかったが、狩猟には独特のブーメラン（扉写真参照）や投槍器（図7-2）を使っていた。一九八〇年代以降、アボリジニの芸術は人気を呼ぶようになり、高値のつく作品が現われると同時に偽物も出回るようになった。こうした芸術のモチーフやスタイルは、英語でドリーミングと訳されている、彼ら独特の複雑な創世記神話と関連している場合が多い（ドリーミングには単なる神話以上の現実的意味がある）。北部のアーネムランドで用いられていた、ディジェリドゥーという楽器は、シロアリが食べて中空になった木の枝から作られた楽器だ。深く響き渡る音色は多くの人を魅了し、現在では、イギリスのジャミロクワイといった有名ロック・ミュージシャンも使っている。

ほかの地域のホモ・サピエンス集団と同様に、アボリジニたちは、自分たちの土地を熟知していた。初期のヨーロッパ人が、苦労の末、内陸探検に成功したのも、アボリジニの手助けがあってのことだった。彼らは、定期的に火を放って草木を焼き払っていたが、これには狩猟のために見通しをよくすることのほか、乾季に本当の野火が起こったときの被害を最小限にするという意味があった。ヨーロッパ人の入植者たちは、当初、アボリジニたちの野焼きの行為に驚きこれを止めさせた

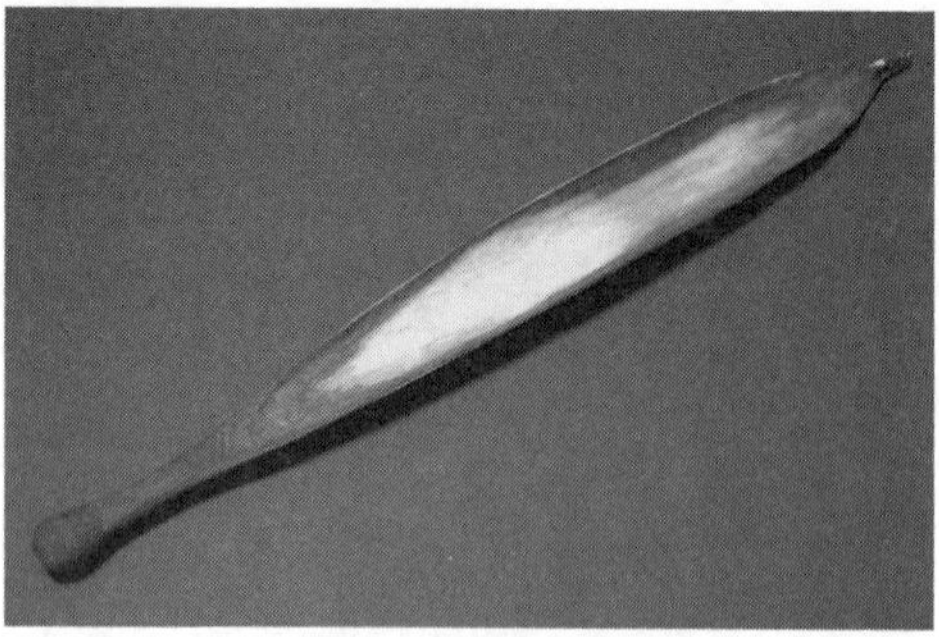

図 7-2　アボリジニが使っていた投槍器とその使用法
これを使うと槍を投げる手の長さが長くなるような効果があり、より正確に遠くまで槍を投げられる。同様の道具は、ヨーロッパやアメリカでも使われていた。(国立科学博物館常設展より)

が、彼らがその意味を理解したのは、実際に野火による大火事が起こってからであった。アボリジニたちは本格的な農耕をはじめなかったが、植物の発育についての知識をもっていなかったわけではない。彼らの野焼きには、もう一つ、炭水化物源となるソテツの種子や食べられる草本類の発芽と発育を促進するという目的があった。このことから、この野焼きを「火つけ棒農耕（fire stick farming)」と呼ぶ研究者もいる。また、彼らは野生のヤムイモを収穫するとき、イモの横に穴を掘り、食用とする部分だけをとって、来年もまた収穫できるよう、ほかの部分を残すことが知られている。

どうやって海を越えたか？

サフルへの渡来者がアジアからやってきたことは、その地理的位置から見て間違いない。彼らが移住に使用した舟などの証拠は、残念ながら遺跡の発掘からは発見されていない（舟が木などの植物素材で作られていれば遺跡に保存されている可能性は極めて低い)。それでも動物たちが泳いで渡れる範囲を超えた移住には、何らかの舟が使われたに違いないというのが、研究者たちの一致した見解だ。彼らが新しい土地に定着して人口を増やしたことを考えれば、渡来は事故による偶然の漂流の結果などではなかった可能性が高い。むしろサフルへの到達は、舟を作り操っていた集団がこの海域で活動していたことの、必然的な結果と思われるのである。

漂流でなく、意図的な探検の結果としての新大陸発見であったことを支持する、次のような証拠もある。古くからの人々の活動の証拠があるのは、サフル大陸だけではない。ニューギニア本島から離れたビスマーク諸島からも、三万数千年前の遺跡が発見されている。ニューアイルランド島ではクスクスという有袋類の骨が見つかっているが、これはニューギニア本島から人の手で運ばれたものであるようだ。石器の石材として貴重な黒曜石も、二万五〇〇〇年前ごろには海を越えて運搬されていたことがわかっている。また、さらに遠いソロモン諸島のブカ島では、およそ三万二〇〇〇年前の遺跡の存在が報告されている。このような早い時期から、サフル大陸だけでなく周辺の離島にまで人の活動域が広がっていたことは、スンダランドからの渡来者たちが、それなりの航海術を発達させていたことに加え、渡来集団の規模がそう小さくはなかったことを示唆している。おそらく渡来は一回だけ行なわれたのでなく、ある期間続いたのだろう。

それでは、最初の移住者たちは、どのような舟を使ったのだろうか。一九世紀の時点で、一部地域のアボリジニは、樹皮製のカヌーや筏《いかだ》を利用していた。しかしこれらは浅い海でせいぜい三〇キロほどの航海が可能なもので、遠洋航海には不向きである。研究者の間で有望だと指摘されているのは、東南アジアに豊富な大型の竹で作った筏だ。竹はよく浮くし、節があるためゆわえやすく、筏には格好の材料と言える。もちろん、ヤシの木やその他の流木が利用された可能性もあるが、舟に関してこれ以上のことを追求するのは、残念ながら難しい。

ウォレシア（東南アジアとサフルの間の海域）では、山の上からなら隣の島が目視できるほど島間の距離が近接している。もちろん距離が短くても外洋の航海には死の危険が伴うが、この環境は人類最初の航海にはうってつけであったと言えるだろう。カリフォルニア大学のジョセフ・バードセルは、半世紀以上前に、ウォレシアの島の位置関係からありそうな移住ルートとして、北まわりと南まわりの二つの選択肢を提示した。氷期の海面が低い時期であれば、どちらのルートでも一回に八〇キロメートルを超える航海の必要はない計算になる。八〇キロメートルとなると先の陸地を目視はできないが、渡り鳥や野火による煙があれば、それらが目標となったはずだと、研究者たちは考えている。

渡来の年代論争

それではサフルへの最初の渡来は、いつ達成されたのだろうか。氷期に海面が低下し、島間の距離が最も縮まったときが第一の候補であるように思うかもしれないが、そう話は単純でない。まずウォレシアの海域では、海面が低下しても島間の距離はそう大きくは変わらない。さらに推論にあたっては海流の影響を加味する必要があるが、氷期のころの海流の状況の詳細まで知ることは難しい。そして研究者の間では、海面が上がっていた温暖期のほうが遠浅の海が広がり、海産資源が豊富で、かつ北西から吹く季節風も強かったという考えもある。

渡来年代の最終的な決め手になるのは、もちろんサフルの遺跡の年代だ。一九六〇年代まで、白人の研究者たちは、アボリジニの祖先が海を越えた時期が一万年前を超えることはないだろうと考えていた。しかしその後、炭素14法という画期的な年代測定法によって遺跡の年代が測られ、一九八〇年代までには、渡来年代が四万年前に迫るところまで押し上げられた。その後、主に三つの考え方が現われ、現在に至るまで論争が続いている。

三つの考え方とは、六万年以上前とする早期渡来説、今のところ四万年前を大きく超える確実な証拠はないとする慎重派の説、さらに渡来は一〇万年以上前にさかのぼるとする超早期渡来説である。よりセンセーショナルな仮説に関心がいく人間感情は、どこの国でも同じだ。一〇万年以上前の渡来という刺激的な説は、当初、花粉分析からわかった一三万年前の植生の変化が、人間の野焼きによるものかもしれないという推論から唱えられた。その後、この話は一九九六年のジンミウム岩陰遺跡の騒動でピークに達し、そして消え去って行った。ジンミウム岩陰遺跡は、オーストラリア北部のキンバリーにある。ここでの発掘成果は最初に新聞で、一一万六〇〇〇年前にさかのぼる渡来の証拠として報道された(メディアの中にはこれをさらに一七万年前までふくらませ、「失われた文明の発見」と見出しを打ったものもあった)。発見を批評する立場にある専門家たちは、発掘チームが大騒ぎの三か月後に出版した論文によって、はじめて発掘の詳細を知り、見つかったのが数点の小さな剝片石器だけであったこと、そして年代測定に不備があったらしいことを理解した。時をおかず一九九八年の『ネイチャー』誌に、別の研究グループが年代を再検討した論文が掲載された。新しい結果から石器の年代は一万年前を超えるものでないことがわかり、騒ぎはあっけなく終わった。

残る二つの説の対立は、現在でも決着していない。この現状は、ユタ大学のオコーネルとラトローブ大学のアレンによる二〇〇四年の論文にまとめられている。AMS法という精度のよい炭素14年代測定法、そして炭素14法の測定限界である五万年以上前の年代を測れるルミネッセンス法が開発されたことを受け、これまでに、サフルの主な遺跡の年代の再測定が積極的に推進されてきた。その結果、四万〜三万年前の年代を示す遺跡がサフルには数多くあり、さらに四万五〇〇〇〜四万年前の遺跡も八つあることが確認されている。問題は、四万五〇〇〇年前を超える遺跡があるかどうかだ。オコーネルとアレンは、候補としてヒュオン半島、マラカナニャ、ナウワラビラ、デヴィルズ・レア、マンゴ湖の五遺跡を挙げている。どの遺跡でも共通しているのは、測定された資料の年代そのものはおそらく正しいが、その資料と石器が本当に同じ年代のものなのか疑問が残るという点だ。特に有名な二つの遺跡について、そうした状況を追ってみよう。

マラカナニャ岩陰遺跡は、オーストラリア北部のカカドゥ国立公園内にある。この地域は、巨大イリエワニや多彩な水鳥の生息する湿地帯が広がり、古いアボリジニの壁画が無数に残っていることで有名な場所だ。問題の石器は、岩陰の下の砂層の、深さ二・三〜二・六メートルほどの地点から出土した。まだ発掘の詳しい報告書は刊行されていないが、石器が見つかった地層のルミネッセンス年代が六万〜四万五〇〇〇年前と報告され、遺跡は古い渡来の証拠として注目を集めるようになった。しかし当初から砂層はかなり攪乱されているという疑いがささやかれており、今でも晴れていない。何しろここの砂層はビーチの砂のように柔らかいので、踏みつけられたり動物が穴を掘ることによって、石器が下に落ち込む可能性は十分に考えられる。最近、石器とほぼ同じ深さから採取された資料の炭素14年代を測定したところ、わずか一万二〇〇〇年前という結果が出た。これが正しければ、地層の深いところにも新しい遺物が混ざっているということになる。

マンゴ湖遺跡は、オーストラリア南東部の世界遺産、ウィランドラ湖群の一角で、現在は干上がっている湖のほとりの砂丘の中から発見された。この遺跡は、オーストラリア最古の埋葬された人骨化石が発見されて有名になったが、一方でこれまでに八万〜二万年前にわたる様々な年代値が報告され、学界を混乱させてきた。二〇〇三年の新しい調査報告では、人骨の見つかった地層の年代が約四万二〇〇〇～四万年前、その下部にある石器が見つかっているとされる地層の年代が五万～四万六〇〇〇年前までさかのぼるとされた。しかし墓はより上の地層から掘り込まれたものである可能性があり、墓そのものの年代は四万年前よりやや新しいかもしれない。墓より下の層位からは多数の石器が出土しているというが、詳しい報告は刊行されていない。さらに地層のこの部分は、より深い地点の年代が浅い地点の年代よりも若く出ることがあるため、かなり攪乱されている可能性がある。

従って現在のところ、四万五〇〇〇年前を超える渡来の確実な証拠はない。もちろん将来、四万五〇〇〇年前より古い証拠が見つかる可能性はある。そもそも私たちが、本当の渡来当初の遺跡証拠を発見できる可能性は低いのだろう。最初の渡来者たちは小集団であったろうから、遺跡として認識できるほどの生活の痕跡を残している保証はない。さらに渡来が海面の低い時期になされたのなら、当時の沿岸部の遺跡は、今では海の底だ。

このように、サフルへの渡来年代はかなり絞られてきたが、六万～四万年前のどの時点に落ち着くのかは、まだはっきりしていない。次に、ホモ・サピエンスの渡来と関連したかもしれない、もう一つの大事件について検討したい。

巨獣たちの絶滅

オーストラリアが有袋類の国であることはすでに述べたとおりだが、実は、五万年以上前のこの土地の光景は、現在と同じではなかった。このころオーストラリアには、もっと多様な野生動物がおり、その多くは現生の種よりも大型であった。有袋類としては、体長三メートルを超える草食動物のディプロトドン、体高が二メートルにもなるジャイアント・カンガルー、体長一・六メートルという大型のウォンバットなどが徘徊し、ほかにも体長五〜七メートルにもなる超巨大トカゲや、体重一〇〇キログラムに達する飛べない鳥もいた。ところがこうした動物たちは、氷期が終わる以前に絶滅し、姿を消してしまった。専門家の推計では、一〇〇キログラムを超えていた一九種のすべて、そして三八いた一〇〜一〇〇キログラムの種のうち二二が、このときまでに絶滅したという。

大絶滅の原因としては、環境変動と人間の関与の二つの可能性があり、双方の見解の支持者の間で激しい議論がなされてきた。環境変動説では、例えば二万一〇〇〇年前ごろの最終氷期の最寒冷期へ向けて降雨量が減り、乾燥化が進んだことが大型動物に不利に働いたと説明している。人の関与の中で最も直接的かつ影響が大きいのは、もちろん狩猟活動であろう。一方、アボリジニが行なっていた野焼きが、絶滅の部分的な原因になった可能性も問われている。しばらく前まで、動物の絶滅と人の渡来のどちらの年代もあいまいであったため、環境か人間かの論争は膠着《こうちゃく》状態にあった。しかし最近の研究で、絶滅の年代と背景が少しずつはっきりしてきている。

一九九九年、アメリカとオーストラリアの研究グループが、興味深い論文を発表した。オーストラリア南東部で出土した前述の巨鳥の卵の殻七〇〇点以上を年代測定したところ、この鳥が一〇万年以上前から存在し、約五万年前（測定誤差はプラスマイナス五〇〇〇年ほど）に絶滅したことがわかったのである。続いてオーストラリアを中心とする別の研究グループが、ニューギニアを含むサフル各地に散らばる二八地点において、絶滅動物化石の年代を調査するという大規模な研究の結果を、二〇〇一年の『サイエンス』誌に報告した。これによれば、絶滅の年代は約四万六〇〇〇年前（測定誤差はプラスマイナス五〇〇〇年ほど）で、多数の大型動物たちはこのころ、急激に消え去ったらしい（注1）。

これらの研究成果は、サフルにおける大型動物の絶滅の背景に、ヒトの活動があったことを強く疑わせるものである。絶滅の年代が五万～四万六〇〇〇年前だったのであれば、二万一〇〇〇年前ごろにピークを迎えた寒冷化が原因という考えは、もはや成り立たない。新しく報告された絶滅年代は測定誤差が大きいので、仮にサピエンスの渡来が四万五〇〇〇～四万年前であったとしても、絶滅年代を下方修正すればシナリオは成り立つ。サフルの動物たちは、それまでホモ・サピエンスという動物を全く知らなかった。突然現われた侵入者に対して警戒心をもたなかったことが、この動物たちにとって命取りになったのであろう。

しかし一部の慎重な研究者たちは、絶滅の問題はまだ解決していないと考えている。ホモ・サピエンスが絶滅の前からサフルに広がっていたという確実な証拠は、まだ得られていないのだ。状況証拠を冷静に考えれば、ホモ・サピエンスが絶滅の原因となった可能性は高いと言えるだろう。しかし、はっきりとした証拠が得られるまで結論は持ち越すべきだという慎重派の意見も、もっともである。

（注1）多様な大型動物が、サフル各地で同時多発的に絶滅したというこの考えには、なお反論もある。

世界最古の航海の背景

世界へ広がりつつあったホモ・サピエンス集団の中には、東南アジア地域以外でも、早い時期から舟を発明していたグループがいくつかあったかもしれない。しかしそうであったとしても、サフルへの移住は、人類による大規模な航海の最古の例と考えてよいだろう。それでは、なぜ他地域に先んじてここでそうした航海が行なわれたのだろうか。その答えは、この地域の地理環境にあると思われる。

東南アジアの海岸部にいたホモ・サピエンス集団は、アフリカにいた祖先の一部が一〇万年前から行なっていたように、海産物をとって暮らしていたろう。ところでスンダとサフル地域の間のウォレシアは、世界でも最も多くの島が密集する地域である。このような多島海域では、向こうに見える島周辺に新たな漁場を探すためなど、舟を発明させる動機がいくらもあったのではないだろうか。

ホモ・サピエンスが自分たちのテリトリーを離れ、沖へと向かっていった背景についても、いくつかの考えがある。一つは気候が温暖化していく局面でそれまでの居住地が水没し、土地の資源がそれまでの人口を養い切れなくなるという人口圧が生じ、これが一部集団を移動させたというものだ。氷期にも一時的な気温の上下変化があり、海面の変動はあったろうが、それが本当に人口圧になったかどうかを突き止めるのは難しい。一方、危険があっても新しいチャンスを求めて探検するというヒトの精神が新大陸発見の道を開いた可能性も、もちろんある。

渡来してきた人々

一九六七年、オーストラリア国立大学のアラン・ソーンは、オーストラリア南東部にあるヴィクトリア博物館のコレクションを調べていた際、その中に未登録の化石化した人骨片があることに気がついた。ラベルから人骨片の発見場所を突き止めた彼は、現在ではカウ・スワンプとして知られるその遺跡から、埋葬された四〇以上の人骨を発掘することに成功した。その多くは破片となっていたが、石灰分を含む地下水の影響で運よく保存されていたいくつかの頭骨化石は、オーストラリア先住民の起源をめぐるその後の議論に、重要な役割を果たすこととなった。炭素14法による年代測定の結果、これらの人骨化石は一万六〇〇〇～一万年ほど前のものであることが判明した。

カウ・スワンプの頭骨は、現代のアボリジニよりも頑丈なつくりをしており、額の部分が平坦で後方へ強く傾斜していた。同じような形態は、それまでに見つかっていたいくつかの化石頭骨にも認められる。ソーンはこうした特徴に、ジャワ原人（ジャワ島で見つかっているホモ・エレクトス）の原始的特徴を重ね合わせ、両者は祖先と子孫の関係にあると考えた。一方、しばらく後で発見されたマンゴ湖の化石人骨は、カウ・スワンプとは違って額はふくらみ、もっと華奢な形態をしている。これを受けてソーンは、オーストラリアにはまずジャワ原人の系統を受け継ぐ頑丈なタイプの集団が渡来し、その後、中国地域から広がってきた華奢なタイプがやって来たと考えた。現代のアボリジニは、両者が混血した集団であるというのである。

アボリジニがジャワ原人の直系の子孫であるという考えは、今では通用しなくなったとはっきり言える（第二章参照）。例えば図2-2を見れば、アボリジニがＤＮＡの上でも他の現代人と同様であることがわかるだろう。残されている課題は、オーストラリアへ渡ってきたのは基本的に一つの集団だったのか、頑丈もしくは華奢という二つの異なる集団によるものであったかどうかである。

一部の研究者は、ソーンが認めた二つのタイプは、男女の性差を反映しているに過ぎないと主張している。つまり頑丈な個体は男性で、華奢な個体は女性のものというわけだ。さらにもう一つ、近年注目を集めている別の考えもある。マンゴ湖の華奢型人骨が約四万年前であるのに対し、現在のところ、二万五〇〇〇年前より古い頑丈タイプの人骨化石は確認されていない。つまり年代的には、華奢タイプが頑丈タイプに先行しているのである。このことは、一部の頭骨に認められる頑丈な形態というものが、実際にはサフルへの渡来後に進化した可能性を浮かび上がらせる。

メルボルン大学のストーンとカッパーは、最近、光励起ルミネッセンス（OSL）法によってカウ・スワンプ人骨の年代を再検討し、化石が当初の報告より実際には古く、約二万年前ごろのものであると結論した。これは最終氷期の最寒冷期に当たる。およそ四〜二万年前にオーストラリアを襲った乾燥化と寒冷化によって人口が減り、孤立化の傾向を強めた一部集団が頑丈な特徴を進化させたのではないかと、彼らは考えている。

頭骨の人工変形といくつかの世界最古

ソーンがカウ・スワンプの化石人骨とジャワ原人を結びつけた一つの根拠は、額の骨が平坦で後方へ強く傾斜する特徴が、双方の化石に共通して認められることであった。カウ・スワンプ人骨にあるこの特徴を、ソーンはジャワ原人に通じる原始的なものと考えたわけだが、実は一九七二年の彼の論文発表当時から、この解釈には疑問の声があった。カウ・スワンプ人骨の額が後方へ傾斜するのは、この集団が、頭骨に人工的な圧力を加え、意図的に変形させる風習をもっていたからではないかというコメントが寄せられたのである。ソーンはこの見解に反対したが、問題の行方を決めるには、この時点では化石資料がまだ少なすぎた。

世界各地の先史社会で、頭の骨を意図的に変形させる慣習があったことが知られており、頭骨の人工変形と呼ばれている。古代ギリシャのヒッポクラテス全集には、クリミア半島で行なわれていた人工変形についての記載がある。古代マヤ文明の図像にもこの行為の描写があり、アンデスでは一万年ほど前までこの伝統がさかのぼれるという。変形を行なった目的は、集団によって様々であったらしい。アンデスでは民族の象徴として、ヨーロッパ最古の文明として知られるクレタ島のミノス文明の人々は、これをエリートの象徴として利用したとされる。

一万年以上前のオーストラリアに頭骨の人工変形の風習が存在したことは、後にクーブール・クリークという別の遺跡から出土した、四〇以上の頭骨の発見をきっかけにして確認された。ニューイングランド大学のピーター・ブラウンは、大学院生のときに、博物館の標本庫に眠っていたこの人骨化石コレクションを発見し、詳細な研究を行なった。このときに彼は頭骨の人工変形の可能性についても綿密な調査を行ない、クーブール・クリークやカウ・スワンプなどのオーストラリアの化石頭骨の一部が、人工的に変形されていることを明らかにした。

彼は地理的にオーストラリアに近いメラネシア地域に着目し、人工変形の習慣があったことが知られているニュー・ブリテン島南部の集団と、そうした習慣のなかったパプア・ニューギニア北部の集団の頭骨コレクションを比較した。前者の集団では後方へ長く伸びる頭の形が好まれ、出生後約一年の間、子供の頭に樹皮製の布とつるを巻きつけ、頭骨を長く変形させる行為が積極的に行なわれていたことが知られている。ブラウンはこの集団の頭骨に、人工変形に伴ってどのような形態特徴が現われるかを調べた。そしてその特徴が、オーストラリアの古い化石人骨にも存在することを示したのである。これらは知られている限りでは、世界最古の人工変形頭蓋の例である。

ブラウンは、さらにオーストラリアで行なわれていた人工変形の手法についても洞察している。

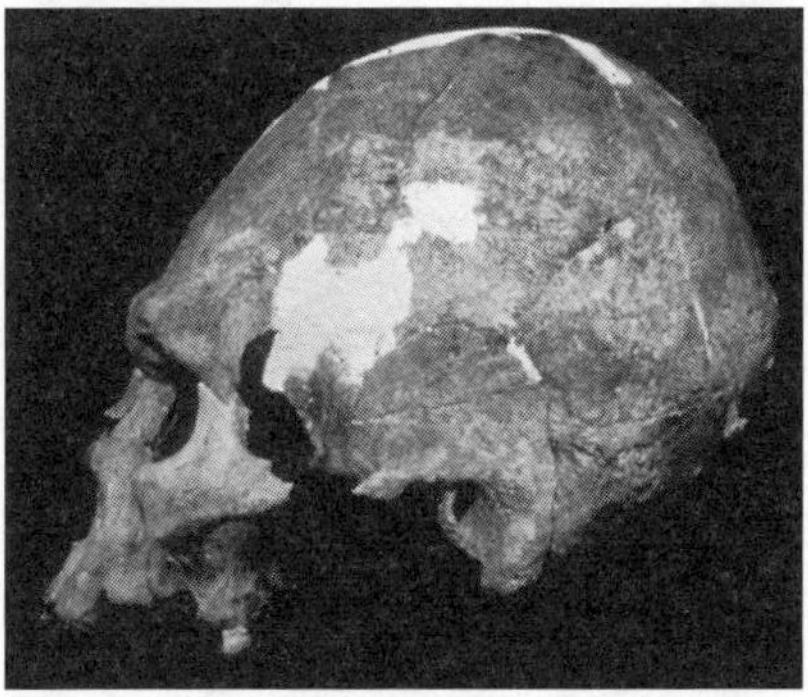

図 7-3　額の部分が人工的に変形されたカウ・スワンプ 5 号頭骨
(提供：Peter Brown)

彼によれば、オーストラリアでは頭を縛りつけて変形させるのでなく、親が出生後一年以内に赤ん坊の頭を手で押さえつけて変形させていたらしい。この手法による人工変形の慣習は、実際に一九世紀のオーストラリア北部に存在していたという記録がある。

頭骨の人工変形という習慣は、多くの現代人には奇異に思えるだろう。しかし私たちはこれを不可解とか、ましてや野蛮な習俗などとは捉えるべきではない。これは、要は人間が身体を装飾する様々な行為、例えば化粧やアクセサリー、入れ墨、髪型、ボディ・ペインティングといった行為の、一つのかたちと考えられるのである。頭骨の人工変形という習俗が不思議に思えるとしたら、それはおそらく慣れの問題である。身近な例で言えば、現代の私たちでも、年下世代の流行が理解できないことがあるのと同じことだ。

見逃してはならない一つのポイントは、こうした風習的な行為が、旧人以前の人類の間で行なわれていた証拠はないということだ。以前、イラクのシャニダール洞窟出土のネアンデルタール人の頭骨の一つに、人工変形の痕跡があると報告されたことがある。しかし後に、これはこわれていた頭骨を復元する際に、骨の破片の一つを誤った場所に接合したことによる誤解であるとわかった。もちろん旧人にも、身体装飾という行為がわずかながら芽生えていた可能性はある。それでも、こうした行為がホモ・サピエンスにおいてはじめて顕在化したということだけは、どうやら間違いないようだ。

もう一つの興味深い事実は、頭骨の人工変形という風習が、世界各地で広く行なわれていたということである。そしておそらくこの風習は、いくつかの地域で独立にはじまったのだろう。そのことを証明するのはなかなか難しいが、少なくともユーラシアとアメリカの例は独立と考えてよい。地域は違っても、ホモ・サピエンスという種はみな同じようなことを考えるのだと、つくづくそう思えてならない。

オーストラリアで発見されている、世界最古の習俗の例は、ほかにもある。前出のマンゴ湖遺跡では、およそ四万年前のものとされる二つの墓が出土している。そのうちの一つの埋葬人骨は火葬されており、もう一つには大量の赤色オーカー（ベンガラ）が撒かれていた。どのような理由で人々がそうしたことを行なったのかはわからないが、これらはそうした墓としてはどちらも世界最古のものである。

さらに世界最古ではないが、オーストラリアでも貝で作られたビーズが、三万五〇〇〇年以上前のマンデュ・マンデュ遺跡から知られている。日本と同様に、刃の部分を砥石で磨いて仕上げた石斧も、オーストラリア北部やニューギニアの二万五〇〇〇年ほど前の地層から見つかっている。そしてアボリジニたちのロック・アートの伝統が、相当古いものであると考えられるのは、先に述べたとおりだ。こうした証拠からも、アボリジニの祖先たちは渡来当初から様々な儀礼的活動を行ない、神話の世界をもち、他地域のサピエンス集団と同じような創造的な存在であったことがうかがわれるのである。

スピーディーな拡散？

スンダランドからやってきた人々は、新しい土地に何を見たのだろうか。ヨーロッパ人で最初にオーストラリア沿岸部を調査したのは、オランダ人の探検家たちで、一七世紀前半のことだった。しかし荒涼とした大地の広がるこの大陸に、結局のところ彼らはあまり関心をもたなかった。一七八八年以降、オーストラリアの本格的植民地化に乗り出したのはイギリスであったが、これは、当時太平洋で勢力を増しつつあったフランスへの脅威《きょうい》から、有望でない土地であっても領有を急ぐべきとの判断が働いた結果と言われる。

この当時、ヨーロッパ人たちが地球上の未知であった領域に捜し求めていたものは、インドや中国への通商路であり、その拠点となる港であり、そして銀を産出するメキシコのような場所であった。しかし五万年前の旧石器時代の渡来者が新しい土地を探検する動機は、当然これらとは異なっていたはずだ。渡来者たちが最初に目にしたはずのサフル北西岸の植生は、ウォレシアの島々とそう変わらない熱帯雨林であったろう。しかしサフルには多様な有袋類の動物たちがおり、陸上動物資源は格段に豊富であった。ウォレシアの島では、海産資源こそ豊富であっても大きな動物はあまりいない。サフルでは、水中に潜んで獲物を待つ巨大ヘビのアナコンダや大型のワニ、そして最大の肉食有袋類であったフクロライオンなどの脅威もあった。だが旧石器時代の渡来者にしてみれば、この大陸は脅威よりも魅力のほうがずっと多かったであろう。

サンドラ・ボウドラーは、一九七〇年代に沿岸植民仮説というものを発表した。最初の渡来者たちは、ウォレシアで慣れ親しんでいた沿岸部の環境を好み、サフルの海岸伝いに広がっていったというのである。彼女によれば、人々は当初何千年かの間は、海岸で魚や貝、陸生の小動物をとって暮らし、その後、川づたいに内陸へも進出した。しかし一部集団が内陸の動物資源に目を向けはじめたのは、ようやく一万四〇〇〇年前に氷期が終わって、それまでの居住地が海につかりはじめてからであったというのだ。

この仮説は、人間の行動を知る上でたいへん興味深い。結論を先に言えば、内陸の古い遺跡の数が増えるに従って、ボウドラーの仮説は実情と合わないことがはっきりしてきた。では仮説の何がおかしかったのだろうか。ボウドラーの仮説には一応の根拠があるが、一方で渡来者たちの行動が固定的で融通《ゆうづう》の利かないものであったとする前提がある。しかし現在までにわかっている遺跡データを統合すると、三万五〇〇〇年より前に、乾燥地域の辺縁も含め、サフルの大部分の領域にホモ・サピエンスは進出していたようだ。人々の活動の証拠は、温帯林地域などだけでなく、タスマニア島の山岳氷河の周辺という寒冷で条件の悪い場所にまで広がっている。前出のマンゴ湖遺跡がオーストラリア南東部の内陸に位置することを考えれば、四万年前までに、アボリジニの祖先たちが大陸中に広がっていた可能性すら想定できる。マンゴ湖周辺では、四万年前以降にはかなり乾燥化が進んだようだが、それでも人々はここで活動を続けていた。記録によれば、一九世紀に海岸部で暮らしていたアボリジニたちは、海産物だけに依存するというより、周囲からもっと多様な食資源を集めていた。海産であれ内陸産であれ、天然の食資源には季節性があるため、人々は、季節によって居住場所を変えてもいた。

こうした事実から、渡来者たちにとって大陸内の自然環境の多様性は問題ではなく、サフル全域への拡散は、かなりのスピードで達成された可能性が高そうだ。ボウドラーが想定していたより人々の行動は柔軟性に富んでおり、かつ未知のものへの好奇心があったというのが、おそらく実情なのである。

後氷期のオーストラリア

一万年前以降、後氷期に入ってからのオーストラリアの文化的変化にも見るべきものがある。依然としてアボリジニたちは土器や金属やガラスの製造法を知らなかったが、およそ七〇〇〇年前以降、オーストラリアには小型の剝片石器を中心とする、地域色豊かで多様な石器文化が現われはじめた。そしてこうした変化に伴って、とりわけ過去三〇〇〇〜二〇〇〇年前の間には、人口が増え、

図7-4　キンバリー型尖頭器
ヨーロッパ人との接触後は、彼らが持ち込んだガラスを材料にして道具が作られることがあった。小型のものが狩猟のための実用品で、大型のものは贈答用に作られた。
(Kim Akerman 氏のコレクションより)

人々の活動の幅が広がり、社会が複雑化の様相を見せはじめたという証拠が増えつつある。

新たに登場した石器の多くは、単体で使われるのでなく、木の柄に装着したり埋め込んだりするなどして利用された。それだけで見ると小さく印象の薄いこれらの石器であるが、組み合わせた道具に仕上げられ、さらに柄に模様までつけると全く印象が変わる。広い大陸の地域文化をここで網羅《もうら》することはしないが、代表的な道具や技術をながめてみたい。

オーストラリアでは、槍先の素材として硬いマルガの木が多用されていたが、ほかの大陸で出土しているような美しい石製尖頭器も、七〇〇〇年前以降に北部と南部の一部地域で作られるようになった。第五章で紹介した押圧技法は、石をハンマーで打ち割るのでなく、先の尖った道具を押し当てて圧力で剝離する技法で、細かく精巧な石の加工には欠かせない。他地域と同様、この技法はオーストラリアにも一万年以上前から存在したが、後氷期にはさらに洗練され、やがて北部のキンバリー型尖頭器のような美しい石器が登場した（図7-4）。さらに石は加熱して割りやすくなる場合があるが、他地域のホモ・サピエンス集団と同様、アボリジニたちもこの方法を知っていた。

キンバリー型尖頭器は、オーストラリアで作られた道具の中でも、とりわけ美しいとされる。この石器は長さが二〜一〇センチ程度だが、実は破損しやすく、槍先としての実用性はあまり高くなかったようだ。しかし人々が権威の象徴などとして崇《あが》めたため、この石器はキンバリー地区の外にも広く拡散し、中には一四〇〇キロメートルも遠くまで運ばれた例もあった。ヨーロッパ人が来てからは、彼らが持ち込んだガラス瓶などからも、この石器が作られた。

石刃技法がいかに革新的な技法であるかは、第五章で説明したとおりである。この技法により、石材から一定の形の刃を大量生産することが可能になった。アフリカやユーラシアの様々な地域で用いられたこの技法だが、やはりオーストラリアにも出現している。オーストラリアでは、細石刃を含む細石器文化が、四〇〇〇〜三〇〇〇年前に南部地域一帯に広がった。細石刃技術をもとにして作られた石器には、例えば、シドニー近郊で一番人気の海水浴場、ボンダイ・ビーチで最初に発見され、その名をとったボンダイ型尖頭器などがある。やがて二〇〇〇年前以降になると、北部と中部地域では大型の石刃が作られ、ナイフや槍先として利用されるようになった。

新しい文化要素の起源

それではオーストラリアにおけるこうした新しい文化要素は、大陸の外から伝わってきたのだろうか、それともアボリジニたち自身の発明なのだろうか。研究者の間でもアボリジニに対する偏見が強かったしばらく前まで、彼らが進んだ文化を自分たちで発展させたと考える人は少なかったが、遺跡証拠の蓄積に伴い、研究動向は変化してきている。

一九九九年にオーストラリア先史学の総説を出版したマルバニーとカミンガは、後氷期の新しい石器技術は、基本的にアボリジニたち自身の発明によるもので、海外から導入された証拠はないと考えている。ニューギニアの道具文化はオーストラリアとはかなり異なるし、トレス海峡の人々は、石よりもむしろ貝や骨を素材にした道具文化を発達させていた。上述の細石刃は、確かに九〇〇〇年前ごろ東南アジアに出現するが、オーストラリアでの起源は、どうやら東南アジアに近い北部ではなく、大陸の南東部にあるらしい。大陸の北部のアボリジニたちが、トレス海峡諸島民やウォレシアの島々の人々との、ある程度の接触をもっていたことは間違いない。この交流を通じて、貝製の釣り針など、一部の文化要素がオーストラリアに流れ込んできた可能性はある。しかし一方で、オーストラリア内で発生した独自の変化も多くあるというわけだ。

すぐれた発見と発明能力は、ホモ・サピエンスが共有する能力であるという考えを先に述べた。七〇〇〇年前以降にアボリジニたちが数々の発明を行なったとしても、考えてみれば、それは驚くようなことではない。そもそも、彼らの祖先たちも海上交通手段をはじめ、様々な発見・発明を繰り返してこの土地にたどりつき、そして適応したのだ。アボリジニの祖先たちがやってきたオーストラリアという土地は、彼らの故郷である東南アジアやウォレシアとは、気候も動物も植物も違う土地であった。彼らには、それまで受け継いできた基本的な技術文化体系というものがあったろうが、この新しい土地で使える道具素材、得られる食料、飲み水の分布、肉食獣などの外敵は、もといた土地とは当然異なるものであった。

そうした中で、彼らが様々な素材を試し、新しい土地にあった生活スタイルを確立させるために試行錯誤を繰り返したことは間違いない。例えば、彼らが石器を木の柄に装着するときに使っていた樹脂は、オーストラリアの亜熱帯砂漠に適応したスピニフェックスというイネ科植物からとれるものであった。スピニフェックスから火にかざすと黒光りする粘着性のある物質が得られることを、彼らは自ら発見しなくてはならなかった。

タスマニア島で起こったこと

環境が左右する人間の文化の行く末という意味で興味深い出来事が、タスマニア島で起こっている。バス海峡で大陸と隔てられたこの島には、大陸で発展した新しい道具文化は伝わらなかった。タスマニアは、氷期には大陸と陸続きで、三万五〇〇〇年以上前からアボリジニの一派が渡っていた。しかし後氷期に海面が上昇してバス海峡が成立すると、大陸との交流は完全に途絶えてしまったらしい。もとは同じ集団でありながら、一方は何らかのきっかけで新しい文化を発展させ、もう一方にはそのような機会は訪れなかったのである。ヨーロッパ人がやってきた当時、タスマニアには刃部磨製の技術も、石器を柄に装着する技術も存在しなかったという。

ウォレシアの海を越えてきた海人を祖先にもつタスマニアのアボリジニが、なぜ大陸との間を行き来できなかったのかと疑問に思うかもしれないが、これは不思議なことではない。彼らの祖先がウォレシアで海人としての生活をしていたのは、タスマニアの孤立化よりもずっと遠い昔のことである。彼らは、一度オーストラリア大陸の環境に適応的な文化を発展させ、一方で祖先たちの海人文化を完全に失ったのだろう。さらに、バス海峡は、「ほえる四〇度線帯」と呼ばれる強風で有名な領域に位置し、天候が悪く波が荒い。タスマニアのアボリジニは、樹皮製のカヌーを使用していたが、これはバス海峡の横断にはとても役に立つものではなかった。

このように祖先たちの地理的拡散の過程には、〝文化のフィルター効果〟とでも呼ぶべき要素がある。ある時点で発展した技術も、別の環境を通過する際に失われてしまうことがあるわけだ。

ディンゴを連れてきた人々

現在のオーストラリアに生息するディンゴは、もともと東南アジアで飼われていたイヌが野生化したものだ。ディンゴはヨーロッパ人がやってくる以前からオーストラリアにいた、例外的な有胎盤類の動物で、人の手によってオーストラリアへ持ち込まれたと考えられている。しかしディンゴはアボリジニの創世神話に登場せず、一万四〇〇〇年前に孤立したタスマニア島にはいないので、少なくとも後氷期にやってきた新参者と考えられる。

遺跡証拠、つまり遺跡から見つかるディンゴの骨の年代からは、その渡来は四〇〇〇～三五〇〇年前ごろであった可能性が高い。そしてこのとき、東南アジアからイヌを運んできたのは、アボリジニではなく、東南アジアの人々であったのだろう。第一一章で取り上げるように、このころ、東南アジア地域の集団が、南太平洋全域への、さらなる大拡散の歴史の扉を開けようとしていた。ディンゴは、先進的なカヌー文化を発達させていた彼らによって連れてこられた可能性が高い。リモート・オセアニアへ広がっていった人々にとって、イヌは狩猟を助けたりペットであったりすると同時に、食糧でもあった。一方アボリジニは、ディンゴの子を捕まえて飼育し、狩猟犬として使うことがあるが、ふつう食べることはしなかった。

ディンゴの到来によって、オーストラリア大陸では、古くからいた有袋類の肉食動物、フクロオオカミとタスマニアデビル（フクログマ）が絶滅に追いやられたと考えられている。タスマニアデビルは、現在タスマニア島にのみ生息している。フクロオオカミは、背中の部分に縞模様のあるイヌに似た動物だが、ヨーロッパ人が駆逐したために一九世紀前半に絶滅してしまった。現在でも散発的な目撃情報が絶えないが、その生存は確認されていない。

アボリジニのロック・アート

アボリジニの祖先たちは、古くから岩壁に無数のロック・アートを残してきた（口絵参照）。この中には、赤、黄、茶、黒、白などの天然の顔料を使って描いた壁画、石器で壁面を刻み込む線刻画、手やブーメランなどを壁面に置いて顔料を吹きつけ輪郭《りんかく》を残すステンシル（陰画）などがある。

ロック・アートは、遺跡の発掘だけからはわからない、過去の人々の生き様や思想を覗《のぞ》き見ることのできる窓でもある。動物が主体のクロマニョン人の壁画とは違って、アボリジニの壁画には、人々が生き生きと活動している姿が描かれているものも多い。動物の内臓や骨格までもが透けて見えるように描くX線画法による岩絵など、創造性にあふれたアボリジニの伝統的芸術様式は、ユニークな木彫りや樹皮画といった、最近人気の高い彼らの現代芸術に受け継がれている。

オーストラリアにおけるロック・アートの伝統は、白人の到来まで続いていた。最近の数百年間

図 7–5　アボリジニの壁画
アーネムランドの岩壁にX線画法で描かれたカンガルー。（提供：杉藤重信）

に制作されたものも含めると、ロック・アートのある場所は、有名な北部のアーネムランドやキンバリーなどだけでなく、シドニー近郊やウルル（エアーズ・ロック）をも含むオーストラリア各地に、一〇万か所以上ある。アーネムランドのカカドゥ国立公園には七〇〇〇か所に壁画があり、このことは公園が世界遺産に登録された理由の一つになった。ここでは太古の昔から一九七〇年代まで、アボリジニたちが壁画を描き続けてきた（図7-5）。

オーストラリアのロック・アート伝統は、どれほど古いものなのだろうか。ロック・アートの年代測定は難しいだけでなく、古いロック・アートは消失してたいてい残らないという難点があるが、この伝統が非常に古いものであることを示唆する状況証拠はある。まず、過去に絶滅した動物を描いているらしい壁画が存在する。そしてオーストラリア各地の遺跡で、四万～一万年前の地層から、顔料が頻繁に出土している。先に触れたように、マンゴ湖では四万年前の顔料を撒かれた墓が発見されているので、人々がシンボリックな活動に顔料を使っていたことは明らかだ。さらに最近、キンバリーのカーペンターズ・ギャップ岩陰では、四万三〇〇〇年前の地層から、壁面から崩落した壁画の断片と思われるものが見つかった。こうした証拠をもとに、オーストラリアの壁画伝統は世界で最古のものと考える研究者もいる。

赤道直下の巨大な島

オーストラリアのアボリジニと祖先を共有しながら、彼らとは非常に異なる道を歩んできた人々がいる。現在のニューギニア島の人口の大半を占める、パプア人たちだ。一六世紀にこの島へやってきたスペインの探検隊は、地元の人々を西アフリカのギニアの人々と同一であるとみなし、ここをニューギニアと呼ぶようになったという。しかし肌の色が濃いことや（と言っても黒から茶まで変異は大きい）、文明化のされていない社会形態といった大雑把な共通点はあっても、アフリカとニューギニアに暮らす両者が実際に近縁な関係にあるわけではない。パプア人の祖先は、アボリジニの祖先と基本的に同一で、東南アジアの沿岸部から、五万年前以降に海を越えてサフルランドへやってきた集団と考えられる。ニューギニア島の北東に位置するビスマーク諸島で、人々が三万五〇〇〇年以上前から活動を開始していたことは、サフルへの最初の渡来の項目で述べた。

しかしニューギニア島の自然環境は、オーストラリアとはかなり異なっていた。そして二つの地域は、後氷期の海面上昇によって九〇〇〇年前ごろに切り離され、その後両者は交流のないまま、それぞれ独自の道を歩んでいくことになった。もとは基本的に同一であったはずの両地域の人々であるが、現在では言葉の上でも文化の上でも、違いが大きい。

赤道のすぐ南側に位置するニューギニア島は、グリーンランドに次いで、世界第二位の面積をもつ巨大な島だ。平坦な景観が大半を占めるオーストラリアとは対照的に、その地形は複雑で起伏に富んでいる。この島の沿岸部の低地には、湿地帯が広がっている。その背後には四〇〇〇〜五〇〇〇メートルもある山々がそびえ立つが、その斜面は熱帯雨林に覆われ、いくつもの谷が刻まれている。一方、島の中央部にある高地は、赤道付近というのに、夜になれば気温が五度まで下がるほど涼しい。

一六世紀以降、スペイン、イギリス、オランダ、ドイツ、オーストラリア、日本、インドネシアと、様々な国が、ニューギニア島の一部もしくは全体を領有したり占領したりしてきた。そして現在は、西側がインドネシア領のパプア州（旧イリアン・ジャヤ州）、東側が独立国でイギリス連邦の一員であるパプア・ニューギニアと、島は二つの国に分かれてしまっている。

白人がこの島を発見し、欧米の物質文化とキリスト教をもって上陸してきたことは、地元の人々の社会をひどく混乱させた。そして現在でも、鉱物資源開発や森林伐採などと、多数の現地住民の意思とは無関係に環境破壊が進んでいるのは、周知のとおりである。ただしニューギニアには、オーストラリアのような大きな白人社会は成立せず、今でも人口の九八パーセントを先住民（パプア人と第一一章で登場するメラネシア人）が占めている。伝統文化の大部分を失い、大多数が都市や居留地に暮らすようになったアボリジニとは異なり、多くの地域で、パプア人たちは、今でも伝統色の濃い暮らしを続けている。

マラリアというやっかいな病気が存在し、さらに島の地理・地形が複雑であることが、外部からの侵入を阻んできたのだ。これまでに幾度となく欧米の探検隊がこの島に挑んだが、沼やうっそうとした森が前進を邪魔する上、食糧調達がままならず、撤退を余儀なくされてきた。スペインが島の領有を宣言してから四〇〇年近くたった一九三八年には、ニューヨークにあるアメリカ自然史博物館の調査隊が、それまで白人に接したことのなかった集団とはじめて出会うという珍事件も起こっている。

このような島で、パプア人たちは数多くの小グループに分かれて暮らしていた。アボリジニの言語が多様化していたことは先に述べたが、ニューギニアにも七五〇もの異なる言語が存在していた。

ニューギニアの文化と農耕の起源

オーストラリアの場合と同じように、ニューギニアで発達してきた文化にも、様々な独特の要素がある。例えば、仮面、ゴクラクチョウの羽飾り、そして素晴らしい木彫りなどの伝統芸術は、世界中で賞賛されている。彼らの芸術作品の多くは神聖な目的で作られているが、海外では商品価値が高いために大量に流出し、現在、世界の様々な博物館で見ることができる。

一方、先史時代のニューギニアで最も興味深いのは、高地で独自に起こったと考えられる農耕文化だ。白人の探検隊が困難な道を乗り越え、本格的に高地に入ったのは二〇世紀中ごろであったが、予期せぬことに、この島の中央部には一〇〇万人以上もの人々が暮らしていた。オーストラリア大陸全体でのアボリジニの人口が三〇万人で、日本の縄文時代人も同じ程度だったという推計があることからすれば、この人口は桁外れである。この高地の人口を支えていたのが、イモ類やバナナなどの農耕であった。ここで人々は広大な沼地を開拓し、土を盛って無数のマウンドをつくり、時に深さ三メートルにも達する排水溝を張り巡らせ、サツマイモなどを育てていたのだ（ただし第一章でわかるように、サツマイモはニューギニアで栽培化されたのではなく、比較的最近になって外から伝わったものである）。

氷期のニューギニア高地に、人々がいつごろ入って行ったのかはっきりしていないが、三万五〇〇〇年前までさかのぼる可能性が指摘されている。例えば、標高二〇〇〇メートルの地点にあるコシペ遺跡では、三万～一万八〇〇〇年前の間に人が訪れた痕跡がある。さらに三万五〇〇〇年前ごろから地層中の炭が増えていると報告されているが、これは食用になるパンダナスの木が生育しやすいよう、人が火を放ったからだろうとも言われている。オーストラリアほど多様で大型ではないが、ニューギニアにも、氷期には比較的大きな有袋類がいた。重さ二〇〇キログラムほどのディプロトドンの仲間や、二〇キログラム程度のキノボリカンガルーの一種などである。これらの動物は、ある期間、間違いなく人と共存していたが、遅くとも一万七〇〇〇年前までには絶滅してしまった。こうした変化が人々の生活に影響したのだろう、ワギ渓谷のクック遺跡からは少なくとも六五〇〇年前、ひょっとすると一万年前にさかのぼる、農耕の証拠が見つかっている。

ワギ渓谷は、パプア・ニューギニア中央部の標高一五六〇メートルの地点にある、湿地帯である。年平均気温は約一九度で、年間降水量は二七〇〇メートルと世界平均の三倍近い。一九七〇年、ここに茶のプランテーションを建設している際に、土に埋もれた古い排水溝の跡が発見された。これを調査したオーストラリア国立大学のジャック・ゴルソンは、ここには過去一万年間に及ぶ農耕の記録があると報告し、ニューギニアは一躍世界の注目を集めるようになった。ゴルソンの報告が正しければ、私たちの歴史上、最も重大な転換点とされ、旧大陸において文明の発祥を導いた農耕（広く言えば食糧生産）が、ここニューギニアでも、ユーラシアと同じ程度に古くからはじまっていたことになる。その後長い間、クック遺跡の詳しい調査報告は出版されずにいたが、二〇〇三年の『サイエンス』誌に、オーストラリア国立大学のデンハムらによる最新の調査結果が掲載された。

新しい報告によれば、これまでの予想どおり、古くから重要であった栽培植物はタロイモとバナナであったらしい。遺跡からは、これら二つの植物の微化石が見つかっている。遺跡に埋もれていた六五〇〇年前の地表面からは、数多くのマウンドが発見された。マウンドを作ることによって、湿地帯の湿った土が空気にさらされる効果があるので、これは本格的な農耕がはじまったことのサインと言えそうだ。花粉分析の結果では、このころから木やシダ植物が顕著に減って草が増えたことがわかる。同時に地層中の灰も増える傾向があることから、人が木を焼くなどして、開けた景観を維持しようとしたことがうかがわれる。さらに、ふつう開けた土地に生育しないバナナの微化石がここから大量に見つかることは、人為的にバナナが植えつけられていたことを示唆する。そしていくつか同定されたバナナの少なくとも一部は、最近の遺伝学的研究から、ニューギニア原産種であると示唆されている。

一方、一万年前の証拠は、これほど明らかではない。地表面には穴や窪みや小さな水路のような構造があり、これらは栽培行為の痕跡であるかもしれない。石器の刃の部分にタロイモのデンプン粒が残っていたというが、同定されたタロイモの種は、ニューギニア低地原産と考えられているので、人が高地へ運んで栽培した可能性がうかがわれる。一方のバナナであるが、一万年前にここに存在したことは確認できるものの、まだ土地が十分に開かれてはいなかったので、自生していたものであった可能性を否定することはできない。

ニューギニアの農耕文化は、ホモ・サピエンスの文化の発展史を考える上で、非常に興味深いものである。考古学の研究が進展する前は、ニューギニアの農耕は東南アジアからもたらされたと考えられていた。しかし、今やこの島が農耕発祥の一つのセンターであったことは、動かしがたい事実となってきている。

かつて一つのサフル大陸を構成していたニューギニアとオーストラリアであるが、両地域の自然環境は、非常に異なっていた。東南アジアから海を越えてこの土地にたどりつき、異なる自然環境に分散した人々は、二つの地域で全く違う歴史を歩むことになったのである。

VIII

未踏の北の大地へ

北ユーラシア

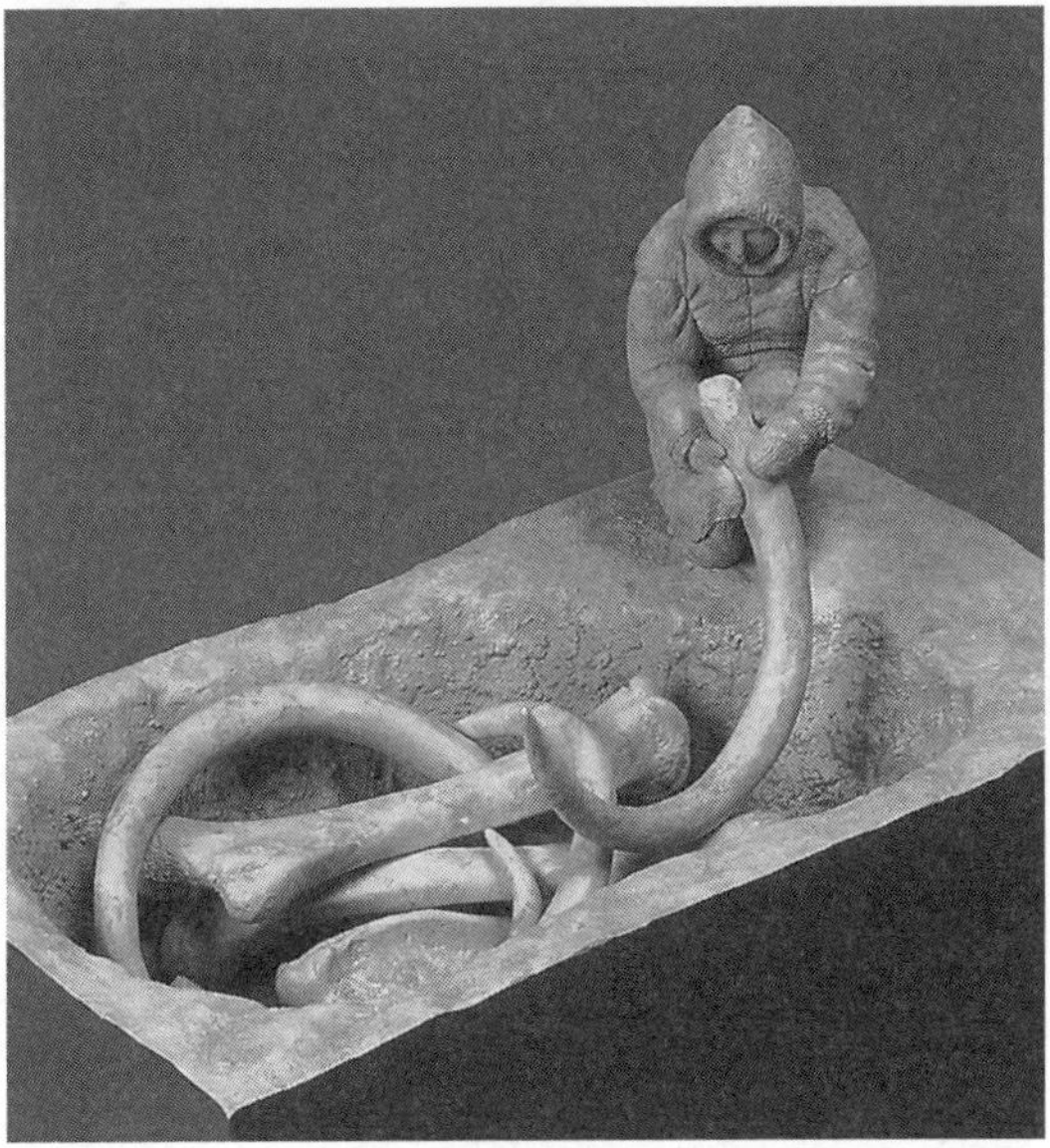

余念なき品質管理：旧石器時代の祖先たちは、熱を加えて石材を割りやすくするなど、道具製作において素材の特性を知りつくしていたようだ。ロシア平原で多数見つかっている“貯蔵穴”の解釈はいくつかあるが、東京大学の佐藤宏之によれば、重要な道具素材である象牙や骨を意図的に地中で管理し、乾燥による劣化を防いでいた可能性もある。(国立科学博物館常設展より)

人類未踏の地

ロシアのサンクト・ペテルブルグを訪れたら、エルミタージュ美術館は必見だ。一八世紀のロマノフ王朝による豪華絢爛《けんらん》な宮殿と、眼もくらむばかりの膨大な芸術コレクションは圧倒的で、人間とは何たることをやるのだと、つくづく感心してしまう。しかしこの大美術館の展示品の中で私がスポット・ライトを当てたいのは、大多数の観光客はおそらくその存在すら気づかない片隅の小部屋にある、一群の展示物である。

ロマノフ王朝の至宝に圧倒され、少々疲労も感じはじめている来館者たちが、仮にこの部屋を見つけたとしても、これら旧石器時代の遺物に深く印象づけられることはまずないだろう。しかしこれら北ユーラシアで発見された後期旧石器時代（約四万二〇〇〇～一万三〇〇〇年前）の標本には、エルミタージュの至宝の原点と捉えるべき、重要な意味がある。

本書では、北ユーラシアという耳慣れない用語を、ロシア平原とシベリアを含むユーラシア大陸の北方地域を指す語として使いたい。この地域は、ホモ・サピエンス以前の時代には、人類が定着したことのない人類未踏の地だった（図1-2）（注1）。そして、エルミタージュ美術館の一角に納められたこれらの石器やマンモス牙製品は、この地に住み着くことにはじめて成功した、私たちの直接の祖先たちの形見なのである。ロシア平原とは、現在のウクライナからロシアのウラル山脈以西にかけての地域を指す。そしてシベリアとは、ウラル山脈の東側からユーラシアの北東の端までを含む広大な領域のことである。

最終氷期の後半に北ユーラシアに現われたホモ・サピエンスは、「知の遺産仮説」によれば、現在の私たちと全く同様の感性、知力、創造力をもった人々であった。もしこの考えに抵抗感を覚えるようであれば、是非ともこの章を読みながら想像してみていただきたい。旧石器時代に、仮にあなたがこれから説明するような場所で生まれたなら、あなたはここで紹介するような祖先たちの文化より素晴らしい何かを、自らの力で発明することができただろうか。

（注1） 旧人は南シベリアには到達していた。また、レナ河沿いの北緯六一度の地点で一九八二年に発見されたデュリング・ユリャフ遺跡からは、粗雑なつくりの礫器（丸い石の一端を打ち欠いて刃をつけた石器）を特徴とする石器群が見つかっている。札幌大学の木村英明によれば、これらの石器の年代はなお不明だが、強い風食を受けていることや、地層の深いところで発見されたことなどから、ホモ・サピエンス以前の人類のものであった可能性が高いという。これは、気候が温暖な時期に、一時的にやってきた集団が残したものなのかもしれない。同じくロシア平原でも、北緯六〇度付近で少数ながらサピエンス以前の石器が見つかっているというが、まだあまり詳しいことはわかっていない。

寒冷地克服の条件

ユーラシアの旧人たちは、南シベリアのおおよそ北緯五〇度付近まで達していたようだ。まだ明確な人骨化石の証拠は見つかっていないが、アルタイ地方の洞窟遺跡から彼らがヨーロッパで作っていたタイプの石器が数多く発見されており、西方からネアンデルタール人が拡大して四万一〇〇〇年前ごろまで存続していた可能性がある。こうした遺跡から出土している動物化石は、ウマ、ロバ、バイソン、ケサイ、ヒツジなどが主体で、マンモスやトナカイは少なく、寒冷とはいえ比較的温和な環境であったことがうかがわれる。

ヨーロッパや東アジアから陸続きであるのに、北ユーラシアの中心部へと人類が入り込めなかった理由は、もちろんあまりに寒い気候にある。氷期のこの地域には、ツンドラステップと呼ばれる平原が広がっていた。短い夏に限って言えば、ここにはマンモスやケサイ、トナカイやヘラジカ、バイソンなど、多様な動物たちが闊歩《かっぽ》し、花が咲き、ベリー類が実をつけ、決して不毛の地ではなく、むしろ自然は豊かであった。しかし冬は長く、そして極めて厳しい。空気は乾燥しており、強風が吹き荒れる。シベリアでは、間氷期である現在でも、冬の気温が零下四〇度というちょっと想像しがたい世界である。

では、ここに住み着いていた動物たち、絶滅したマンモスやケサイ、それから今でも生きているジャコウウシやトナカイなどは、なぜ好き好んでこのような場所にいたのだろうか。それはもちろん、こうした動物たちが、寒い土地に耐えられる身体形質を進化させたからにほかならない。断熱材の役割をする厚い皮下脂肪と、長く密な体毛などである。しかしホモ・サピエンスは、これとは違う手段で問題を解決した（注2）。

第六章で説明したように、シベリアのモンゴロイド集団は、やがては寒冷地に適応した身体特徴を進化させた。しかし特殊化する前のモンゴロイド集団がアメリカ大陸へ渡っているし、さらにロシア平原へ進出したのはおそらくコーカソイドの集団で、彼らは北方モンゴロイドのような極端な進化を遂げなかった。これらのことから、身体特徴の進化は、ホモ・サピエンスの最初の北ユーラシア進出において、本質的な必要条件ではなかったと考えられる。私たちの祖先は、進化とは別な手段で寒冷地へ進出したのだ。その手段とは、文化である。

人類がこれよりさらに北へ進むには、いくつもの解決しなければならない問題があった。北ユーラシア地域は、寒く乾燥していただけでなく洞窟も少ない。このような土地で求められたのは、例えば機能的な住居をつくり、衣服に工夫をこらし、的確に火を制御すること、草原を徘徊《はいかい》する大型動物たちを狩るための優れた技術をもつこと、さらに長い冬を乗り切るために食料の保存方法を編み出すことだった。こうした特有の環境条件が、この土地にこれから紹介する独特な旧石器文化を生んだ。私たちの祖先は、文化を柔軟に発展させていく能力によって、旧人たちの手には届かなかった北方の大地の豊かな自然を手にしたのである。

（注2）そもそも一五〇万年以上前に、熱帯地方において汗をかくという体温調節メカニズムを進化させ、体毛を薄くしていたホモ属の人類にとっては、酷寒の地で再び体毛を濃くすることは命取りと考えられる。運動して体熱が一時的に上がると汗が毛に凍りつき、凍傷になってしまうからだ。マンモスをはじめ、ほかの動物たちは、汗を大量にかくという生理機構をもっていない。

ロシア平原への進出

ホモ・サピエンスが旧人の分布域を越え、最初に北ユーラシアの奥深くまで踏み込んだのは、いつのことだったのだろうか。まずウラル山脈の西側の、ロシア平原について見ていきたい。世界的に有名なロシアのコスチョンキ遺跡群（図8-1）は、黒海に注ぐドン川の中流域、北緯五一度の地点にある。ここからは数体の保存のよいホモ・サピエンスの人骨化石が発掘されており、三万五〇〇〇〜一万五〇〇〇年前の間に形成された三〇ほどのこの遺跡の集合体が、旧人ではなく私たちの祖先によって形成されたものであることを物語っている。さらに、およそ二万八〇〇〇年前とされる北緯五七度付近のスンギール遺跡からも、ホモ・サピエンスの墓が見つかっている。

しかし最近の調査から、ロシア平原にはもっと早い時期から人々が進出していたことがわかってきた。古い遺跡が見つかった北緯六〇〜六五度の地域の現在の冬の月平均気温はマイナス一九〜マイナス一六度で、夏は一四〜一七度程度だ。祖先たちがここへ進出した氷期の気温は、もちろんこれより低かった。

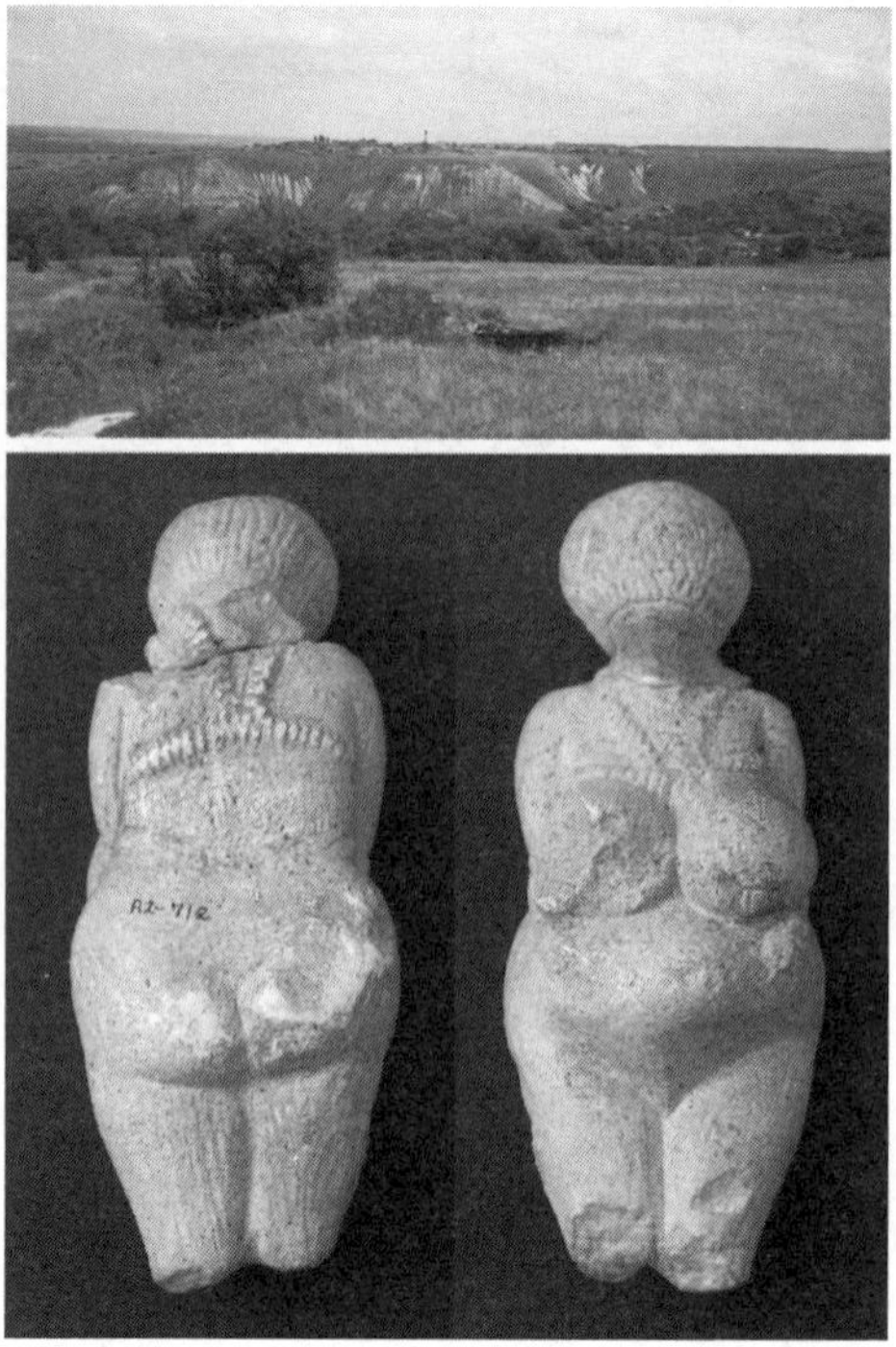

図 8-1　コスチョンキⅠ遺跡と出土した石灰岩製女性像

上半身に衣服のような表現がある。こうした女性像の大多数は、住居内に掘られた多数の穴の中に、石器やほかの象牙製品とともに納められていた。（遺跡写真の提供：折茂克哉、彫像は国立科学博物館常設展より）

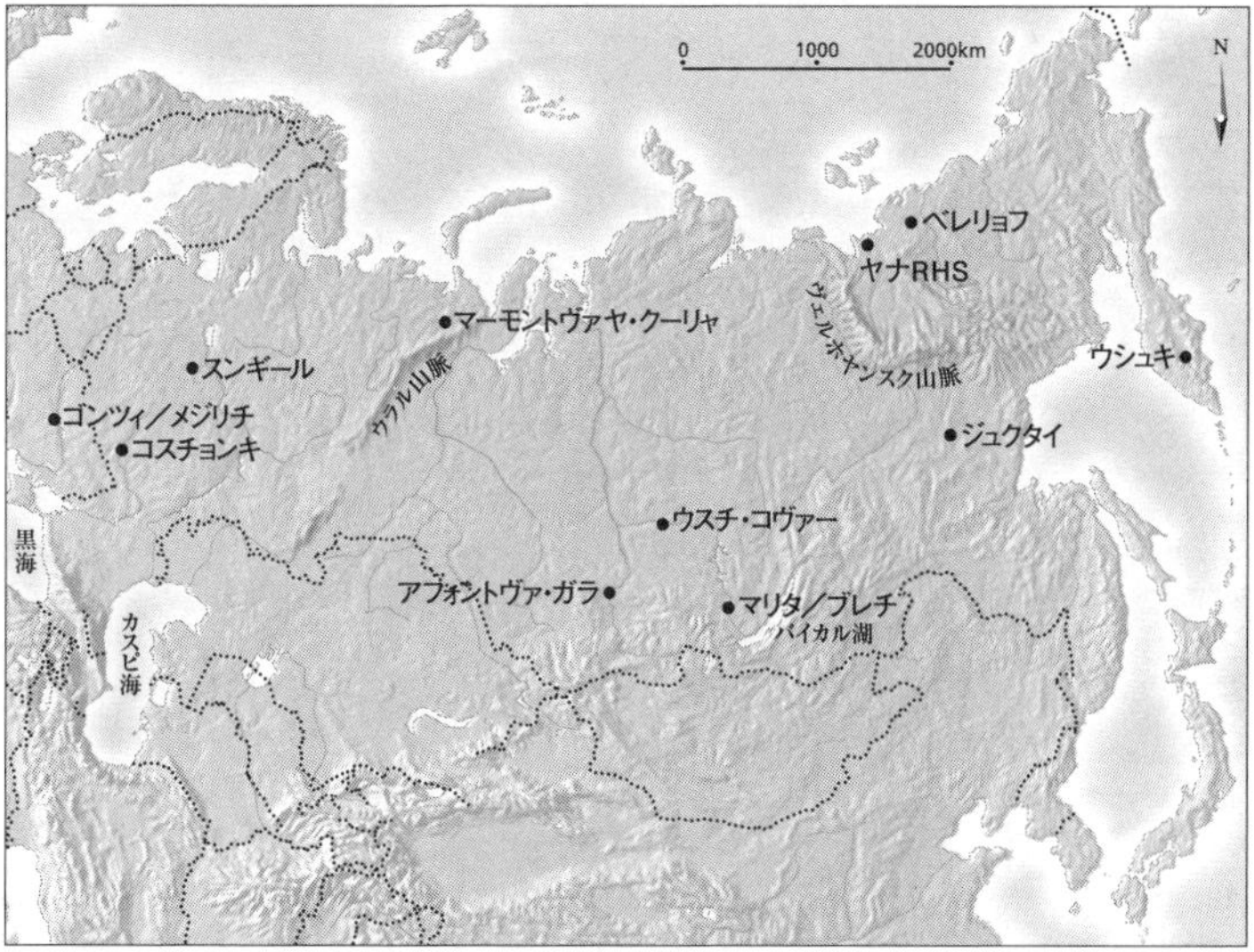

図 8-2　この章に登場する北ユーラシアのホモ・サピエンスの遺跡

二〇〇四年に発表された、ロシアのパヴェル・パブロフらによる一連の報告によれば、三万五〇〇〇年前よりはるか前から、ロシア平原の奥深くバルト海に近い北緯六五度付近の地域にまで、人々が進出していたらしい。報告された遺跡のうち最古のマーモントヴァヤ・クーリャは、実に四万二五〇〇～四万年前の間という年代を示した。遺跡からは人骨化石が見つかっておらず、現時点では、遺跡の主をホモ・サピエンスと確定はできていない。しかし石器のほかに線刻のあるマンモスの牙も出土しているというので、ホモ・サピエンスのものであって不思議はない。ほかの三つの遺跡は、どれも三万五〇〇〇年前ごろとされている。まだ調査は進行中であるが、石器の種類や骨角器、貝殻のビーズが存在することからも、一般に西ユーラシアのホモ・サピエンスの文化とされる上部旧石器文化に相当するようである。パブロフらは、この地域はまだ未調査の場所が多く、近い将来、もっと多くの重要な遺跡が発見されるだろうという展望を示している。

パブロフらは、これらロシア平原最古の遺跡は、ウラル山麓に位置していることに注目している。ここは西側の平原と、東側の起伏のゆるい山麓、そして山麓沿いを流れる大河という異なる生態系の接点であり、そのため多様な食資源が得られただろう。このような場所は、氷期の厳しい環境下で、人々の生活維持に役立ったはずだ。やがて祖先たちがより進んだ技術を開発し、真の平原環境への定着をはじめるのは、三万五〇〇〇年前より後であったと思われる。

ウラル山麓にこれらの遺跡が形成された時期は、最終氷期の中でも温和で、スカンジナヴィア半島からバルト海にかけて発達していたフェノスカンディア氷床が後退していた時期であった。遺跡からも動物の化石が豊富に見つかっており、マンモスなどの動物が多数いたことがわかる。見つかっている遺跡の数も今や一つや二つではないので、人々は、条件のよいときに短期間だけここへ来たのではなく、おそらくこの地に数千年間、しっかりと根を下ろしたのではないかと、パブロフらは考えている。その後三万年前以降になると、寒さがいっそう厳しくなり、動物たちは南へ移動したようだ。同時に人間が残した遺跡もなくなるので、祖先たちも居住地をより南に移したと考えられる。

マンモスの骨の住居

一九世紀後半に、はじめてマンモスの骨で作られた住居が見つかったとき、発見者がこれを住居跡と認識できなかったのは無理もないだろう。ウクライナにあるゴンツィ村の地主から、マンモスの骨が埋まっていることを知らされた地元の高校教師は、キエフの地質学者とともに現場で発掘を行ない、大量の骨を掘り当てた。そして容易に想像できるように、彼らは自分たちが旧石器時代のゴミ捨て場を発見したと考えた。埋もれた骨がどのように並んでいるか気にかければよかったのだが、そのような認識が生まれるまで、もう少し時間が必要だった。

一九二〇年代になると狭い溝をいくつも掘るのではなく、遺跡全体を面的に発掘する方法が考案された。この手法によって、ゴンツィやほかの場所で、マンモスの骨が特定の範囲に集積している状況が明らかになり、はじめてこれらが住居跡であるとわかったのである。

マンモスの骨の住居は、一般に、直径五メートルほどの円形か楕円形である。遺跡に残されているのは骨だけだが、木で内部の骨組みを作り、動物の皮で周囲を覆い、その外側に骨を置いて固定したと考えられている。骨の配置や積み上げ方には工夫が見られる。住居内にはたいてい炉があり、人々は屋内で道具や彫像、アクセサリーなどの製作を行なった。屋外には貯蔵穴と呼ばれている穴があり、人々はここに食肉や道具素材としての骨や象牙を保管したらしい。

これまでにウクライナの一一の遺跡から、三〇以上のマンモスの骨の住居跡が見つかっている。ウクライナの外では例が少ないが、ロシア、ポーランド、チェコからも知られている。ポーランドやチェコの例は、住居の建材としてマンモスの骨が利用できた範囲の、西の境界領域であったとも言われている。またウクライナでも、マンモスの骨の住居跡は黒海に注ぐドニエプル川とその支流域に集中しており、すべての遺跡でこのスタイルの住居が作られたわけではない。しかし何といっても重量級のマンモスの骨の累積《るいせき》は見応えがあり、存在感も抜群だ。そして何にもまして、このような重厚な住居の発明が、寒冷な平原地帯への定着を可能にしたのだと理解できる。

メジリチ遺跡

数あるマンモスの骨の住居の中でとりわけ見事なのが、ウクライナのメジリチ遺跡で発見された、一万八〇〇〇年前の四棟の住居である。中でも一九六六年に発掘された第一号住居（口絵参照）は、おびただしい量の骨が使われていたことで有名だ。

この住居に使われた骨と牙の数は四〇六で、その総重量は二一トン、実にバス二台分の重さになる。一号住居の基礎部分の内側には、土台として二五のマンモスの頭骨を並べて地面に埋め込んである。そしてその外側には、九五個もの下顎骨が、きれいに重ねて置かれていた。さらに肩甲骨や骨盤などの平坦な骨、長い脚の骨、それに牙を置き、入り口部分は牙でアーチ状に組まれていたようだ。木の支柱や皮をどう配置したかは実際にはわからないが、いずれにせよこの住居の組み立てはかなりの重労働で、完成させるのに、一〇人で六日ほどかかったという推計がある。

人々は、これだけ大量の骨を、すべて狩猟によって得たのだろうか。骨の保存状態がまちまちであることから、大方の研究者は、自然死して草原に残っていた死骸からも骨を集めたと考えている。従ってこの住居を見て、人々がマンモスを有り余るほど狩っていたと考えるのは早計であろう。

それではこれほどの労力をかけて作った住居なのだから、人々はここに夏冬通して定住していたのだろうか。先史時代における移動生活から定住生活への変化は、通常、農耕の発達とともに生じるが、日本の縄文人や北アメリカの北西海岸に暮らしていた先住民のように、狩猟採集や漁撈《ぎょろう》に基礎を置きながらも定住性の強い生活をしていた例もある。

ウクライナとアメリカの研究チームによって一九七〇年代後半から調査がはじまった四号住居

図 8-3　発掘されたマンモスの骨の住居
ウクライナのメジリチ遺跡で発見された第 4 号住居。折り重なっているＶ字形の骨はマンモスの下顎骨。（提供：Ninel Korniets）

（図8-3）については、興味深い情報がある。四号住居とその周辺で、人々は食料の加工と調理、道具の製作と修理、服の裁縫、毛皮の加工まで（注3）、幅広い活動を行なっていた。そしてこうした活動は、ほとんど屋内で行なわれたようで、このことから住居が利用されたのは冬の寒い時期であったと推測される。冬の住居という考えは、出土している動物の構成などからも支持されている。

住居内では人間活動を示す遺物を含む地層が、少なくとも二つ確認され、両者の間には人為的に撒かれたらしい砂の層があった。これは、人々がここに定住していたのではなく、ある期間留守にしていた後、再びここへ戻ってきたことを示唆する。イリノイ大学のオルガ・ソファーは、他の民族例などを参考にして、この砂の層は人々がここへ戻ってきた際に、以前の生活面を覆ってきれいにするために撒いたものではないかと考えている。さらにこれらの遺物包含層はごく薄いので、一回の居住は何年かにわたるのではなく、何か月かという程度だったのではないかとも推測している。

（注3）　ロシア平原の多くの遺跡には、人々が毛皮をとる目的でオオカミやホッキョクギツネを捕らえていた証拠がある。これらの動物は、たいてい脚だけがない完全な骨格、もしくは逆に脚だけで見つかるが、これは毛皮を脚つきでとり、残りの部分を捨てるという、現代の毛皮ハンターが行なうのと同じ手法がとられたことを示唆している。

スンギールの豪華な墓

ロシア平原からは、上部旧石器時代の墓がいくつか知られているが、中でも重要なのがスンギール遺跡の墓である。スンギールの墓の内容を知って驚かない人がいるとすれば、その人はきっと、二万八〇〇〇年前というこの墓の年代を二八〇〇〇年前と聞き間違えたのだろう。

モスクワの北東二〇〇キロの地点にあるこの遺跡は、季節的に繰り返し利用された狩猟キャンプ跡と考えられ、シカ、マンモス、ウマ、ホッキョクギツネ、バイソン、サイガ、クズリ、オオカミ、ヒグマ、ホラアナライオンもしくはヒョウ、シロウサギ、レミング、ライチョウ、セグロカモメなどの骨が出土している。

ここからは全部で九体分の人骨が見つかっているが、誰もが驚かされたのは、保存のよい二つの墓であった。一号墓は熟年男性一体の墓である。一九六九年に発見された二号墓には、それぞれ一二～一三歳と九～一〇歳の二人の子供が(それぞれ男の子と女の子と推定されている)、頭合わせになって埋葬されていた。そしてどちらの墓にも、おびただしい量のアクセサリーや道具類が副葬されていた。あまりに多いのでここではすべてを記述しないが、主なものを紹介したい。

まず、どちらの個体も、三〇〇〇～三五〇〇個ものマンモスの牙製ビーズで覆われていた。これらは、身体や腕や脚に沿って列を成した状態で発見されたが、おそらく皮製の帽子や衣服、ブーツに縫い付けられていたのであろう。現代人が、実験的に象牙から削り出してこのビーズを作ったところ、一つ作るのに四五分ほどかかったというから、この豪華な服を仕上げるのは生半可なことではなかった。一人が一日一〇時間作業に当たったとしても、ビーズの製作だけで七か月半もかかってしまう。スンギールのビーズは長方形をしているが、中央部分を横方向にくぼませているため、糸に通してつなぐと、隣り合うビーズどうしが自然に十文字に重なり合うという。

頭部には、ホッキョクギツネの犬歯に穴を開けて作ったビーズが多数並んで残っていたが、これも帽子に縫い付けられていたものであろう。そして各個体の腕には、マンモス牙製のブレスレット

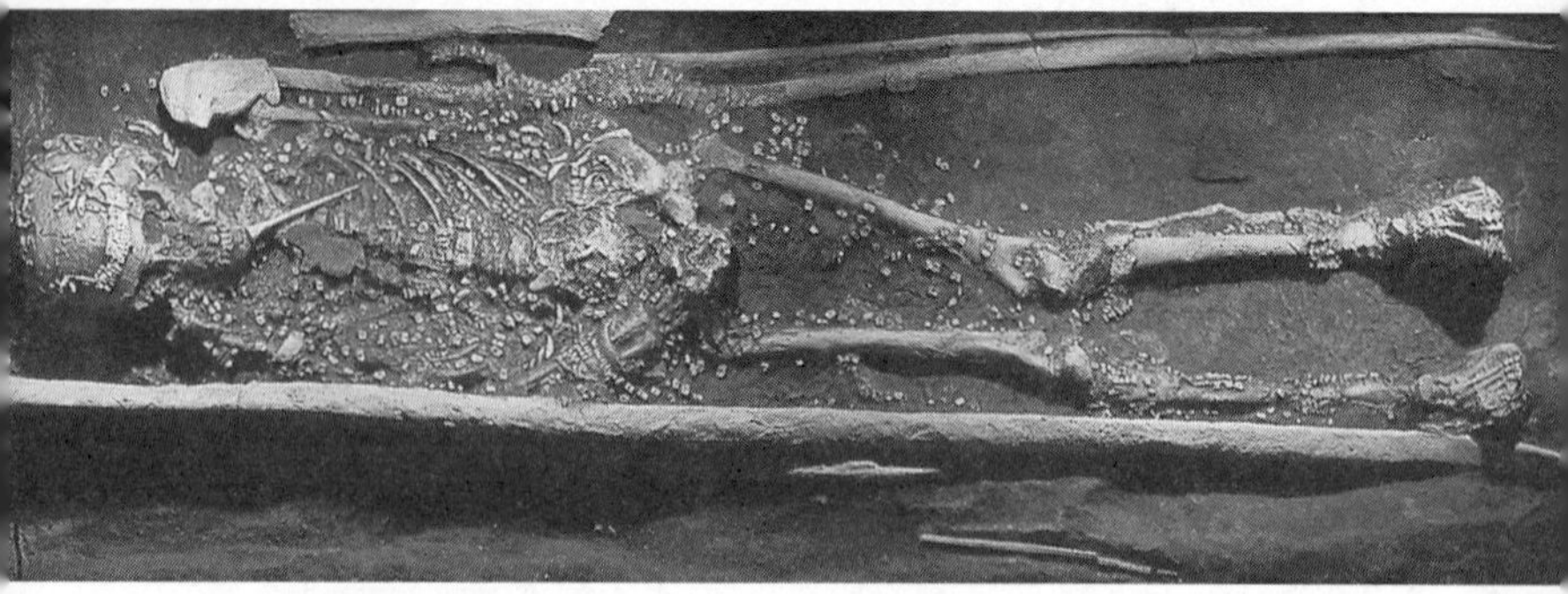
（国立科学博物館常設展より）

が幾重《いくえ》にも重ねてつけられていた。指にはやはりマンモス牙製の指輪があり、子供の胸の位置で発見された骨製の長いピンは、おそらく前開きの服を留めるためのものであったと考えられる。そしてマンモスの牙を彫刻した、動物の形のペンダントも見つかった。

さらに子供の墓には、二本の長い槍、一一本の短い槍、そして三本の短剣などが置かれていた。どれもマンモスの牙製で、長い槍は二・四メートルもある。マンモスの牙なのに曲がっていないのは、スンギールの人々が、何らかの方法で牙をまっすぐにしたからだ。実験では、水に浸すことによって牙が多少軟らかくなり、加工しやすくなることが知られている。二万八〇〇〇年も前に、彼らは明らかにこうしたことを知っていた。一本の長い槍の上には、輪切りにしたレンコンのような穴のあいた、マンモス牙製の円盤が単独で発見された。これは、埋葬時に木の棒に刺した状態で置かれたものと考えられている。

スンギールの墓が語ることは多い。まず、彼らの衣服は単に厳しい寒さに耐える機能を備えていただけでなく、手の込んだ装飾が施されていた。おそらく彼らは、シベリアの少数民族た

図 8-4　スンギールの子供の墓

ちが伝統的に使っていた衣服と、基本的に同じようなものを二万八〇〇〇年前から作っていたのであろう。北ユーラシアの狩猟採集文化は、原始的な状態から少しずつ高度化していったというより、何万年も前の時点で、基本的に完成していたようにも見える。

次に、これだけの富が個人に与えられるという状況について、考える必要がある。社会階層の分化は、たいてい農耕の発展に伴って余剰《よじょう》食物が生じたときに顕在化《けんざい》してくる。一方、野生の動植物に依存する狩猟採集社会では、通常、集団内での身分は平等な傾向がある。スンギールの人々は間違いなく狩猟採集民であったが、おそらくこの社会は物質的に豊かで、身分の序列があり、特定の人々に富が集中していたのだろう。一方で、子供に莫大《ばくだい》な富が与えられたことは、どう解釈したらよいだろうか。これは、権力や財産の世襲が行なわれていたことを示すか、そうでなければこれらの子供の死には、特別な意味があったとしか考えようがない。女の子の左右の大腿骨には、おそらく先天的と思われる病変が確認されており、女の子が特別扱いされた理由にはこの病気が関係していたという考えもある。

図 8–5　スンギールの子供の復元図
ロシアの考古学者により復元された。(Vsevolod Oustinov 画、Nikolai O. Bader 監修／国立科学博物館常設展より)

ユーラシアの北部というと、厳しい環境というイメージばかりが先行してしまうが、旧石器時代の祖先たちは、どうやらここで、極めて豊かな文化を発展させていたようだ。

シベリアの大地

話の舞台は、ウラル山脈の東側、現在のロシアのアジア地域、つまりシベリアに移る。五大陸の中でも、寒さが最も過酷な場所だ。この地域の内陸部は大陸性気候で、夏と冬の気温差が極端に大きく、例えばヤクーツクでは、七月の平均気温は二〇度近くまで上がるが、一月の平均気温はマイナス四〇度を下回る。

現在の東シベリアの大部分は、永久凍土地域である。つまり夏期に地表付近が解けることを除けば、地盤が凍結しているのである。東シベリア北部では、永久凍土の厚さは最大一〇〇〇メートルにも達するという。これは、氷期からこの土地が厳しい寒さに見舞われていたことの証《あかし》でもある。

一方、現在の西シベリアでは、このような規模の永久凍土の発達は見られない。これは、北ヨーロッパから西シベリアの北部にかけて大地を覆ったフェノスカンディア氷床が断熱材の役割を果たし、地面が凍結しなかったためと理解されている。

シベリアの自然環境を理解するためには、この地域の三種類の植生を頭に入れておく必要がある。まず、夏の気温があまりに低くゼロ度を超えないような地域では、どのような植物も繁茂《はんも》できず、極地砂漠と呼ばれる味気ない景観となる。次に、夏の気温がプラス一〇度ほどだと、スゲなどの草本、ツツジ科などの低木、それにコケが繁茂する、ツンドラと呼ばれるじめじめした平原となる。ツンドラは降水量が少ないが、直下に永久凍土層があることと平坦な地形のために水はけが悪く、池や湿地が形成されるのだ。最後に、夏の気温がもっと上がる地域では、針葉樹が生育してタイガと呼ばれる森林が形成される。

氷期のシベリアが現在のシベリアより寒かったのは、もちろんだ。現在のシベリアでは、ツンドラは北極海沿岸地域に限られ、対照的に、内陸部に広がるタイガは、アマゾンの熱帯林と並んで世界最大の大森林地帯となっている。しかし氷期には、北極海沿岸地域に極地砂漠が存在し、ツンドラが南下し、タイガは見る影もなく縮小していた。マンモスやケサイなどの大型動物が繁栄していたのは、このツンドラ植生である。冬は長く厳しいツンドラ地域だが、夏になると動物たちの活動は活発になり、花が咲き乱れ、ベリー類が豊富に実る。シベリアの大地を流れるいくつもの河川は、冬には凍りつくが、夏には上流（南方）の森林地帯から流木を運んでくるので、これを住居や道具に活用できる。つまりホモ・サピエンスは、長い冬の寒さと食料不足の問題を解決できれば、この土地の意外に豊かな自然を利用することができたわけだ。

シベリアの先住民族

現在、シベリアで人口の九割以上を占めるのは、ロシア人を主とするヨーロッパ系の移民である。彼らは一六世紀以降に、最初は毛皮、次に南シベリアの農地、そしてさらに鉱物・エネルギー資源を求めて西から移住してきた。白人がやってくる以前からここに暮らしていた人々は、先住民族と呼ばれている。彼らは、第六章で説明した北方モンゴロイドであり、ヤクート、ネネツ、エヴェンキ、チュクチ、ユッピクなど、三〇ほどの民族が知られている（注4）。

自然環境の制約が大きいこの土地では、農耕や牧畜の方法が南方から伝わっても、それを生かす手段は限られていた。飼育できたのはトナカイとイヌ、それにチェルスキー馬という特殊なウマだけで、有用植物の栽培も困難なことから、必然的に多くの先住民族たちが、野生動植物の狩猟採集とサケ・マスなどの漁撈に多かれ少なかれ依存した生活を送ってきた。ただし自然条件だけが人間の行動の決定要因になるわけではなく、彼らが狩猟を続けてきた背景には、狩猟を最高の仕事と考える価値観などもあった。

現在では産業としてのトナカイ飼育が拡大し、野生トナカイは激減してしまっているが（注5）、古い記録から、伝統的なトナカイ猟の様子が知られている。トナカイは警戒心の強い動物だが、春と秋に、時に数万頭にものぼる大きな群れを作って移動する。人々にとって一番のねらい目は、この群れが大きな川を渡るときで、無防備な獲物をボートの上から槍で突いたりして捕らえた。ただしシベリアの人々は泳げないので、これは単純なようでも危険な仕事だったようだ。そのほか、群れを特定の場所や罠に追い込む方法もとられていた。野生トナカイの狩猟は集落全体の共同作業で、事前には集落全体に緊張感が走り、計画は綿密に立てられ、儀礼が行なわれ、参加者と家族は数々のタブーを守るという。

シベリアの人々は、地域の環境によって、こうしたトナカイ猟とそのほかの生業を組み合わせた生活を送っていた。このように複数の資源を活用することは、一部の資源の利用が困難になったときの保険としても機能する。さらに人々にとって、近隣集団との関係も重要であった。集団間での交易も活発であったし、隣の集団の縄張りでは狩りをしないというようなルールも存在していた。これらは、伝統的な狩猟採集生活を送る集団に共通して見られることで、おそらく旧石器時代には、世界中のどのホモ・サピエンス集団の間でも同様であったと思われる。

（注4）　このような民族区分は、最初に言語学者、民族学者、人類学者の調査に基づいてなされ、今日では各人の帰属意識を重視した区分が尊重されるようになってきている。しかし現実的には、各国政府が承認するかしないかが、大きく影響する。

（注5）　シベリアにおけるトナカイ飼育は、南方の草原（ステップ）でウマを飼う集団との接触がきっかけではじまったとされる。トナカイ飼育は、先住民の社会に大きな変化をもたらした。特にこれを積極的に取り入れたネネツ、エヴェンキ、チュクチなどは、多くの先住民族がロシアのシベリア開拓の過程で伝統文化を失っていった中でも、比較的、生活基盤を安定させることができた。

北方モンゴロイドの成立

ここでは、時間を逆にたどって、先史時代のシベリアの人類史を整理してみよう。シベリアの先住民族が、北方モンゴロイドに含められることはすでに述べた。実は遺伝人類学的研究の結果には少々の混乱があり、シベリア先住民は東~東南アジアの集団よりも、ヨーロッパ人に近いという主張もある。しかし古くからの身体特徴の研究や、最近の多くの遺伝人類学的研究は、彼らがやはりアジア集団の一員であることを示している。

シベリア各地の遺跡からは、新石器時代から青銅器時代にかけての人骨が数多く発掘されており、人骨の増大とともに情報の整理が進んでいる。この地域の人骨を精力的に研究してきた、琉球大学の石田肇がまとめた知見によれば、新石器時代には、北方モンゴロイドの典型的特徴がシベリア地域に出現しており、しかも現在見られるような諸民族間の地域的特徴も現われはじめているという。その一方で、新石器時代後半~青銅器時代にかけてバイカル湖の西側地域、モンゴル西部、中国西域などへは、西からコーカソイドが入り込んで混血が生じており、逆に鉄器時代以降になると、フンなどのモンゴロイド系集団の西方への移動が起こって、現在の集団分布が形成されていったようだ。一方、バイカル湖の東側地域では、先史時代を通じてコーカソイドの大規模移住はなかったらしい。

それでは、旧石器時代のシベリアにはどのような集団が存在し、北方モンゴロイドはいつ成立したのだろうか。第六章ですでに述べたように、残念ながらこれらの点については、よくわかっていない。地理的な位置関係から見れば、この地へ最初に進出して定着したのは、東アジアにいたモンゴロイド集団であったと考えたくなる。しかし現時点では、わずかに発見されている断片的な化石の解釈を巡って、研究者たちが異なる主張を戦わせているにすぎない。

バイカル湖の西側に位置するマリタ遺跡からは、二万八〇〇〇年前の二体の幼児の人骨が発見されている。幼児なので骨格形態については特に言えることはないのだが、アリゾナ州立大学のターナーは、この人骨の歯の形態に、コーカソイド的な特徴が二、三認められると主張している。しかしロシアの研究者による、同じ形態についての異なる解釈も存在する。マリタのさらに西に位置するアフォントヴァ・ガラ遺跡からは、二万四〇〇〇年前とされる人の額の部分の骨が見つかっている。これには平坦な特徴があり、ロシアの人類学者アレクセーエフらは北方モンゴロイドが旧石器時代からシベリアに存在した証拠とみなしているが、断片的な一点のみの化石であるため、ほかの専門家の間では慎重な意見が支配的である。

シベリアへの本格的進出

石刃技法という石器製作の技法が、ホモ・サピエンスの文化を特徴づける一つの要素であるらしいことは、先に触れた。南シベリアのアルタイ地方でも、四万一〇〇〇〜三万五〇〇〇年前にかけて石刃技法が定着する。現代人のアフリカ起源説の立場に立てば、これはホモ・サピエンスがこの土地へ拡散してきた年代を示すと考えたくなる。しかし状況は少し複雑なようだ。この地域を調査してきた考古学者たちは、この地域の石刃技法は、地元の一つ古い段階の技法（おそらくネアンデルタール人のものと考えられているルヴァロワ技法）から発展したとみなしているのである。ここでは後者から前者へと移り変わっていく過程に、連続性が認められるという。

しかし仮にそうであったとしても、アルタイ地方ではネアンデルタール人からホモ・サピエンスへの進化が生じたとみなすことはできない。第二章で論じたように、遺伝人類学、人骨化石の形態学、考古学の証拠を総合すると、世界のどの地域の現代人も、アフリカから拡散してきたホモ・サピエンス集団の子孫であることは、もはや疑う余地がない。それでも連続しているとされる石器製作技法の推移の背景には、なお単純でない事実が隠されているのかもしれない。化石の証拠が揃うまで、この地域へのサピエンスの進出については、慎重に考えていく必要があるだろう。

シベリアの旧石器考古学を、日本人としてはじめて本格的に開拓した札幌大学の木村英明によれば、三万五〇〇〇年前ごろの段階では、まだ人類はシベリアへの本格的適応を果たしたとは言えないという。それが達成されたのは、二万八〇〇〇年前ごろで、人類が質の高い住居と防寒衣を発明し、これらの材料として大量の動物を狩ることができるようになってからのことであった。住居について言えば、それまで天然の洞窟を利用していたのが、この時期になると野外に構造的な住居をつくるようになる。衣服については、フードつきのつなぎ服を着ていると解釈できる彫像が発見されており（図8-6）、さらに骨製の縫い針もこのころから出土するようになる。形の整った葉形尖

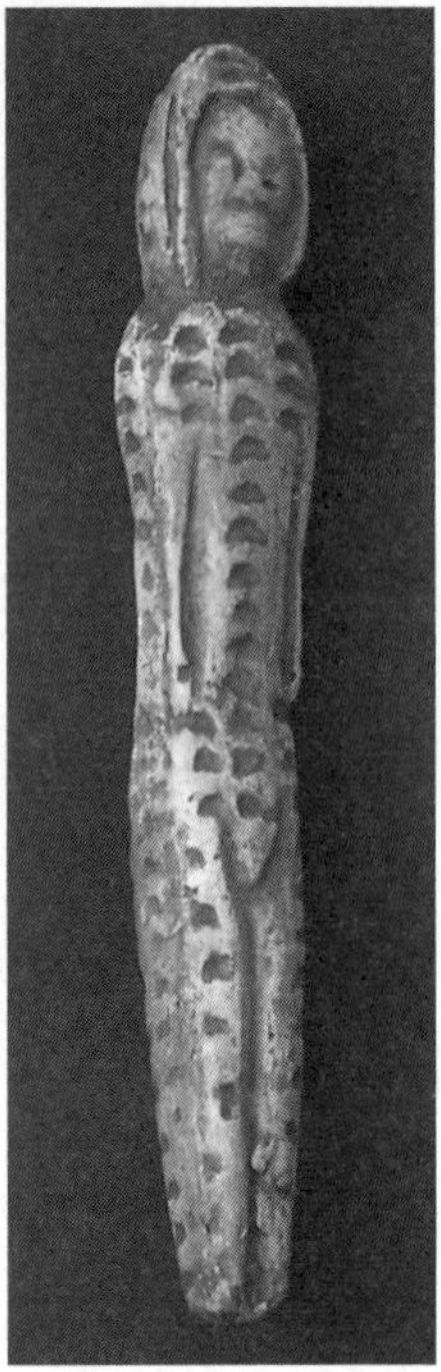

図8-6　ブレチ遺跡出土の人物象
フードつきの防寒服を着ていると解釈できる。（国立科学博物館常設展より）

頭器、つまり槍先として使う石器も発達し、狩猟技術が向上したことがうかがえる。

こうした変化を象徴するのが、バイカル湖の西にあるマリタ遺跡であり、マリタよりさらに北の北緯六〇度付近にある、ウスチ・コヴァー遺跡だ。そしてこの偉業を成し遂げたのは、間違いなくホモ・サピエンス、つまり私たちの祖先であった。先に述べたように、マリタ遺跡から出土した幼児の人骨は、モンゴロイドかコーカソイドかで意見が分かれているが、どちらにしてもホモ・サピエンスであることに異論はない。

マリタ遺跡

マリタ遺跡は、寒さが厳しさを増しつつあった二万八〇〇〇年前、人類が酷寒のシベリアへ本格的定着をはじめた重要な証拠である。木村英明の解説によれば、ここには、二つの隣接する区域が異なる時期に利用され、それぞれの区域には八～一〇軒ほどの住居があったようだ。それぞれの住居は直径五メートルほどで、五〇～七〇センチほど床面を掘り込み、中央に炉を設け、木の棒の骨組みに皮をかぶせ、板状の石や角で周囲を固定している。

ここから出土した石器・剝片類は一万点を超し、動物骨は三万点を数える。動物の種類を見ると、トナカイが五八九体以上、ホッキョクギツネが五〇体、ケサイ二五体、マンモス一六体のほか、ウマ、バイソン、ヒツジ、ホラアナライオン、オオカミ、クズリ、ウサギ、ガン、セグロカモメ、カラス、そして複数種の魚が知られている。毛皮を利用するホッキョクギツネの最良の捕獲期間は冬で、水鳥や魚が捕獲できるのは夏であろうから、人々はここを一年中利用していたのではないかと言われている。さらにホッキョクギツネの捕獲量などから考えて、利用期間は少なくとも何年かであったろうと推測されている。

彫像の出土例は、シベリアではロシア平原のように多くないが、マリタからは多数が知られている。そのほとんどがマンモス牙製、一部がトナカイの角製だ。三〇点以上ある女性をかたどった像の多くは、体が細身で逆円錐形をしており、顔や衣服の表現がある点などが特徴で、ロシア平原を含むヨーロッパのものと様式がやや異なる。そのほか、飛んでいる姿の水鳥の彫像が一三点、さらに別のポーズの水鳥像も出土している。

また、幼児二体の人骨は、赤色オーカーを(ベンガラ)敷き、板石で囲み、副葬品を供えた墓に埋葬されていた。骨の保存は悪かったが、残されていた歯から、三~四歳と一〇~一四か月の個体が一緒に埋葬されたことがわかっている。この人骨化石はシベリアではたいへん貴重なものだが、幼児がつけていたマンモス牙製のネックレスも、人骨と同じぐらい有名だ。これは一二〇個の小さなビーズ、七つの大きめのビーズ、そして中央にひときわ大きいT字型のピースがついている。このネックレスは、旧石器時代のアクセサリーの中では、デザインの独創性において際立っている。マリタ文化の豊かさを示す、象徴的な一品と言えよう。

細石刃の登場

マリタ遺跡の段階では、石刃がそれ以前より小型化する傾向が認められる。その傾向はおよそ二万一〇〇〇年前の最終氷期の最寒冷期までにピークに達し、細石刃と植刃尖頭器という革新的な道具が生み出された。細石刃は長さ三～五センチメートル、幅五～八ミリメートルの小さな石刃である。植刃尖頭器は、骨や角、木で作った槍先形の道具の縁に溝を掘り込んだもので、ここに細石刃をカミソリの刃のように埋め込んで使う。これは交換式の石の鋭い刃と、弾性に優れ折れにくい骨や角の軸を組み合わせた、まさに画期的な狩猟具だった。さらに少量の石材しか使わないこの道具は、どこでも入手できるわけではない貴重な石材を持ち運んで、必要なときに必要な場所で作ることが可能で、人々が長距離を移動することも可能にしただろう。

このような新しい技術が、祖先たちの活動の幅を広げ、さらなる分布範囲の拡大に貢献したことは、想像に難くない。細石刃の文化は、おそらく二万一〇〇〇年前ごろのバイカル、モンゴル、華北のどこかに起源し、ほぼ時を同じくして、バイカル湖よりはるかに東で北緯六〇度付近のアルダン川流域にも現われた。アルダン川流域のこの時期の文化は、ジュクタイ文化として知られている(注6)。さらに細石器文化はシベリアだけでなく、日本を含む東アジア、そしてアラスカにも広がった。

(注6) ただしジュクタイ文化の二万一〇〇〇年間という年代値には、なお不安があるという声もある。

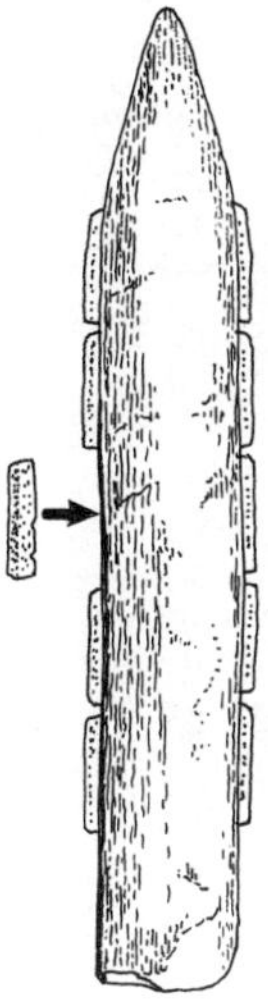

図8-7 細石刃と植刃尖頭器

極地への進出、さらなる東への道

ホモ・サピエンスが、北緯六〇度線に到達したところまで話を進めた。この先には、北緯七〇度付近の北極海沿岸へ通じる広大な土地が広がっている。そこからさらに東へ目を転じれば、そこにはもうシベリアの北東の端、アラスカを望むチュコート半島が視野に入っている。しかしシベリア北東部のこの大地は山がちで、とりわけレナ河の東に位置するヴェルホヤンスク山脈は、祖先たちの拡散の障害となったと考えられている（図8-2）。一万八〇〇〇年前のマリタ文化の段階で、本格的な寒冷地への文化的適応を果たした祖先たちは、その後これらの土地に、どのように進出していったのであろうか。

北緯七〇度に位置するベレリョフ遺跡は、一九七〇年代に約一万六〇〇〇年前と報告されて以来、長い間シベリアの極地域で最古の遺跡とされてきた。この周辺にほかに一万年以上前の遺跡はなく、はるか南方の北緯六〇度付近より南に点在している、マリタ文化の遺跡との間を結ぶ証拠は、乏しい。カムチャッカ半島の中央部に位置するウシュキ湖遺跡で見つかった墓も、一時は一万七〇〇〇年前と報告されたが、最新の調査では一万三〇〇〇年前に下方修正された。

一方、プロローグで紹介したモンゴロイド・プロジェクトの中で、北海道大学の福田正巳は興味深い予測をしていた。シベリアの永久凍土中に発達しているエドマと呼ばれる地下氷や、グリーンランド氷床の調査から、三万年前以前には、数千年周期で、かなり激しく寒暖の変動を繰り返した時期があったらしいことがわかった。さらにシベリア北部で見つかっているマンモス化石の年代を調べると、三万五〇〇〇年前より古いものが圧倒的に多く、二万五〇〇〇年前ごろのものは少ない。従って三万年前以前には、気候が温和になってマンモスが北極海沿岸まで広がった時期が何度もあったのだろう。このような温暖期には（といっても現在よりは寒いのだが）、ホモ・サピエンスも極地域まで到達していた可能性がある。その後二万一〇〇〇年前の最終氷期最寒冷期へ向けて寒冷化が進むと、極地域は砂漠化し、さすがのマンモスも南へ移動せざるをえなかった。

二〇〇四年の一月、この福田の予測を裏づける証拠が『サイエンス』誌に報告された。ヴェルホヤンスク山脈を越えた位置、北極海に流れ込むヤナ河の下流域で、ロシアの研究グループが三万一〇〇〇年前の新しい遺跡を発見したのである。ヤナＲＨＳと名づけられたこの遺跡は、一九九三年に地質学者がケサイの角から作った槍の一部を見つけたことをきっかけに発見された。ケサイはヨーロッパからシベリアにかけてマンモスとともに分布していたが、この地域では一万八〇〇〇～一万七〇〇〇年前の間に絶滅したとされている。

ヤナＲＨＳで遺物が埋まっていたのは凍りついた永久凍土の中で、現在のところ発掘された範囲は限られている。それでも調査グループは、少しずつ氷が解けて露出している地層の壁面から下へ落ちた遺物を、回収することができた。二〇〇一～〇二年の夏に行なわれた調査では、四〇〇近い石器が見つかった。これらはあまり形式の定まっていない両面加工石器が多く、この後の時期の遺跡で一般的になる石刃技法は存在しないらしい。そしてその古い年代からも想像されるように、ベレリョフの石器群とは異なるという。骨角器の類としては、ケサイのほかにマンモス牙製の槍の一部も見つかっている。石器の出土する地層から見つかった動物は、マンモス、ケサイ、ウマ、トナカイ、バイソン、ウサギなどであり、当時のこの地域は、決して荒涼とした極地砂漠ではなかったことがわかる。

それでは彼らは、この進出を足がかりに、さらに先へと拡散していったのだろうか。最近の古環境復元に従えば、三万一〇〇〇年前に極地へ到達した集団が、ここにそのまま留まっていたとは思われない。彼らは寒冷化の進行とともに南へ戻り、そしてベレリョフ遺跡の時期に再び極地に現われたのだろう。文化によって様々な環境に適応していくホモ・サピエンスと言えど、万能ではない。二万五〇〇〇年前ごろのシベリア北東部は、植物も動物も乏しい極地砂漠のような状態で、祖先たちもこのような土地は放棄せざるをえなかったと考えられる。しかし彼らは、気候が改善したころに、またここへ戻ってきた。そして、このとき北極海沿岸に到達した集団は、シベリア内陸部とは一味も二味も違う環境を享受することができた。ここは魚だけでなくアザラシなどの海獣類、それにクジラといった海産資源の宝庫だったのである。そして、ここから現在のイヌイトなどの極北の文化が発展していくことになる。しかしその一方で、三万年前より前に、さらに東へ向かい、シベリアの北東の端からさらにアメリカ大陸へ渡った集団がいた可能性はあるだろうか。この新しい大陸を舞台とする歴史の続きは、次の章で描いていきたい。

IX

1万年前のフロンティア

アメリカ

アメリカ大陸を縦断した最初のアメリカ人：南北1万4000キロメートルに及ぶアメリカ大陸への拡散は、ごく短期間で成し遂げられた。シベリアの寒さを克服するだけの文化をもった祖先たち（左）にとって、特殊な装備が必要でない温帯（中）や熱帯域（右）への進出は、さして困難ではなかったのだろう。(国立科学博物館常設展示より)

アメリカ先住民

一四九二年、クリストファー・コロンブスが大西洋横断に成功してカリブ海の島にたどりついたとき、島には彼がインディオ（英語ではインディアン）と呼んだ人々が生活していた。コロンブスは島に上陸するや否や、ここはスペイン領であると宣言したわけだが、その宣言はこの島民たちの前で行なわれたという（もちろん島民たちが彼の言葉を理解したとは思われない）。先住民が暮らしていたのは、もちろん島だけではなかった。コロンブスが〝発見〟した当時の南北アメリカ大陸には、およそ九〇〇〇万人の人々が暮らしていたと推定されている。彼らアメリカ先住民とは、どのような人々だったのだろうか。

まず図9-1を見てもらいたい。ここには文化人類学者たちが認識している、アメリカ大陸の文化領域というものが示されている。この節ではそのいくつかを取り上げ、アメリカの先史文化がいかに多彩であったかを見ていきたい。

北アメリカの西部地域に広がる大平原には、大きな群れで移動するバイソンを狩猟する、ブラックフットなどがいた。彼らのバイソン狩猟の歴史は長く、例えばコロラド州のオルセン・チュバック遺跡では、約九〇〇〇年前に、バイソンの群れの追い落とし猟が行なわれていた跡が見つかっている。ここでは崖の下から約二〇〇頭もの折り重なったバイソンの骨が見つかっており、人々が共同で、おそらく数日かけてバイソンの群れを誘導し、崖へ誘い込んだと考えられている。大平原のバイソン狩猟民は、白人入植者たちがフロンティア（開拓前線）で接触する機会が多かったため、アメリカ先住民のステレオタイプとなってしまった。しかし大平原は、あくまでも数あるアメリカ大陸の文化領域の一つに過ぎない。

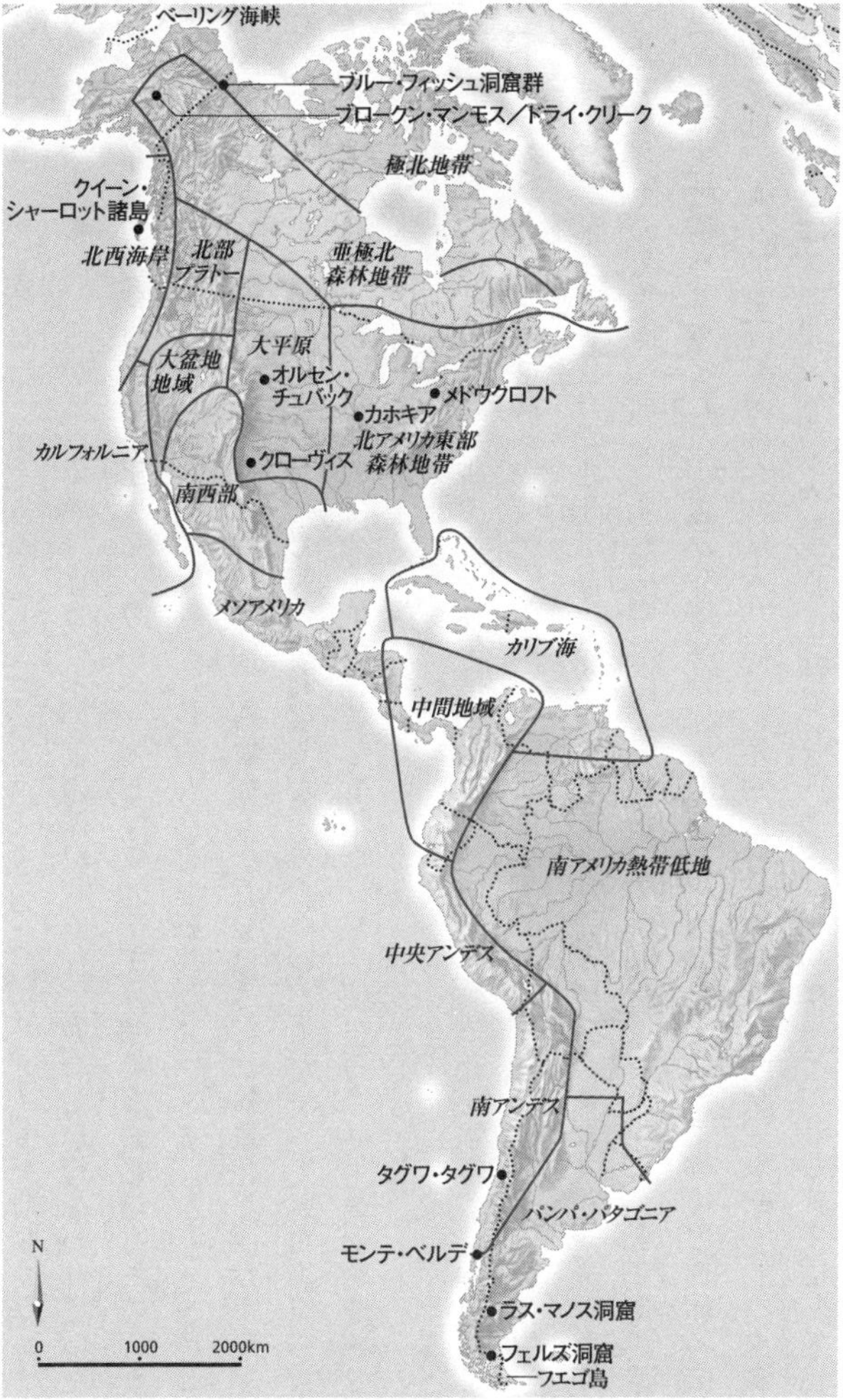

図 9-1　南北アメリカ大陸の文化領域とこの章に登場する遺跡
文化領域は斜体で示してある。

北アメリカの東側には、東部森林地帯（ウッドランド）と呼ばれる温帯林地域が広がっている。ここでは一万年前ごろからシカの狩猟と、木の実の採取、それに漁などが行なわれていた。やがて四五〇〇年前ごろには土器が出現し、カボチャ、ヒマワリ、アカザなどの栽培もある程度行なわれるようになる。そして三〇〇〇年前以降、首長的人物を埋葬したマウンド（大きな土盛り）を伴う、ウッドランド文化が興《おこ》った。一三〇〇年前ごろになると社会はさらに複雑化し、カホキアに代表される巨大な土塁を築いたミシシッピ文化が発展した。ヨーロッパ人がやってきた当時、東部ウッドランドには、例えば独特のヘアスタイルが有名なモヒカンや、現在のニューヨーク地域で暮らしていたモホークなどの人々がいた。

北アメリカ南西部の乾燥地帯では、野生植物や小動物などへの依存が強まる時期を経て、二三〇〇年前ごろからトウモロコシ栽培が行なわれるようになる。そして日干し煉瓦《れんが》で集合住宅を作り、土器や織物や籠などの優れた手工芸品を伴う、ホピやズニなどのアナサジ文化が発展していた。

北アメリカの太平洋に面した北西海岸では、五五〇〇年かそれより前から、水産食資源の採取と優れた木工技術を基盤とした、豊かな海獣狩猟・漁撈《ぎょろう》文化が栄えていた。背後に森林の広がるこの地域では、人々は風雨を避けられる入り江に定住的な村落を築き、サケ、アザラシ、クジラなどを獲り、陸上ではムース（ヘラジカ）などを狩猟したりベリー類を集めたりして生活していた。農耕は困難でも天然の食資源が例外的に豊富であったこの地域では、富の蓄積が進むとともに身分の階層化も生じた。有名なトーテム・ポールが立てられ、ポトラッチと呼ばれる宴会が行なわれたのも、この地域である（これらの慣習は白人との接触後にとりわけ派手になっていった）。

アラスカやカナダの極北地帯は植生が乏しく、カリブー（北アメリカの野生トナカイ）などの陸上動物も短い夏に不規則に回遊してくるだけである。それでも魚やセイウチ、アザラシ、クジラなどの水産資源は豊富で、これらを狩る特殊な技術を発達させた人々の活躍する場となった。ユッピクやイヌイトはシベリア東端からグリーンランドにかけて分布し、古くから、骨や牙製の美しい芸術作品を制作してきた。またアリュートが暮らすアリューシャン列島周辺では、舟を使った漁撈・海獣狩猟文化が、一万年前ごろまでさかのぼることを示す証拠が見つかっている。

中央アメリカや南アメリカにも、また異なった文化が存在した。メソアメリカは、もちろん後にマヤ文明が栄えた場所である。ここでは、七〇〇〇年ほど前からトウモロコシ、インゲンマメ、カボチャ、キャッサバ、アボカド、カカオなどが徐々に栽培化され、七面鳥が飼育された。やがて四〇〇〇年前以降に、ジャングルの中に壮大なピラミッド、圧倒的な巨石彫刻、球技場、道路を伴う都市を築き、優れた染色技術による綿織物や高度な土器を残し、さらに数字、文字、暦、天文学などを発達させたいくつもの文化が栄えた。

中央アンデスでも、トウモロコシ、ジャガイモ、キャッサバ、サツマイモ、ピーナッツ、トウガラシなどを栽培し、リャマ（ラクダ科の草食動物グアナコが家畜化されたもの）を飼育する文化から、日干し煉瓦の巨大な神殿、マヤ文明と同様に高度な水準にあった織物と土器、金細工などを有するアンデス文明が発達していた。各地、各時代に興った文化には、地上絵で有名なナスカ、そしてアンデス一帯に大帝国を築きながらも最終的にはスペイン人に滅ぼされたインカなどがある。

アマゾンの熱帯低地で基本となっていたのは、川で魚を獲ることとキャッサバの焼畑農耕である。

熱帯雨林で狩猟できる動物は、サル、バク、シカなどだが、これらだけでは大きな人口を支えるのに十分ではない。マニオクの栽培がはじまったことが、人々の熱帯雨林への進出を加速させたと一般に考えられている。ここに暮らす人々は、幻覚作用のあるコカの葉や、タバコを儀礼などに用いていた。高温多湿な環境のため、人々が衣服を着用することはあまりなく、ボディ・ペインティングが盛んに行なわれていた。

一方、アルゼンチンの大草原パンパからパタゴニア（注1）にかけての地域では、人々が移動しながら狩猟採集生活を続けていた。南アメリカ大陸の最南端に位置するフエゴ島の沿岸部では、人々は海産物を獲り、木の枝を骨組みにした簡単な小屋を作っては、数日後にそれを捨てて移動するという生活を送っていた。パンパでは、石槍やボーラと呼ばれる投石器を用いて、グアナコやレア（ダチョウのような大型の飛べない鳥）などの動物の狩猟が行なわれていた。この地域の北部には、ブラジルの熱帯雨林地帯から土器や農耕が伝わったが、ほとんどの地域では、この新しい生活様式は根づかなかった。その背景には、狩猟採集で十分に生活していけたことや、石器ではパンパの草の根を掘り起こせなかったことなどがあったと考えられている。

（注1） パタゴニアはアルゼンチン南部地域のことだが、広義にはチリ領も含めてアメリカ大陸最南部全体を指す。

先住民のルーツ

アメリカ先住民の祖先がいつ、どこからやってきたのか、そしてかくも多彩な地域文化がどのような歴史を経て成立したのかが、この章のテーマである。

まず先住民のルーツについて考えよう。実はこれは難しい問題ではない。彼らがアジア大陸から渡ってきたアジア人の仲間であることは、もう十分に示されている。その何よりの証拠が、両者の間で、身体的特徴と遺伝的特徴がよく似ているという事実だ。

身体的特徴の中でこの関係がとりわけ明確にわかるのが、歯の形態である。アメリカのターナーは世界各地の現代人集団の歯を調べ、北方モンゴロイドは彼がシノドントと名づけた特徴的な形態を示すことを明らかにした（図6-4）。そこでアメリカ先住民の歯はどうかというと、やはりシノドント特有のシャベル形切歯などを示していて、コーカソイドの歯とは似ていないのである。さらにタンパク質やミトコンドリアDNAなど、遺伝的特徴の類似性からも、アメリカ先住民とアジア人との近縁性が示されている。

一方で、彼らの祖先がヨーロッパからやってきた可能性は、ほとんどゼロに等しい。まず、ヨーロッパからは可能な渡来ルートがない。クロマニョン人が大西洋を横断してしまうほどの海の文化を発達させていた痕跡はないし、ヨーロッパから極地域を経由してアメリカへ渡るルートは、氷期には氷床と流氷に覆い尽くされていた可能性が高い。アメリカとヨーロッパの石器の類似性が取り沙汰されることがあるが、異なる文化の石器が類似することはしばしば起こりうるというだけでなく、問題となっているアメリカのクローヴィス文化の槍先とクロマニョン人のソリュートレ文化の槍先は、年代が五〇〇〇年もずれている（ソリュートレ文化のほうが古い）。

一方、アメリカ先住民の一部の特徴には、他の集団と異なっていて独特なものもある。例えば彼らの顔つきは、全般的にアジア人と似ているとはいえ、同一ではない。こうした独自性が生じた背景には、以下のようなものが考えられる。まず、彼らは長期間にわたってほかの世界と交流をもたなかったために、わずかながらも独自の方向への進化が生じただろう。こうした通常の変化に加え、移住の際にボトル・ネック効果が働くと、変化はもっと劇的なものになりうる。例えば、南アメリカの先住民は、圧倒的にO型の血液型が多く、A型やB型はごく少ない。これは、彼らが移住していく過程で一時的に集団サイズが小さくなり（これをボトル・ネックつまり瓶のくびと表現している）、そのときたまたまO型の遺伝子をもつ個体が多かったために、後の子孫たちもほとんどO型になったと説明される。このように集団サイズが小さくなると、偶然に変異の偏《かたよ》りが生じやすくなり、集団の様相は大きく変化しうる。

消えた平原ベリンジア

先の第八章の後半では、寒冷地への文化的適応を果たしてシベリア北東部まで進出した祖先たちの姿を描いた。これから先は、その話の続きとなる。祖先たちのアメリカ進出には、二つの大きな自然障壁があったことが知られている。最初の関門は、シベリアとアラスカの間にあるベーリング海峡で、その次が北アメリカの広大な地域を覆っていた巨大な氷床であった（図4-2）。最初のアメリカ人の謎を私たちが解けるかどうか、その半分は、これらの障壁の動態を自然科学の手法で解明できるかどうかにかかっている。

現在のベーリング海峡には、ロシア・アメリカ間の国境線と日付変更線が引かれているが、古くからここに暮らしていた人々にとってそれは意味のないものだ。長い冬の間は氷で埋めつくされ、夏には霧が立ち込め強風も吹くこの海峡だが、ユッピクやイヌイトの人々は、皮で作った舟で慎重に海峡を横断し、アラスカとシベリアの間では、言語と文化の共通性が維持されていた。

しかし氷期の環境は、これとは全く異なっていた。数万年前のアメリカとユーラシアにいた動物を比べて見ると、南方では共通点が少ないが、北方では、どちらの地域にもマンモス、トナカイ、バイソンなどがおり、共通点が多い。地質学者によって一九世紀の末に指摘されていたこの事実は、かつて動物たちがベーリング海峡地域を通って両大陸間を行き来していたことを物語っている。現に、海峡にある島からはマンモスの化石も見つかるのだ。その後この海峡は水深が浅いことが確認され、さらに氷期に海水準の大変動があったことがわかり、かつてこの海峡は干上がっていたことが明らかになった。氷期に存在し、シベリアとアラスカをつないでいたこの広い低地帯を、ベリンジアと呼んでいる。

つまりアラスカとシベリアは、氷期には一体化した一つの地域をなしていた。そしてもちろん、私たちの祖先がアメリカ大陸へ渡った場所も、このベリンジアであったに違いない。現在のところ、ベリンジア地域から古い遺跡は発見されていないが（おそらくこの地域の人口密度は低かったのだろう）、それでも人類がアメリカへ渡ったルートは、ここをおいてほかには考えられない。それでは、祖先たちが最初にここを渡ったのは、いつだったのだろうか。アメリカの考古学者、ブライアン・フェイガンが紹介しているモデルをもとに、過去をたどってみよう。

寒冷化がピークに達した七万五〇〇〇～四万八〇〇〇年前ごろと、三万～一万七〇〇〇年前ごろには海面が十分に下がり、確実にベリンジアが存在していた。ただし現在の海底から採取された、約二万年前のベリンジアの地表面に生育していた植物サンプルの分析からは、当時のこの地域はツンドラの植生が薄く覆っているだけで、寒さが厳しく、冬は強風が吹き荒れ、動物にも人間にも好ましい場所ではなかったことが示されている。このころは、人も動物も、いたとしてもまばらにしか存在しなかった可能性が高い。加えてこのころのベリンジアには樹木が乏しく、ホモ・サピエンスにとっては食料だけでなく、住居の建材や燃料の入手も困難だったはずだ。

一方、四万八〇〇〇～三万年前は、現在よりは寒いが、最終氷期の中では比較的温和な時期であった。第八章で紹介した福田の予測では、この時期にホモ・サピエンスがここを渡るチャンスがあったかもしれない。確かに祖先たちは、三万一〇〇〇年前にシベリアの北極海付近にまで進出したことがあったようだ。しかしこの時期に、さらに東のベリンジア地域からアラスカにかけて、人々が広がっていた証拠は見つかっていない。最近のモデルでは、この時期のベリンジアはあっても狭く、時折浸水を繰り返していたようだ。この時期にアラスカへ渡るには舟が必要であったかもしれないが、初期の移住者にそうした技術があったと単純には考えられない。これは推測だが、シベリアから東進して最初にベリンジアに現われた集団は、基本的に陸上動物のハンターであった可能性が高いからだ。

従って、四万八〇〇〇～三万年前の温和な時期、その後の寒冷期とも、祖先たちがベリンジアを渡るのに、好ましい条件は整っていなかったかもしれない。海があっても、氷結していれば渡れたと考える読者もいるだろう。しかし四万年前の温暖期でも、ベーリング海峡は夏は流氷で埋められ、冬は暗く雪と強風が吹き荒れるというように、条件は厳しかった可能性が高い。

さて、一万七〇〇〇年前以降、海水面の上昇とともにベリンジアへの急激な浸水が起こり、一万三〇〇〇年前ごろには陸橋は完全に消滅したらしい。ホモ・サピエンスの集団は、この時点までには確実にアラスカに到達していた。まだ数は少ないが、アラスカからはブロークンマンモス、ドライクリークIなど、一万四〇〇〇〜一万三〇〇〇年前ごろの遺跡が知られているからだ。アメリカのフレデリック・ウェストは、最終氷期終末期にベリンジアが水没しはじめたことが、当時ここにいたサピエンス集団の移動を余儀なくさせたと考えている。ベリンジアの水没が人々に移動を促したのは間違いないだろう。しかし世界への拡散史全体を見渡した上で推論すれば、仮にそのような外圧がなくても、進める場所には進んでいったのが私たちの祖先であったようにも思える。

超巨大氷床

氷期の間、アラスカの先のカナダ地域には、現在とは全く異なる光景が広がっていた。ここでは、水蒸気が継続的に供給される気候環境にあり、氷床が成長する条件が整っていた。そのため、東では複数の氷床が融合して成立したローレンタイド氷床が驚異的な拡大を見せ、西でもロッキー山脈などの山岳地帯にコルディエラ氷床が形成されていた（図4-2）。祖先たちのアメリカ進出が、このとてつもない氷の障害物の動態に左右されたことは、想像に難くない。

六万〜三万年前のやや温和な時期には、これらの氷床の発達は限定的であったようだ。ホモ・サピエンスがこの時期にアラスカへやってきたなら、時間をおかずにカナダからアメリカ合衆国へ抜けることが可能であったろう。しかし三万〜一万七〇〇〇年前の氷床の拡大期には、それは明らかに困難だった。この時期に二つの氷床は急速に拡大して合体し、カナダのほぼ全域とアメリカ合衆国北部にかけての地域は、氷床にすっぽりと覆われていたのである。当然ながらこのとき、動物たちは陸の上を歩いて氷床の北から南側へ抜けることができなかった。

それでも氷期の終わりが近づくと気温は上昇しはじめ、氷の溶け水による氷縁湖をあちこちに残しながら、二つの氷床は急速に後退し、一万四〇〇〇年前ごろ、ロッキー山脈の東側に氷のない完全な回廊が現われた。このときには、祖先たちの行く手を阻むものは、もう南アメリカ大陸の南端まで何もなくなっていたに違いない。現に一万三五〇〇年前になると、クローヴィス型尖頭器という美しい石器を伴う文化が、北アメリカの各地に現われる。従って無氷回廊が出現したころに、ホモ・サピエンスが氷床の南側へ達していたことは確かだ。

それでは氷床が発達していたそれ以前の時代に、ホモ・サピエンスが氷床の南側へ到達することは、本当に不可能だったのだろうか。この疑問こそが、未だ解決していないアメリカ考古学の大問題なのである。

最古のアメリカ人論争

過去何十年にもわたって、一万三五〇〇年前のクローヴィス以前の文化の証拠とされるいくつもの例が、学会や学術雑誌で発表されてきた。しかし誰もが納得できる確実な証拠はなかなか示されず、クローヴィス以前の文化が存在すると信じる積極派と、まだ十分な証拠はないとする慎重派との間の溝は、どうにも埋まらないままでいた。しかし最近、この膠着《こうちゃく》状態を揺さぶるような出来事がいくつか起こっている。

最近の一連の論争で最大の焦点となったのが、南アメリカのチリの南部にある、モンテ・ベルデ遺跡だ。湿地帯にあるこの遺跡では、石器や骨器だけでなく、炉跡を伴い、木材で方形に囲われた住居跡らしき構造物や、さらにマストドン（中~低緯度地域にいたゾウの仲間）の肉塊、人間の子供の足跡までが残っていた。アメリカ人考古学者のトム・ディルヘイらは、一九七七~一九八五年にかけてここで発掘を行ない、遺跡の年代を約一万四五〇〇年前と発表していた。しかし専門家の間では疑問の声が絶えなかったので、一九九七年、一流の研究者たちが集まって遺跡の合同検証が行なわれることになった。

検証団は、まず揃ってディルヘイのいるケンタッキー大学へ赴き、彼の説明を聞いた上で出土遺物を調べ、そしてチリへ飛んだ。遺跡の大部分はすでにブルドーザで削られていたが、一部は検証することができた。そして最終的に団員全員の賛成で、ついに調査成果は信頼できるという結論が出されたのである。この宣言をきっかけに、ペンシルヴェニア州のメドウクロフト遺跡など、クローヴィス以前と報告されていたほかの遺跡にも注目が集まるようになった。

ところが一九九九年に、考古学コンサルタントのスチュワート・フィーデルが調査に対する猛烈な批判を行なった時点から、風向きが変わってしまった。彼はモンテ・ベルデの一一〇〇ページにものぼる発掘報告書やそのほかの関連出版物を精査し、一部の出土遺物の記録法に問題があったことを突き止めたのだ。ディルヘイらは誤りを認めたが、それでも結論への影響はないと釈明している。彼らによれば、長期間にわたる湿地帯での困難な調査の過程で、遺物番号の振り直しやその他の煩雑《はんざつ》な作業により、一部の遺物の記録に混乱が生じたのだという。しかし何せ、過去五〇年来の、「クローヴィス以前」という大問題の是非がかかっているのだ。結局その後、多くの研究者がフィーデルに賛同して慎重な立場をとるようになり、話が振り出しに戻ろうとしているのも仕方ないと言える。ディルへイらは、遺跡が厳密に評価されるよう、かつてないほど詳細な報告書を刊行した。しかし皮肉なことに、それが小さいながら重大かもしれない誤りを指摘されるという結果を招いたのである。

このようにクローヴィス以前の確実な証拠はまだなく、事態は流動的だ。しかし古い可能性のある遺跡は今では少なからずあり、クローヴィス期より一〇〇〇年ほど前の文化が存在した可能性を、専門家たちは一昔前よりも真剣に考えるようになってきている。アラスカには一万四〇〇〇～一万三〇〇〇年前の遺跡があることを述べたが、アラスカとの境界に近いカナダのブルー・フィッシュ洞窟群からは、一万八〇〇〇～一万四〇〇〇年前の間の可能性がある石器も見つかっている。

仮に一万四〇〇〇年より前にアメリカへの渡来があったとするなら、人々は巨大氷床の障害をどうクリアーしたのだろうか。これを説明すべく、最近、北西海岸ルートという考えがにわかに脚光を浴びている。北アメリカの太平洋岸は、氷期の間も比較的温暖で、氷床に覆われていない土地が海岸沿いに点在していたかもしれない。実際、この地域は海産物が豊富なので、最初期のアメリカ人が（おそらく皮製の）舟をもち、海産資源の採取技術に長《た》けていたなら、彼らは舟を使って北西海岸沿いを南下してきた可能性がある。もちろん、当時の海岸線は後氷期の海面上昇により水没しているので、そうした初期の遺跡は、あったとしても見つけることは難しい。しかし一九九八年、カナダの考古学者ダリル・フェッジらの執念の調査により、北西海岸沖のクイーン・シャーロット諸島付近の海底から一万四〇〇〇〜一万二〇〇〇年前の可能性がある石器が発見され、人々がこの地域へかなり早くから進出していた可能性が、ある程度現実味を帯びてきた。

このように、最古のアメリカ人の問題はなお解決していないが、いくつかの見通しも立ってきており、今後の事態の推移が楽しみである。

クローヴィス文化

一万三五〇〇年前ごろ、人々は北アメリカ一帯で、クローヴィスと呼ばれる独特の尖頭器を使った狩猟活動を展開するようになった。それから約五〇〇〇年間、一万三〇〇〇年前ごろまで続いたこの文化を、クローヴィス文化と呼んでいる。そしてクローヴィス文化の後、アメリカの先史時代は、ヨーロッパ人が現われる一五世紀まで、切れ目なくたどれるようになるのである。

クローヴィス人は、川辺などにキャンプを張り、自然の植物を採集するほか、遊動しながらマンモスやマストドン、バイソン、ウマ、ラクダ、クマ、ウサギなどの動物を積極的にねらう、狩猟採集民であった。中でも成功すれば見返りの大きいマンモスは、骨がどの遺跡でも見つかるため、特に好まれたようだ(注2)。もちろん彼らは、食用としての肉だけでなく、衣類や道具として狩った動物の皮や骨や牙を、ランプの燃料として脂肪をも利用したはずだ。それでも獲物を余すことなく利用していたわけではなく、好みの部位だけ持ち去り、残りはそのまま遺棄することもあったらしい。クローヴィス人の遺跡は小規模であるため、集団サイズは比較的小さかったようである。ある

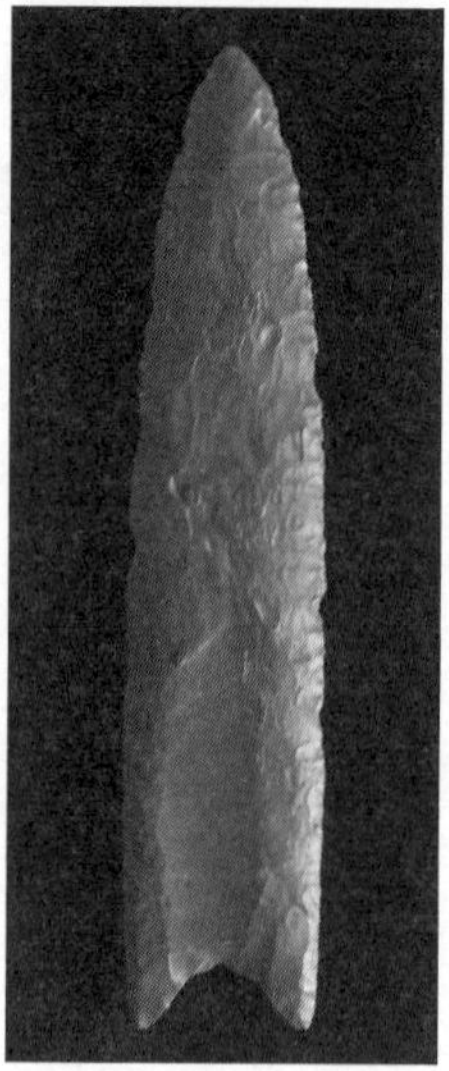
図 9-2　北アメリカのクローヴィス型尖頭器
(国立科学博物館常設展より)

推計では、遊動する一群の集団は二〇～四〇人の規模であったという数字が示されている。

クローヴィス型尖頭器は、選び抜かれた良質の石材を用い、熟練の技術で石の両面が整形された、美しい狩猟用の槍先である。細長い木の葉型で、たいてい基部に着柄するための浅い溝がつけられている。この尖頭器は製作に手間がかかるため、クローヴィス人は欠けた先端を何度も再加工し、尖頭器の長さが短くなるまで使い続けたことがわかっている。この尖頭器がどのように着柄されたかは不明だが、基部に光沢があるものもあり、ひもで縛って固定された可能性が高い。また、槍が獲物に突き刺さったときに柄が離れるように、柄の先に着脱式のもう一つ短い柄を用意し、尖頭器はこれに取り付けていた可能性も考えられている。

クローヴィス文化に関する最大の謎の一つは、クローヴィス型尖頭器がいつどこで発明されたのかという問題だ。この石器は非常に特徴的であるので、どこかに祖形となる石器が存在すると思われるのだが、アラスカ地域からも氷床の南側からも、そうした石器はまだ見つかっていない。もう一つのポイントは、細石刃にある。アラスカにはアジアで発達した細石刃文化が伝播しているのだが、この文化は北アメリカ中央部には波及していない。クローヴィス人が、画期的な発明品である細石刃を埋め込んだ植刃尖頭器を使わなかったのは、なぜなのだろう。彼らは細石刃を知っていたのにあえて両面加工の槍先を作る方法を選択したのだろうか。それとも彼らは、アラスカに細石刃文化が伝わる時期（それがいつだったかはっきりわかっていない）より前に、氷床の南へ移動していたのだろうか……。

さらに、この時期のアメリカ人——しばしばパレオ・インディアンと呼ばれる——の頭骨化石は、形態がやや独特であるため、彼らは現在の大多数のアメリカ先住民とは別系統のグループであったという可能性も、議論されている。

（注2）クローヴィス人のマンモス狩猟については、彼らは非常に有能なハンターであったという見方と、後の時代のハンターよりは効率が低かったとする考えがある。最近では、後者の考えが有力なようである。それでも彼らの活動は、この時期に繁栄していた大型動物たちの絶滅の一因になったと思われる。

南アメリカの魚尾形尖頭器

クローヴィス型尖頭器が北アメリカの最初期の文化を代表するのと同様に、南アメリカの最初期の文化を代表する独特の石器がある。基部にくびれのある、魚尾形尖頭器と呼ばれる石器で、南アメリカ各地の一万三〇〇〇年前ごろの遺跡から見つかっている。

例えばチリのタグワ・タグワ遺跡では、地元のラウターロ・ヌーニェスらの調査隊により、マストドンなどの骨とともに魚尾形尖頭器やその他の石器が大量に発掘された。アメリカ自然史博物館の研究員だったジュニアス・バードは、一九三〇年代に、チリ国立自然史博物館との共同で、南アメリカの南端の地域を調査している。そしてパタゴニアにあるフェルズ洞窟から、ミロドン（絶滅した、体長が四メートル前後にもなる巨大な地上性ナマケモノの一種)、ウマ、グアナコの骨と一緒に、魚尾形尖頭器を発見した。そのほか、フエゴ島の二つの遺跡、さらに大陸の北方のブラジル、コロンビア、ベネズエラなど、魚尾形尖頭器を伴う遺跡は、南アメリカの全域に広がっている。

北アメリカのクローヴィス文化と同時期の一万三〇〇〇年前ごろ、南アメリカでも人々が大型動物の狩猟を活発に行なっていたことがうかがわれるのである。

大絶滅の謎

「我々は、動物学的に言えば、極めて貧弱な時代に生きている」と、ダーウィンとともに生物進化のメカニズム解明に貢献したウォーレスは述べている。現在のアメリカ大陸の動物相(ある地域に生息している動物の種類)はアフリカに比べて貧弱だが、過去にはそうでなかった。クローヴィス人たちは、現在でもいるバイソン、オジロジカ、トナカイ、イワヤギ、オオカミなどのほか、ゾウ(マンモスとマストドン)、ウマ、ラクダ(キャメロプス)、剣歯ネコ(スミロドンなど)、クマ(アークトドゥスなど)などがいる環境に暮らしていた。そして南アメリカにも、ゾウ(マストドン)、ウマなどのほか、オオナマケモノ(ミロドンやメガテリウムなど)、巨大アルマジロ(グリプトドンなど)などがいた。ところが北アメリカでクローヴィス文化が終焉を迎えた一万三〇〇〇年前、そして中央・南アメリカでもおそらく同じころに、こうした大型哺乳動物たちが、姿を消してしまうのである(ただし一部の動物たちは一万年前ごろまで生き残っていた)。北アメリカでは、実に三一属の大型草食動物が絶滅したとされている。

大絶滅の原因は何だったのであろうか。それを環境変動に求める考えでは、氷期から間氷期への移行に伴って植生が大きく変化したことが、究極的な原因になったと考える。実際に、干ばつが原因でマンモスが多数死んだらしい遺跡など、環境変動説と整合する状況証拠も見つかっている。しかしこの説だけでは説明しきれない実態があるのも、認めざるをえない事実だ。長い地球生命史の中では、過去にも環境変動による生物の大絶滅が何度かあった。しかし今回のものは、小型の哺乳類、爬虫類、両生類、魚類などがほとんど影響を被っていないという点で、様子が違う。つまり絶滅は、選択的に起こったようなのである。しかも、環境変動が比較的小さかったはずの中央アメリカや南アメリカでも、絶滅は起きている。それにこうした氷期・間氷期の気候変動は、過去に何度も起こっているものであり、これらの動物たちは、今まではそれを生き抜いてきているのだ。

アリゾナ大学のポール・マーティンは、一九七〇年代に、アメリカ大陸における大絶滅の原因をホモ・サピエンスに求める有名な仮説を発表した。それまで考古学者たちは、先史時代を通じて、アメリカ先住民の人口は少しずつ増えてきたとイメージしていた。しかしマーティンはそうではなかったと考えた。彼の考えでは、移住者たちは人間を恐れない動物たちをさしたる苦労なしに狩り続け、結果として人口を爆発的に増加させたのだ。これだけではただの空想に過ぎないので、彼は理論的に自説が可能であるかどうかを、シミュレーションを行なって確かめようとした。小さな集団からスタートした祖先たちが、動物たちを大量に狩り続け、かつテリトリーを急速に広げていくには、拡散の前線でどんどん人口が増えていく必要がある。人口が増えないと、一定量の狩りを行ないながらテリトリーを広げるという前提が破綻してしまうからだ。シミュレーションの結果、年間一六キロメートルの前進速度と、一・四〜三・四%程度の人口増加率を想定しさえすれば、当初一〇〇人程度の小さな祖先集団でも、人口を増やしながら一〇〇〇年ほどで南アメリカの南端にまで広がりうることが示された。

マーティンのモデルには、様々な批判がある。設定された人口増加率が高すぎるというものや、人々が移動を続けている前線での人口は常にそれほど多くはなかったろうというものなどだ。実際に遺跡証拠からは、最初のアメリカ人の集団が、人口密度の高い前線を保って南下したという証拠は得られていない。しかし先に述べたように、環境変動だけでは、やはり絶滅を十分に説明しきれない。さらに第七章で触れたように、最近ではオーストラリアにおいても、大型動物の大絶滅にホモ・サピエンスが関与していた可能性が高まってきている。マーティンのモデルの細かい点が妥当かどうかは別として、私たちの祖先が大絶滅の原因を作ったと認めるほうが、おそらく現実的なのだろう。新天地にいた逃げ出さない動物たちを相手に、祖先たちは必要以上の狩りを行なったのではないだろうか。祖先たちが自然の恵みに限りがあることに気づいたのは、おそらく私たち現代人の場合と同じで、得られるものがなくなってきてからだったのかもしれない。

一万年前のフロンティア

アメリカはコロンブス以降のヨーロッパ人にとって〝新世界〟であっただけでなく、人類にとって、ホモ・サピエンスにとっても新世界だった(注3)。そして白人によるアメリカ合衆国の開拓期に、白人にとってのフロンティア、つまり西部開拓前線が存在したのと同様に、この大陸に一万年以上前にやってきたホモ・サピエンス集団にとっても、アメリカ大陸を南へ縦断するフロンティアが存在した。これまでに述べてきた、シベリア〜アメリカに至るフロンティア前進史を、ここでもう一度整理してみよう。

四万年前ごろ、祖先たちのフロンティアはシベリアの南部地域にあったが、これがさらに北へ前進するのには、ある程度の時間を要したようだ。特にシベリア北東部への進出には、寒い気候だけでなく、山の多い地形という困難さもあった。三万年より前に、祖先たちのフロンティアが一時的に極地まで拡大した可能性はある。しかしこの段階での進出は、シベリア北東部への定着にはつながらなかったと思われる。祖先たちが、真に酷寒の土地で生活していける水準まで文化を発展させたのは、おそらく二万八〇〇〇年前のマリタ段階であったのだろう。そして最終氷期の最寒冷期を過ぎ、気候が改善しはじめたころ、人々はシベリア北東部へ本格的な進出をはじめ、さらにベリンジアを越えてアラスカまで広がっていったと考えられる。

ところがアメリカへ入ってからのフロンティア前進史は、シベリアとはかなり様子が違っていたようだ。一万七〇〇〇〜一万四〇〇〇年の間の遺跡の存在はなお不確定だが、一万三五〇〇年前までには、北アメリカに人々がしっかりと根をおろし（クローヴィス文化）、南アメリカにも魚尾形尖頭器を携えた人々が広がった。実際にどれだけの期間を要したのかはわからないが、確からしいのは、祖先たちがおそらく一〇〇〇年かそこらという相当なスピードで、南北アメリカ大陸の各地へ広がり、人口を増やしていったことである。

なぜホモ・サピエンスは、これほどの短期間でアメリカ縦断を達成できたのだろうか。彼らはシベリアで、極地向けの重装備の技術を発展させていた。その彼らにとって、軽装で十分な温帯地域への進出は、容易であったのだろう。計算上は、南北一万四〇〇〇キロメートルあるアメリカ大陸も、年一四キロメートル進めば一〇〇〇年で縦断できる。これは〝相当なスピード〟ではないと思うかもしれない。しかしその途上、何度も未知の生態系に入り、祖先たちは新しい動物や植物に出くわし、それらを食料や薬や道具素材として利用する方法を試行錯誤しなければならないのだ。身体特徴を寒冷地向けに極端に進化させていたマンモスやトナカイには、このような芸当はできない。気候帯が劇的に変化する南北方向の長距離移動を、短期間で達成したのは、文化を創造的に発展させていく際立った能力をもつ、ホモ・サピエンスならではのことと言ってよい（本章扉参照）。

最初の拡散後しばらくすると、アメリカ大陸では、ブライアン・フェイガンが「大分化（great diversity）」と呼ぶ、爆発的な地域文化の多様化が起こった。大型動物が減った一万年前ごろ、人々がそれぞれの地域環境に合った新しいライフスタイルを模索しはじめたことが、変化の引き金になったと考えられている。そうした地域文化がその後いかに多様な発展を遂げたか、その一端は、この章のはじめにかいつまんで紹介したとおりだ。こうした文化のすべてが、そもそもは、しばらく前に極地で発達した特定のタイプの文化に由来したことを考えれば、ホモ・サピエンスの文化のダイナミズムに感服せざるをえないだろう。アメリカ大陸へは、最初の拡散後も同じ経路によって、何度か移住が繰り返された可能性がある。しかしどの移住集団も、アメリカの土をはじめて踏んだときにもっていた文化は、極北型の文化であったことは明らかだ。すでに旧世界でも、祖先たちの多様な文化的発展の一端を見てきたが、南北に長く伸び、環境変異の大きなアメリカ大陸での文化の多様化には、目を見張るものがある。

さて、進化論の基礎を築いたチャールズ・ダーウィンは、ビーグル号による世界一周旅行の途上で、フエゴ島（注4）に立ち寄っている。南アメリカの南端に位置し、氷河が発達するこの寒い土地でダーウィンが出会ったのは、家をつくらず、ほとんど裸同然で毛皮だけをまとい、石器や骨器を使って動物や魚をとって暮らしていた先住民たちであった（注5）。この時点での彼らの文化は非常に素朴なものであったが、ダーウィンがしたように、彼らの潜在能力をこの観察事実だけから判断するのは、全く適当でない。彼らの祖先たちは、かつて極地の気候に耐える重装備を開発した集団であり、彼らが途中で別れた兄弟姉妹の中には、北アメリカの北西海岸で豊かな漁撈文化を発展させたものもいれば、中央アメリカやアンデスで文明を築いたものもいた。彼らが際立った文化を発達させなかったのは、歴史や環境に何らかの理由があったと考えるのが合理的だ。フエゴ島先住民の祖先は、おそらくフロンティアの最前線を行った人々であった。彼らはアメリカ縦断の過程で温帯地域を通過した際に、かつてもっていた高度な

図9-3　アルゼンチン南部にある世界遺産ラス・マノス洞窟
クエバ・デ・ラス・マノスとは「手の洞窟」の意味である。1万年ほど前の多数のネガティブハンドが残されている（口絵参照）。（提供：関雄二）

道具技術の一部を、必要性が薄れたという理由で捨てたのだろう。そして望んだわけではないが、彼らが行き着いたのは、文化を発展させる背景因子の乏しい、寒く荒涼とした土地だった。

第七章でも触れた、このような〝文化のフィルター効果〟は、他地域のアメリカ先住民の文化についても当てはまる面がある。彼らの祖先はベリンジアを経由しているため、もっと遠い昔の祖先たちがユーラシアの温帯地域で発展させた技術の一部を、一度失っている可能性が高い。一度新大陸へ渡ってしまった人々は、多くのことを一から再発見・再発明する必要があった。そう考えながら、改めてアメリカ先史文化の多様な発展について考えたとき、さらにホモ・サピエンスという種への興味が増すのは、きっと私だけではあるまい。

（注3） 新世界の意味は多少あいまいだが、南北アメリカ大陸、もしくは旧世界以外の地域を指す。旧世界とはユーラシアとアフリカを指す言葉である。これは元来ヨーロッパ中心主義的な用語であり、中東、極東といった言い方と同じく、本来なら使用を避けたい。しかし本文に述べた理由により、人類史全体の文脈で捉えたときには字義通り有効な言葉なので用いることにする。

（注4） この冷涼な島につけられたティエラ・デル・フエゴ（火の国）という地名は、一六世紀にスペイン国王の思い違いでつけられたものである。

（注5） 彼らのほとんどは、後にヨーロッパ人によって絶滅に追いやられた。

X

予期しなかった大躍進

農耕と文明の起源

収穫を待つコムギの穂：1万年前ごろに世界最古の農耕が起こったのは、気候、植生、地形などの自然条件が整っていた地域であった。(©オリオンプレス)

狩猟採集か農耕か

現代の私たちの社会は、農耕や牧畜など、食糧の生産を基盤にして成り立っている。この食糧生産という生活スタイルの歴史はごく新しく、およそ一万二〇〇〇年前にはじまったにすぎない。これはホモ・サピエンスの歴史全体の六%、人類史全体の中で言えば〇・二%にしかならないものである。これ以前の長い時代、私たちの祖先は、少人数の集団で移動しながら、野生の動植物を狩猟したり採集したりして生活していた。

それでは、なぜホモ・サピエンスの社会で食糧生産がはじまったのだろうか。まず単純な質問からはじめよう。あなたが一万二〇〇〇年前の社会に生まれ、狩猟採集と農耕・牧畜のどちらかの生活を選べるとしたら、どうするだろう。一か所に定住して農耕や牧畜を行なうのは、知性豊かな人が着想した高尚で素晴らしいアイディアであり、そのような選択肢に気づいた集団はすぐさま狩猟採集生活をやめた、というのが一〇〇年前のヨーロッパ人研究者たちの考え方であった。しかし、農耕という新たな選択肢があることに気づいた最初の人々の立場を想像してみたとき、果たして本当にそれが素晴らしいものに見えるだろうか。決断される前に、ふつう農耕・牧畜の方が狩猟採集より格段に手間がかかること、天災に対して不安定な生活スタイルであることを申し添えておこう。

ともあれ結果として一万二〇〇〇年前以降、私たちの歴史は食糧を生産する方向へ傾いていく。そしてこのことが、その後の私たちの歴史のあり方に大きな影響を及ぼすようになる。プロローグで述べたように、歴史上、食糧生産をはじめたグループは定住する傾向を強め、よりしっかりした構造の家や貯蔵施設を作るようになる。そして次第に余剰食物が増えてくると、職業の分化が起こり、社会が複雑化し、大規模集落が生まれ、やがては文明の基盤が形成されていく。そして技術力、資力、武力、情報力とあらゆる面で、食糧生産を行なうグループは勢力を増し、やがては狩猟採集を続けたグループを支配するようになる……。

しかし一万二〇〇〇年前ごろ、人々がそのような将来の大躍進の可能性を見据えて、賢く食糧生産を選択したとはとても考えられない。食糧生産がはじまったとき、この新しい生活スタイルが人類史に革命的な影響を及ぼすことになると予想できた人は、まずいなかったはずだ（注1）。

人々が食糧生産という新しい生活スタイルへの転換を決意するに当たっては、この生活の苦労や先行きへの不安に見合う、十分な経済的動機が存在したはずだ。そしてそのような動機が発生する条件は、いくつもの偶然の積み重ねによって、ある程度の時間をかけて整っていったものであるようだ。つまり、世界の一部地域の集団が食糧生産を本格的にはじめる決意をしたのは、偶然の結果なのであって、彼らの知性が他集団に比べて優れていたからではない。しかしその偶然は、彼らに経済上の予期せぬ大躍進をもたらした。この章では、最近の学説を整理しながら、狩猟採集から食糧生産経済への転換がどのように起こったかを見ていく。そうすることによって、先史時代に食糧生産へ転換した集団としなかった集団のどちらもが存在した理由も、見えてくるはずである。

（注1）　社会の複雑化はよいことばかりではない。例えば、農耕に依存した社会では栄養が偏《かたよ》ることがある、権力者と奴隷というような身分階級や、男女の不平等も顕在《けんざい》化してくる、集団間の争いごとの規模は大きくなる、都市は伝染病が蔓《まん》延《えん》する不衛生な場所となる、といった問題が生じるからだ。

後氷期

一万四〇〇〇年前ごろに氷期は終結し、地球は温暖な間氷期（後氷期）に入っていった。地域によって程度の違いがあったが、この移行期に、祖先たちを取り巻く自然環境は大きく変化した。高緯度地域を覆っていた巨大氷床は縮小しやがては消え、世界中で海水面が上昇した。各地で植生に変化が起こり、多くの大型動物たちが姿を消した。

これまでに述べてきたように、大型動物の絶滅の原因には、気候変動とホモ・サピエンスの活動の双方が影響したと見るのが、理にかなっている。絶滅の規模は、それまで人類のいなかった地域ほど大きい傾向がはっきりと存在する。人類との付き合いの長いアフリカの動物は、この二本足で動き回る動物が警戒すべき存在であると、ＤＮＡに刻みこまれたのだろう。おそらくそのために、アフリカの動物たちは、一部の例を除いてホモ・サピエンスの登場による打撃をあまり受けていない。しかしオーストラリアやアメリカでは、ホモ・サピエンスの恐ろしさを知らない動物たちが、それを理解する猶予《ゆうよ》もなく絶滅に追いやられた可能性が高い。ユーラシアの各地でも、新しい環境を利用すべく数々の技術を発達させたホモ・サピエンスの活動と、温暖化に伴う生息地の縮小が、マンモスやケサイといった動物たちを絶滅に追いやったようだ。ホモ・サピエンスなら、環境が変化しても文化の力で新しい環境に適応できたが、ほかの動物たちはそのような術《すべ》をもたなかった。

この動物の減少は、祖先たちの生活に大きな影響を与えたと考えられる。それまで大型動物の狩猟に強く依存していた彼らは、このとき小型の動物、海産物、鳥、各種の植物など、もっと多様な食資源に目を向けなければならなくなった。つまり、それぞれの土地に特有の生態系をもっと強力に活用する、新しい生活スタイルを模索する必要が生じたのだ。加えて温暖化に伴って環境が大きく変化した地域では、人々は狩猟活動だけでなく採集活動の変更も迫られたであろう。

各地の人口密度が高まる前の時期であれば、人々は活動域を広げたり、違う土地へ移動したりして問題を解決しようとしたかもしれない。しかしこのときは、もう状況がそれを許さなかった。すでにホモ・サピエンスは五つの大陸のほとんどの地域に広がっており、多くの集団は自分たちのテリトリーの中で問題を解決する以外、道はなかったのである。それでも祖先たちは、(間違いなく相当の試行錯誤の末に)それぞれの土地環境に見合った新しい文化的適応戦略を発達させ、食物の不足する乾季などを乗り越え、土地に定着するだけの知識と技術を身につけていった。後期旧石器時代の後、農耕がはじまる新石器時代まで数千年間続いたこの時期を、ヨーロッパでは中石器時代、西南アジアでは続旧石器時代、北アメリカ大陸では古期と呼んでいる。

人々が選択した新しい適応戦略に合わせて、この時期には道具技術にも大きな変化があった。全般的に石器は小型化し、ほかの素材の部品と組み合わせて様々な道具に仕上げられることが多くなった。森林が広がった地域では、木を加工するための磨製石斧も普及した。そのほかにも木の実や穀類をすり潰す磨石や石臼、釣りのときに使うカヌーなど、特定の用途に用いる特殊化した道具の発達が目立つようになった。狙った獲物をより確実に捕らえるために新しく広まった道具としては、より工夫されたわな、網、釣り針、銛、そして弓矢などがある。中でも弓矢の威力は絶大で、狩猟活動における危険性を減らしただけでなく、鳥や他の小動物の狩猟も容易にし、一万二〇〇〇年前までにアフリカとユーラシアの各地に広がった。つまりホモ・サピエンスにとってこの時期は、気候変動による苦難の時期だったのではなく、多彩な食資源の活用法や新しい生活スタイルを探り当てた、発展の時期であったのだと言える。

ここで述べた土地の食資源活用の強化や、道具技術の発達は、後氷期の世界で普遍的に認められた変化であった。一方で、世界的視野で眺めると、ホモ・サピエンスの文化は、この時期に急速に地域的多様性を増していった。第九章ではアメリカ大陸における地域文化の爆発的な多様化について触れたが、同じことはほかの大陸でも起こった。その中で人口の増加、技術の高度化、社会の複雑化といった経済力にかかわる側面にも、地域による違いが生じていった。例えばオーストラリアの内陸部のように極端に乾燥した地域では、人口収容力にも限界があり、道具技術の高度化などはある水準を超えるものではなかった。一方、食資源が豊富で、季節変化の予測も容易な一部の地域では、例えばシカ、ドングリ、サケなど特定の重要な食資源を得て加工する技術が高度化し（例えばドングリはアク抜きする必要がある）、定住化傾向が強まり、人口が増し、社会も階層化を示すなど複雑化していった。日本列島もそうした地域の一つであったと考えられ、ここでは縄文式土器を特徴とする豊かな狩猟採集文化が発展した。

この社会変化の歴史の中で、やがて世界のいくつかの地域で、ほぼ同時に食糧を自ら生産して生計を立てる集団が現われるようになった。各地で栽培化された主な作物と、家畜化された動物は、図10-1に示してある。

農耕はどのように起こったか

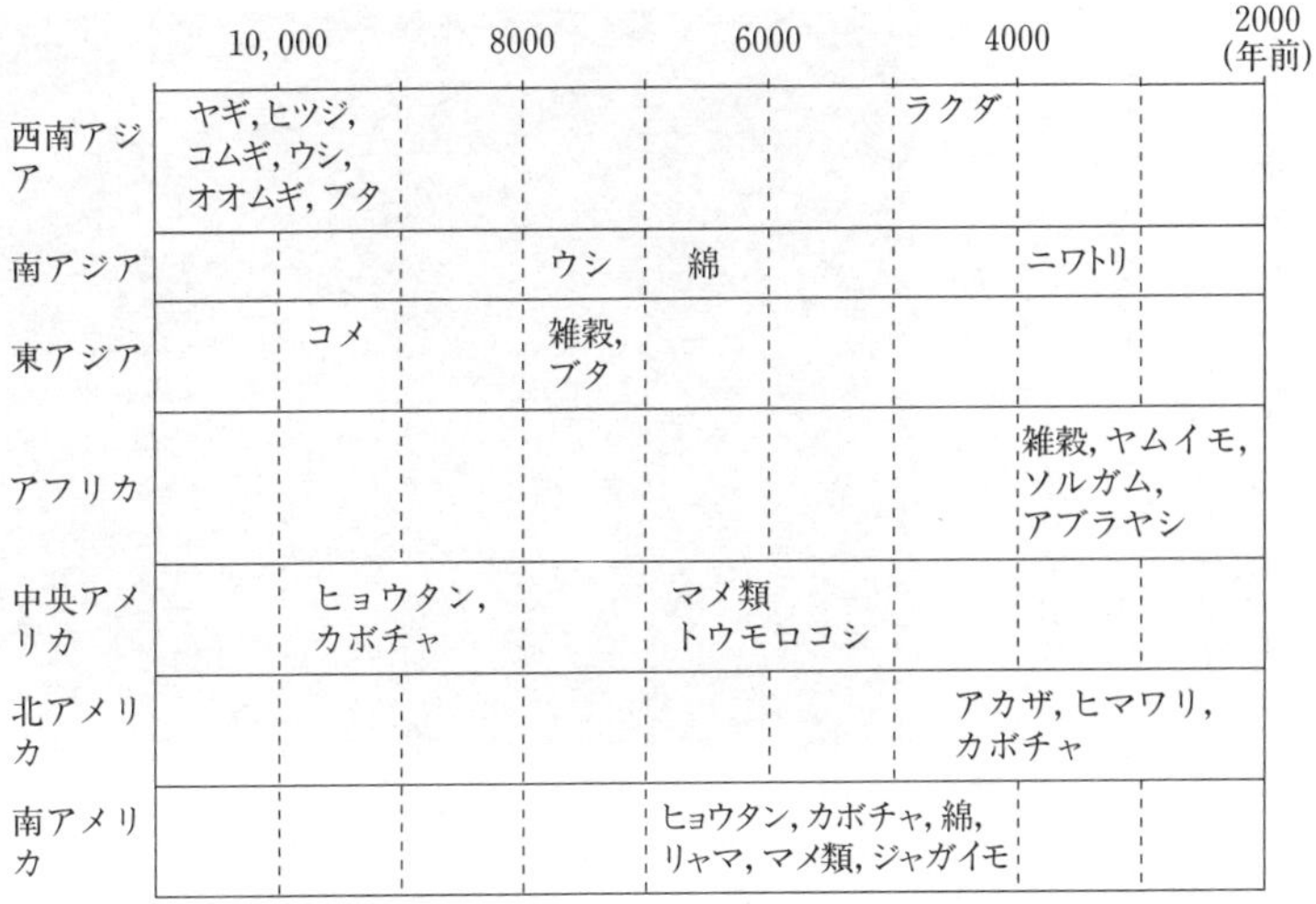

図 10-1　主な動植物が最初に栽培化または家畜化された場所と年代

ニューギニアでも１万～6500 年前に独自の農耕文化が発達した（第７章を参照）。しかしおそらく栽培化されたのが保存のきかないタロイモやヤムイモ、バナナなどであったこと、他地域から孤立していたことなどから、ここでの社会の複雑化は限定的なものに留まった。(Feder, 2004 を改変)

一九世紀の考古学者たちは、農耕は一人の天才によって発明されたと考えていた。そこまで単純ではないと認識しても、農耕が短期間で革命的に発明されたというのは、初期の学界を長い間支配していた概念であった。しかし二〇世紀後半の遺跡調査を通じて明らかになってきたことは、農耕は数千年にわたるいわば〝準備期間〟を経た上で、確立したものであったということだ。そしてその緩やかな変化の時期こそが、旧石器時代の終末期から先に述べた後氷期初頭にかけての時期なのである。ここでは研究が進んでいる西南アジアでの状況を見てみよう。

西南アジアでは、「肥沃な三日月地帯」と呼ばれる帯状の地域のいくつかの地点で、農耕がほぼ同時に確立した

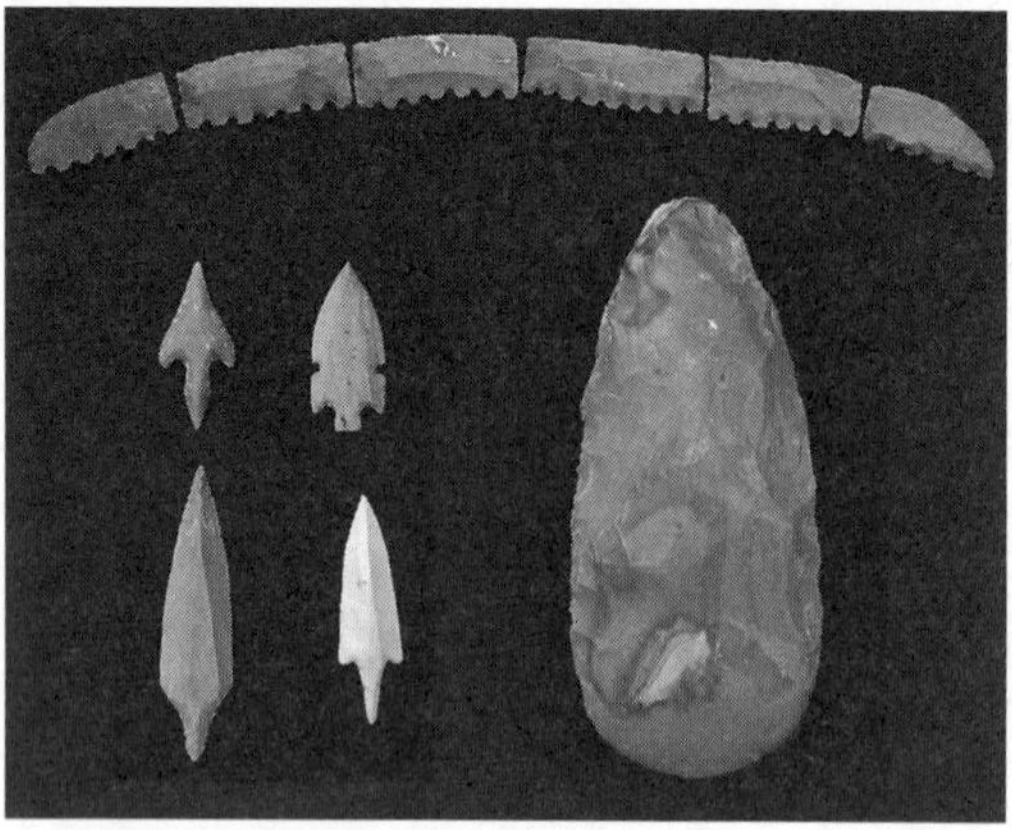

図 10–2　新石器時代の代表的な石器
刈り取りのための鎌、矢じり、木を伐採するための磨製石斧。（国立科学博物館常設展より）

と考えられている。この地域では比較的雨が多く、もともと食べられる穀類や豆類、木の実などが豊富に自生していた。さらにやがては家畜化されるヒツジ、ヤギ、イノシシ（家畜化されてブタになる）、ウシなども生息していた。

一万八〇〇〇年前ごろのレヴァント地方には、幾何形細石器と呼ばれる小型の石器を使う、ケバラ文化の人々が活動していた。彼らは小さな集団で移動してガゼルなどを狙う狩猟採集民で、石臼などの出土例が少ないことから、植物の利用は限定的であったようだ。

およそ一万六〇〇〇年前になると、西南アジア一帯で気温が上がって降雨量が増し、有用な植物が繁茂する温帯林の面積が広がった。こうした変化の中、次のナトゥーフ文化の人々は季節的なガゼル猟を続けながらも植物の利用を高め、穀類の収穫のための鎌や粉にひくための石臼などの専用の道具を発達させた。新しい生活スタイルは周辺地域に広がるとともに、人々の定住化傾向を強めた。ナトゥーフ文化の人々が利用できたエンマ小麦、大麦、ドングリ、アーモンド、ピスタチオといった植物は、どれも栄養価が高い上に保存も利くものであった。集落の規模は次第に大きくなり、円形の家、貯蔵穴、石で舗装された道路などを伴うようになった。そして墓の副葬品が多様化したことからうかがわれるように、社会身分の階層化が進んだ。これはおそらく余った食物の再分配や、大きな社会の秩序を守るために起こったのだろう。

ナトゥーフ文化末期の一万三〇〇〇～一万二〇〇〇年前にかけて、世界的な気温の低下が起こり、西南アジアでは降雨量も減って乾燥化が進んだ。このとき、野生の有用植物の分布域が縮小し、人々は食料不足に見舞われた可能性が高い。そしてどうやらこの時期に、定住化傾向を強めていた人々が、利用していた植物を自ら植えて育てることをはじめたらしい。このときまでに、植物との長い付き合いを通じて、人々がすでに栽培を行なうための必要な知識をもっていたことは、想像に難くない。その後人々は農耕の手法をさらに洗練させ、やがて現在のイラクの乾燥した恵まれない大地で、治水や建築技術などを発達させた集団が、メソポタミア文明を興すのである。

つまり農耕の発生直前には、複雑化した定住的な狩猟採集文化というものが存在していた。農耕は無から突然産み出されたものではない。おそらくどの地域の祖先たちも、農耕を行なうだけの潜在的知性は最初から持ち合わせていた。しかし実際にそれが実現に至るまでは、いくつもの自然や歴史の条件が整っている必要があったのである。

農耕が起こるには、まず有用植物が土地に豊富に自生している必要がある。初期の農耕に適した有用植物の分布には、地域的偏りがあると指摘されている。実が大きく短期の成長予測が可能な一年生のイネ科植物の種類は、西南アジアでは特に豊富だった。次に人々の目が植物に向くような自然環境や、人口密度が高いといった歴史的環境が必要であった。これらの条件の中で、人々は植物の生育に関する知識を、自然に蓄積していった。そして最後に栽培という積極行為に手を出すには、やはりその手間と忍耐とリスクを補って余りある経済的な動機が必要であった。そうした動機は、自然環境、人口密度の過密化、社会の複雑化、定住傾向の促進といった、複数の要因が絡み合った結果として、はじめて生じたものと思われる。

最後に、一度栽培がはじまると、予期しなかったおまけがついてきた。人々が好んで選択したために、栽培種の中では小さな実がたくさんなる株よりも、大きな実をつける株が増えていった。野生種ではある期間にわたって次々に実がなっていたものが、収穫が容易な、一時に実がなる品種へと変化した。野生小麦は繁殖のために穂が簡単に落ちるが、人々が収穫して保存し、植える作業を繰り返すうちに、穂が落ちにくい遺伝子をもつ品種が成立した。さらに可食部分を包む殻も、人の手を通して薄いものが選択されるようになった。新しく生まれたこのような品種は、自然界では自己繁殖しにくいが、人間にとっては有用性の高いものであった。このように農耕の効率は、栽培技術と品種の両面で向上していった。

農耕を最初にはじめた集団が、他の集団と比べて知性や創造性において傑出していたと考える必然性はない。そうではなく、環境とそれまでの歴史が、人々の行動と文化の選択に影響したのである。

食糧生産を行なわなかった人々

いくつかの地域ではじまった食糧生産は、短期間で周辺地域に波及した。つまり農耕や牧畜を自ら発明しなかった集団も、このシステムがうまく機能することを知ると、次々に食糧生産者に転換したのである。西南アジアで起こった農耕文化は、エジプトやヨーロッパに波及した。中国の農耕文化も、朝鮮半島や東南アジア、そしてやがては日本列島へも伝播した。

一方、別のいくつかの地域では農耕が取り入れられなかったが、その理由は明らかだ。オーストラリアのアボリジニが火つけ棒農耕と呼ばれる行為を行なっていたことからもわかるとおり（第七章）、こうした地域の人々も植物の生育に関する深遠な知識自体はもっていた。しかし砂漠、熱帯雨林、極北などの土地は、そもそも農耕には適していない。アルゼンチン、オーストラリア、南アフリカの一部地域など、現在は大規模な農耕や牧畜が行なわれているのに、先史時代にはそれが行なわれなかった場所もある。その理由は、地理的条件にあったと理解できる。つまりこれらのどの地域も、農耕に適さない乾燥地帯や熱帯雨林地域を挟んでいるため、食糧生産の文化は伝わりにくかった。アルゼンチンの草原地帯では、石器での耕作が困難であったことも原因と考えられることは、第九章で述べた。

各地の集団が農耕をはじめるかどうかは、土地の環境、地理、そして歴史の問題であることを示す好例がほかにもある。スウェーデンの東部では、七〇〇〇年前ごろに農耕を行なう社会が現われた。ところがその約一〇〇〇年後に湿潤《しつじゅん》で寒冷な時期が訪れ、バルト海でアザラシなどが豊富になると、人々は農耕を捨てて再び海産物をとる生活に転向したのである。このことは、人々が生活スタイルを選択する際には、その土地のそのときの環境条件が大きく影響することを示している。

日本の縄文文化の人々が本格的な農耕に転じなかったのも、そうする実力がなかったからとは思えない。食料が比較的豊かであったこの土地で、彼らには、わざわざそうする理由が見つからなかったのであろう。実際に近年では、縄文時代にも、クリ、ヒョウタン、エゴマ、ゴボウ、マメ類などの小規模な農耕があったらしいことがわかってきている。日本文化研究センターの安田喜憲は、縄文時代に本格的な穀物栽培が起こらなかった背景は、そもそも森林が卓越していた日本列島の生態系と、一万二〇〇〇年前ごろに世界を襲った気温低下が西南アジアのように劇的ではなく、当時の生活スタイルへの影響が小さかったからであるという説を述べている。

農耕を中心に話を進めてきたが、ここで動物の家畜化についても考えてみよう。動物を飼育して家畜とすることによって、食肉、乳、皮、角などの供給を安定化させることができる上、一部の動物は荷物の運搬などの労働力ともなる。ウマやウシは戦争のときにも利用できるので、家畜をもつことのメリットは大きい。さらに飼育の歴史の中で、人間にとって都合のよい形質をもつ個体を選んでいくことによって新しい品種が生まれ、家畜の利用価値は上がっていった（一方で家畜との付き合いから人間にうつる様々な伝染病が生まれたのも事実だが）。卵を産みつづけるニワトリや、毛が伸びつづけるヒツジなどがそれである。家畜の有用性を認識した人々は、さらに様々な動物の飼育に挑戦し、新たな経済発展の可能性を探ったことであろう。

西南アジアでも中国でも、初期農耕文化が確立するとほぼ同時に、家畜化も本格化していたようである。それでは動物の飼育という行為が自発的に起こらなかった地域には、何か特別な理由があったのだろうか。どのような動物でも容易に家畜化できるわけではない。家畜化するには、動物が適度な大きさで、おとなしい必要がある。さらに群れをなし、群れの中の特定個体の後をほかの個体がついてまわる習性のある動物は、移動をコントロールしやすい。このような家畜向きの動物は、ユーラシアで豊富だったが、アフリカやアメリカではそうではなかった。アメリカ大陸には、以前にはラクダやウマがいたが、人々が一万年前ごろから新しい生活スタイルを模索しはじめたときには、みな絶滅していた。この大陸では、限られた地域でリャマ、モルモット、七面鳥が家畜化されただけであった。

アフリカのその後

ここまで、ホモ・サピエンスがアフリカの外の世界へと拡散し、各地で築いた歴史を描いてきた。それではアフリカに留まった集団は、その後どのような歴史をたどったのだろうか。食糧生産への転換に絡めて、ここで簡単に触れておきたい。

ホモ・サピエンスの進化の舞台となり、やがて世界中へ散らばることになる集団をユーラシアへ送り出したのが、アフリカである。そのアフリカの先史文化は、五万~二万年前ごろに、考古学者たちがLSA（後期石器時代）と呼ぶ小さな細石器を特徴とする段階に移行していた。彼らは、他地域の兄弟たちと同様に、植物資源も積極的に利用しながら、多彩な陸上もしくは水中の野生動物たちを狩猟して暮らしていた。後氷期のアフリカで起こった気候変動は、ユーラシアやアメリカのように劇的なものではなく、さらに土地の人口収容力に一定の限界があったことから、ここでは食糧生産が独立して自発的に起こることはなかったようだ。

一万四〇〇〇~七五〇〇年前にかけての時期のサハラ地域は、現在より湿潤であった。そうした中、九〇〇〇年前ごろに、西南アジアから穀類の栽培とヒツジ、ヤギの飼育が伝わってきた。この時期に人々は土器の製作も行なっており、さらにウシの飼育を独自にはじめていたかもしれない。サハラには見事なゾウやキリンの描かれた壁画や線刻画が、多数残されている。アルジェリア南東部にある世界遺産、タッシリ・ナジェールに代表されるこれらの絵は、サハラが砂漠化する以前の、この時期のものであるとされている。やがて八〇〇〇年前ごろから乾燥化が進み、こうした文化は衰退へと向かったが、そのころエジプトのナイル川流域に、後の大文明の母体となる農耕村落が出現した。

西アフリカや東アフリカで農耕とウシ、ヒツジ、ヤギの牧畜がはじまったのは、北アフリカやサハラより遅れ、八〇〇〇～三〇〇〇年前の間であったようだ。さらに南方への食糧生産の伝播《でんぱ》は、二〇〇〇年前以降とされる。これは文化が、異なる気候帯をまたぐ南北方向へは伝わりにくいことを端的に示している。三種の飼育された動物は、本来はサハラ以南の熱帯地域にはいないものであった。この土地での飼育実現には、時間の経過とともに熱帯気候に強い品種が現われるのを待つ必要があったのである。植物栽培においては、結局西南アジア由来の大麦や小麦は根づかず、主にアフリカ原産のヤムイモ、ソルガム、各種のミレットなどが栽培化されることとなった。

一方、アフリカ南部には、二〇〇〇年前以降に鉄器をもつバンツー語族の農耕・牧畜民が南下してくるまで、石器を主体とした狩猟採集文化が栄えていた。この文化を担っていたのが、ヨーロッパ人たちがブッシュマンと呼んだ人々である。彼らは、一〇〇年前まで素晴らしい壁画を描きつづけていたことでも有名だ。これらは、主にトランス状態になったシャーマンたちが、精神世界へつながる扉として描いたと理解されている。

後氷期に入って、世界各地のホモ・サピエンスの文化は、急激な多様化を示すようになった。人々は土地の環境とそれまでの歴史に影響されながら、柔軟に生活スタイルを変えたり、あるいはそれまでのスタイルを維持したりした。この多様化の過程で、いくつかの地域で採用された一つの新しいスタイルが、食糧生産経済であったと理解できる。このスタイルの出現は、やがて予期せぬ経済の大躍進を生む、人類史の重要な転換点となった。こうした歴史の展開について、考える前に、もう一つ、私たちの歴史の大切な一幕が残っている。

XI

もう１つの拡散の舞台

リモート・オセアニア

古代ポリネシアのダブル・カヌー：ハワイへの最初の移住シーンを再現した古代ポリネシアのダブルカヌーの1/3模型。食糧、家畜、栽培用の苗を積んでいるほか、船底にも様々な道具や食糧がしまいこまれている。こうした移住のための航海は、おそらく何艘かのカヌーで船団を組んでなされたと想像される。(国立科学博物館常設展より)

大拡散の最終章

これまでに見てきたように、南極を除く地球上の大陸は、すべて一万二〇〇〇年前までにホモ・サピエンスの生活圏となった。そして後氷期に入って、一部地域の集団は自ら食糧を生産するという新しい生活形態をとるようになり、五〇〇〇年前ごろには文明も誕生した。しかし、私たちの種の拡散の歴史は、これで終わったわけではなかった。大拡散の最終章を飾る舞台となったのは、リモート・オセアニア(遠いオセアニア)と呼ばれる、太平洋地域である。

現在では観光地化が進み、バカンスの目的地のイメージが強いこの地域である。しかしヨーロッパ人がやってきた五〇〇年前以前には、イースター島のモアイ、ヤップ島の巨大な石貨、貝や鼈甲《べっこう》製の美しい装飾品、ハワイのフラダンス(そもそもは女神ラカにささげる儀礼の一部であった)などで知られるように、海を越えて最初にここへやって来た人々の、独自の文化が栄えていた。

太平洋の島々は、人が現われる以前に大きな哺乳動物がおらず、鳥やコウモリの天国であった。そのような場所へ、ホモ・サピエンスは、いつ、どこからやってきたのだろうか。彼らは一体どうやって、この広大な海洋世界に散在する何千もの島を発見したのだろうか。これまでの多角的な研究から、太平洋の歴史が次第に明らかになってきている。広い海の世界へ飛び出していったのは、アジアの東南部で生まれた大型カヌー文化を担った人々であった。

リモート・オセアニア

オーストラリア大陸をのぞくオセアニアは、伝統的に三つの地域に区分されている。一つはニューギニアからフィジーまでを含むメラネシア、もう一つはその北にあるパラオやグアム島などを含むミクロネシア、そして最後がハワイ、ニュージーランド、イースター島を結ぶ三角形の領域に収まるポリネシアである。ネシアはギリシャ語で島を意味し、それぞれ「黒い島々」「小さい島々」「多くの島々」の意である。これは、一九世紀前半に太平洋を探検したフランス人デュモン・デュルヴィルが、住民の身体形質と文化の違いを念頭に行なった区分を受け継いだものだ（注1）。

本書で用いているリモート・オセアニアとは、これらの三地域からメラネシアに属するニューギニアを除いたものと考えればよい。リモート・オセアニアという地理用語は、一九九〇年代に考古学者のロジャー・グリーンが提唱したものだ。一般の地図では使われていないが、ホモ・サピエンスの拡散史を理解する上では欠かせない、便利な語である。

第七章の舞台であったニア・オセアニア（近いオセアニア）は、オーストラリアとニューギニア、さらにニューギニア周辺のビスマーク諸島やソロモン諸島を含んでいた。祖先たちは、おそらく筏のような舟を操り、東南アジアからこの地域へ五万～四万年前にやってきた。しかしニア・オセアニアのさらに外に広がる太平洋世界、リモート・オセアニアは、島間の距離が遠い究極の海の世界だ。ここでは、帆のある頑丈な船により、島影のない水平線へ向かって何日か——ときに十日以上も——航海しなければ、次の島を発見することができない。

（注1）ただし現在では、このような区分は実情を単純化しており誤解を招くとの批判があることを強調しておきたい。三つの地域の中で、ポリネシアを一つの文化的・歴史的まとまりと考えることには、大きな問題はない。しかしほかの二

地域、特にメラネシアにおける移住や混血の歴史は込み入っており、これを一つの文化圏とみなすには無理があるとされる。

島の環境

さて、一口にリモート・オセアニアの島々と言っても、その自然環境は多様である。いわゆる暖かい南国のイメージにあう島ももちろん多数あるが、ニュージーランドやイースター島のように、そうでない島もある。島々の自然環境は、その位置だけでなく、海流、風、さらに島の成り立ちにも影響されている。メラネシアの島々とニュージーランドは陸島と呼ばれ、造山運動により大陸性地殻から形成されたものだ。一方サモア、ハワイ、タヒチなどは、海洋性地殻から形成された火山島である。これらの島では、湿った風が山肌に当たって雨を多く降らせる。急斜面が多く平地は少ないが、古い火山島であれば岩石の風化が進んでおり、植生が豊かで農耕を行なうことができる。先史時代のリモート・オセアニアで、首長が統治する比較的複雑な社会・政治機構が発達したのは、こうした条件に恵まれ、人口が増えた島だった。

火山島の周囲を囲むようにサンゴ礁が発達すると、環礁となる。環礁の内側のラグーンはよい漁場であるとともに、波が穏やかでカヌーの避難場所として好都合だ。しかし寒流に洗われているイースター島では、海水温が低いためにサンゴ礁が発達せず、海岸が波に侵食されて険しい崖となっている。

島にはどのような生き物がいたのだろうか。もちろん海には魚、イルカ、貝、タコ、エビ、カニなどが豊富にいる。しかし島の上の動物と言えば主役は鳥たちで、哺乳類は、一部の島の浜辺にアザラシが上がってくることを除けば、コウモリがいる程度だった。そしてその鳥ですら、さらに植物の種類も、アジア大陸からの距離が遠くなるほど種類が乏しくなっていく傾向がある。小さなネズミは大陸から近い島には漂着して増えた。爬虫類もかなりしぶとく、カメはもとよりトカゲなども長い距離の漂流に耐えることが知られているが、例えば太平洋の真ん中にあるハワイ諸島ともなると、さすがにこうした動物もいなかった。

ヨーロッパ人による太平洋探検

一四九二年、コロンブスがアメリカ大陸を発見したことを契機に、西ヨーロッパは大航海時代に突入した。その後、スペイン、オランダ、フランス、イギリスによって数々の太平洋探検が行なわれたが、とりわけ重要なものが、イギリスのジェームズ・クックによる航海である。クックが一七六八〜一七八〇年にかけて行なった三度の航海は、伝説の南方大陸（テラ・アウストラリス）の探索と、太平洋における大英帝国の領土拡大をねらったものであったが、目的は略奪行為ではなく、海図製作と、自然や天然資源、そしているのであれば先住民の気質や文化の調査であった。

クックは南方大陸が実際には存在しないことを示し、さらに北から南まで太平洋全域を探検し、その海図を作り上げた。そしてタヒチやハワイを含む無数の島々を発見したのだが、それと同時に、驚くべきことにどの島にも人が暮らしていることを知った。島の住人たちは、文字をもたず石器を使っていたが、独自の大型カヌーを操る優れた航海者であった。クックは、タヒチのツピアという青年が、一三〇ほどの島の方角と距離を頭に入れていたことを、驚きをもって記録している。つまり、ヨーロッパ人が近代航海術をもってはじめてたどり着いた太平洋地域を、彼らより先に知っていた人々がいたのである。しかもその人々は、この広大な海域を駆け巡り、ほとんどすべてといってよい島々をすでに発見していた。これは大袈裟《おおげさ》な話ではない。リモート・オセアニアにはもちろん無人島もあるが、そうした島にもたいがい人が訪れた痕跡がある（ポリネシアに多いこのような無人島は、ミステリー・アイランドと呼ばれている）。

クックはポリネシアの住民と接触し、彼らの由来についても考えをめぐらせていた。彼はポリネシア人と東南アジア人の間に類似性があると指摘している。さらにハワイ、イースター島、ニュージーランド、タヒチ、トンガなど、互いに何千キロも離れた島々で話されている言語が似ていることにも気づき、彼らの起源はそう遠くない過去にあったのだろうとも考えていた。

彼らの故郷はどこか

リモート・オセアニア、特にポリネシア人の起源をめぐっては、これまで様々な仮説が提唱されてきた。東南アジア起源説のほかに、アメリカ大陸起源説、日本の縄文人起源説から、かつて存在し今では水没した太平洋大陸に由来するといったものなどだ。移住の波が複数回あったと想定するものもある。アメリカ起源説は、一九四七年にノルウェーのトール・ヘイエルダールが行なったコンティキ号の漂流実験で、とりわけ有名になった。ヘイエルダールは、アメリカ大陸からの移住が可能であったことを証明しようと、五人の仲間とともにバルサ材の筏でペルーを出発し、一〇二日

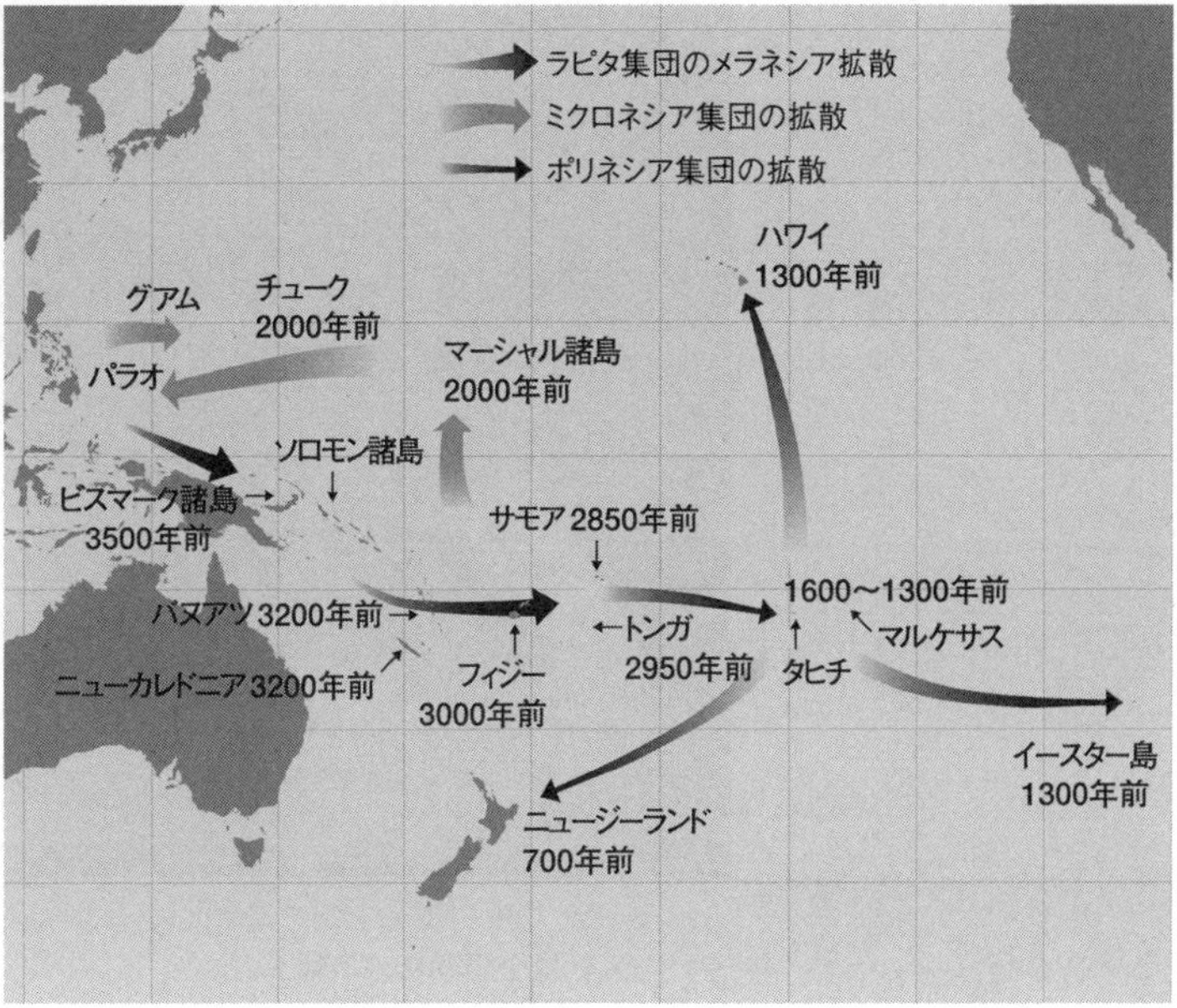

図 11-1　推定されているリモート・オセアニアへの拡散経路

間にわたる漂流の末にポリネシアの島へたどりつくことができた（ただしこれも完全な漂流ではなくフンボルト海流を乗り越えるためにタグボートの力を借りている）。この大冒険の成功は、第二次大戦が終結した直後の人々の心を揺り動かす明るいニュースとなった。

しかし現在、考古学、遺伝人類学、言語学を含む十分な量の科学的証拠に裏づけられ、疑いないと考えられているのは、東南アジア起源説である。

二〇〇年以上前にクックが感じ取っていたように、リモート・オセアニアで話されている諸言語は互いによく似ており、言語学の世界ではこれらをオセアニア語という一つのグループにまとめている（ただし西ミクロネシアにはいくつかの例外がある）。そしてこのオ

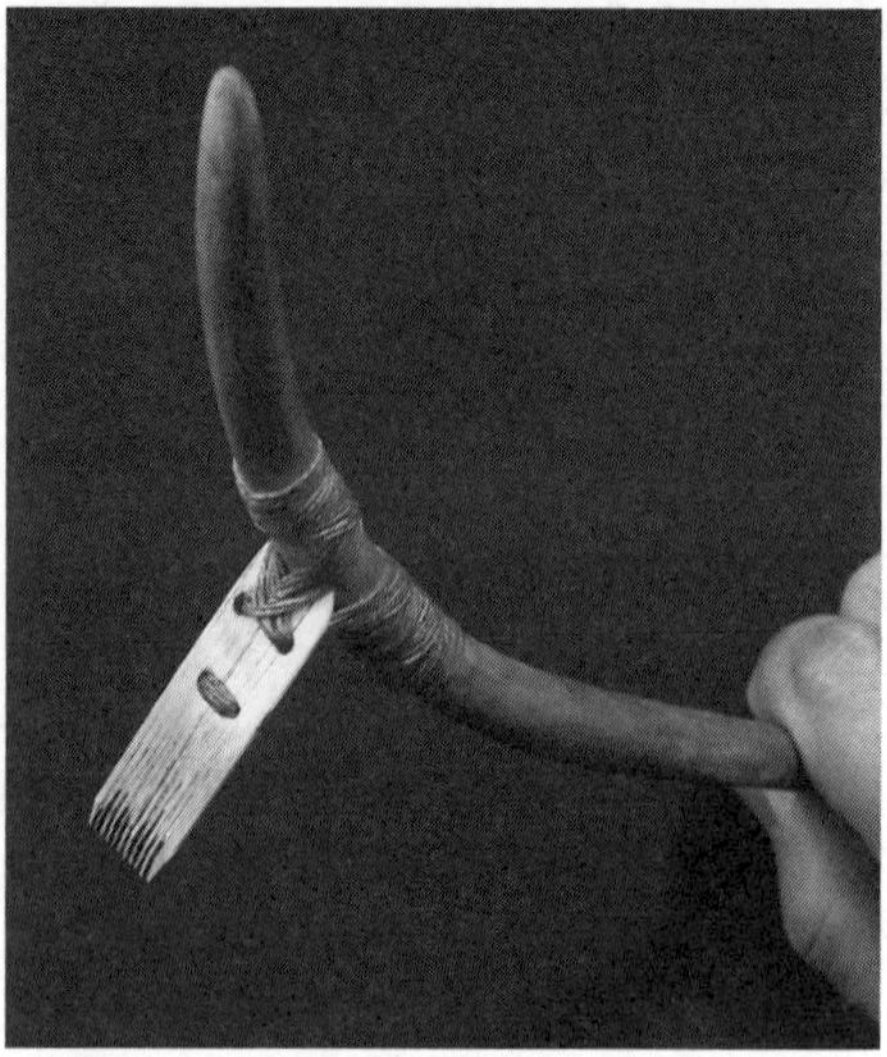

図11–2　リモート・オセアニアで使われていた入れ墨を彫るための針
（国立科学博物館常設展より）

セアニア語は、インドネシアやフィリピンの主要言語や台湾先住民の言語と類似するので、これらすべてをオーストロネシア語族という言語グループに含めている。オーストロネシア語に属する言語の分布範囲は、さらにマレー半島、ベトナムやカンボジアの一部地域などのほか、面白いことにアフリカのマダガスカル島にまで及んでいる。

このことは、リモート・オセアニア人が一つの限られた地域、それも東南アジアの島嶼《とうしょ》部に由来したことを示唆している。そしてオーストロネシア語がマダガスカルまで及んでいる事実は、東南アジアの海洋民族が、東方の太平洋地域だけでなく、西方のアラビア地域からアフリカにまで行動範囲を広げていたことを物語っている。

次に文化について見てみよう。リモート・オセアニアで栽培されていたタロイモ、ヤムイモなどの植物の大半、そして飼われていた三種の家畜は、どれもアジアに由来するもので、アメリカ大陸のものではない。そのほかリモート・オセアニアにはアジア起源のネズミが広く分布しているが、これらは意図的かどうかはともかく、人によって島へ持ち込まれたとしか考えようがない。実はポリネシアには、サツマイモやパパイヤなど、アメリカ大陸由来の作物がわずかに存在する。しかしこれらは、ポリネシア人たちが南アメリカへ到達して持ち帰ったというのが現在の定説である。渡来者たちが最初から行なっていた入れ墨などの習俗や物質文化の大半も、アジアの要素だ。さらにもう一つ大事なポイントとして、インドネシアやフィリピンには、発達した船の文化が古くから存在した。

カヌー文化揺籃の地

東南アジアの沿岸部には無数の島が散らばっているような海域が多く、船の材料になる木や竹も豊富にある。ここでは古くから、様々な水域や用途に対応した極めて多彩な船を生み出す文化が発展した。同志社女子大学の後藤明によれば、ここは世界一の船の宝庫であり、やがてリモート・オセアニアへ進出していったカヌー文化の揺籃《ようらん》の地であったに違いない。筏、カヌー、板張り構造船、竜骨《りゅうこつ》船など、ここで発達した船の種類は多彩で、それぞれがどのタイプからどのように発展したのかをうまく整理することはできないと言われる。

リモート・オセアニアへの拡散に用いられた船は、風向きに逆らって進むこともできる、大型のカヌーである。メラネシアやミクロネシアでは、遠洋航海用に、船体の片側に浮き木（アウトリガー）をつけるシングル・アウトリガーカヌーが用いられていた。アウトリガーは風下側にあると沈んで船のスピードが落ちる。そのためこれが常に風上にくるよう、彼らのカヌーは船体が対称形をしていて、マストを支柱に三角の帆を回転させ、航海中に船の前後を瞬時に変えられるようになっている。一方、メラネシアの東部とポリネシアでは、船体を二つ並べて間に甲板を張ったダブル・カヌーが頻繁に利用された（口絵参照）。こうすることによって船の安定性は増し、積載量も増えたので、ダブル・カヌーは島間の距離がさらに遠くなるポリネシアでは有効な船だった。

ホクレア

それにしても、石器で木を加工して作ったカヌーで海図もコンパスもなしに太平洋を自由に航海するというのは、ちょっと想像し難いことである。実際にそのような航海は不可能だと思う人もおり、リモート・オセアニア、特に遠方のポリネシアへの移住は、計画的な往復航海ではなく偶然の幸運な片道航海によって達成されたという主張も、過去にはなされた。しかしこの海域の風と潮流はたいがい東から西の方向へ向いており、偶然の漂流によって東方へ拡散することは困難である。何よりも古代リモート・オセアニア人は、南太平洋の隅々にまで広がったのだから、彼らの航海技術は相当高い水準にあったと考えるのが合理的だ。東方へ向かうのに妨げとなる風と潮流の向きも、むしろ出発点へ帰ってくることを助ける利点になったと考えることもできる。そしてこのようなポジティブな予測は、ホクレア号による一連の航海実験によって、何よりも説得力をもって実証された。

ホクレア（ハワイ語で希望の星の意）号は、一九七五年にアメリカ合衆国の建国二〇〇年の記念行事の一環として、ハワイの研究者らが復元した古代オセアニアのダブル・カヌーである。乗組員の安全を確保するため、船体と帆には、伝統的なコアの木とパンダヌスの葉ではなく、現代の素材が用いられたが、形は推定される古代のものと同じである。伝統的手法による航海というものが実際に有効なのか試してみるというのが、このカヌーに与えられた当初の使命であった。

実はハワイでこのプロジェクトが始動したとき、もうこの島では伝統航海に関する知識は失われていたのだが、情熱ある人々の手により、それを復活させることができた。ミクロネシアのカロリン諸島に、そうした知識がかろうじて息づいており、この地域の卓越した航海者たちから多くを学ぶことができたのだ。リモート・オセアニアの人々は、風の季節変化を知りつくしていただけでなく、自然の様々なサインを最大限に利用して航海を行なう知識体系を築き上げていた。彼らは、太陽や星の位置を手掛かりにして、カヌーの現在地と進路を見極めた。時間を知るにも、天体の動きを利用していた。曇っていて何も見えない夜などには、うねりの方向を見極めて（というより感じとって）、それを手がかりに進路を決めた。そのほかにも、海鳥など海の生き物の種類と行動、雲の形、島に近づいたときに海の光り具合が変わること（ビーチの砂からのわずかな反射光による）など、実に多くの自然現象を活用する技能を身につけていた。乗組員には役割分担があり、例えばナビゲーターは、ほとんど不眠不休で、カヌーが進むべき針路を見極める役目を果たした。

いく度もの野心的な航海を成功させ、ホクレア号は、ホモ・サピエンスの知性と、強い希望と精神的なタフさがあれば、太平洋の航海は可能であったことを実証した。それと同時にホクレア号の成功は、長く植民地として支配される側にいたリモート・オセアニアの人々の心に、偉業を成し遂げた祖先、そしてその子孫である自分たちという自尊心をよみがえらせた。過去の歴史を復元する

図 11–3　フアヒネ島で発見された古代カヌーのマスト（右）と櫂《かい》（左）
(提供：篠遠喜彦／Bishop Museum)

人類学の研究成果が、ホクレア号という実体を通して、最終的に人々の誇りへと結実した、それは素晴らしい瞬間であった。

古代カヌーの発見

ミクロネシアでは、現在も伝統的なシングル・アウトリガーカヌーを操って漁を行なっている人々がいる。さらに一六世紀以降のヨーロッパ人による記録に、リモート・オセアニアの人々が様々な大きさのカヌーを作り、利用していたという記録が残されている。それでは一〇〇〇年以上も前の遠い過去に、本当に大型カヌーが使われたことがわかる証拠というものはあるのだろうか。実はそれがあるのだ。奇跡的な発見をしたのは、日本人の考古学者、篠遠喜彦である。

ハワイのビショップ博物館で、半世紀にわたってポリネシア考古学の研究を続けてきた篠遠は、数々の冒険的調査を敢行してきた、まるで小説の主人公のような経歴の持ち主である（詳しくは篠遠・荒俣著の『楽園考古学』参照）。一九七三〜八四年にかけて、彼はタヒチのあるソサエティ諸島のフアヒネ島の遺跡で発掘調査を行なったが、そこはホテル建設現場から見つかった一〇〇〇年前ごろの湿地帯遺跡で、数多くの木製品が保存されていた。その中から、予期せぬことに大型カヌーの部品が出土したのである。見つかったのは、四メートルある舵取り用の櫂《かい》、長さ七メートルの側板が二枚、全長一二メートルになるマストなどであった。遺跡は、どうやら津波によって水没したものであったようだ。篠遠の推定では、実際のカヌーは全長が二五メートルあったという。

拡散した人々

一万二〇〇〇年以上前に五大陸に広がった祖先たちは、旧石器時代の狩猟採集民だった。一方、リモート・オセアニアへ広がった人々は、彼らよりずっと後の時代の、新石器時代の農耕民である。リモート・オセアニア人たちは飼っていたイヌ、ブタ、ニワトリ、それに栽培していたイモ類、ココヤシ、バナナ、パンノキの苗や実を船に載せて、太平洋の新しい島を目指していったのである（扉写真参照）。先にリモート・オセアニアの島々は、動植物の種類に乏しいことに触れた。新しい島へ移住した彼らはまず、手つかずであった海産物、鳥、コウモリ、木の実などの野生の食資源を利用しただろう。一方で資源に限りのある島で人々が安定した社会を築くために、農耕は不可欠の役割を果たした。

京都大学の片山一道は、ポリネシア人は遺伝的にはアジア人にたいへん近いが、身体つきはアジア人にほど遠いと表現している。ポリネシアの人々は概して大柄で筋肉質だ。これまでにたびたび説明したように、熱帯地方では体熱の放散を促進するため、ふつう細身になる傾向があるので、ポリネシア人の体型の進化には、別の特異な背景因子が働いたと考えられる。逆説的だが、その因子は長距離航海中の寒さだというのが一般的な見方だ。熱帯とは言え、海上に出ると気温はぐっと下がる。その上、船の上ではどうしても水しぶきを浴びるので、寒さはかなりのものになる。ニュージーランドの形質人類学者ホートンは、ポリネシア人は熱の発生源である筋肉の量を増やし、かつ大柄になることで、この寒さに適応したのだと考えている。皮下脂肪は体熱が逃げるのを防ぐ断熱材となりうるが、これを厚くするとさすがに陸上の生活時に困るだろう。ホートンの仮説は、全体の状況をうまく説明しているように見える。

ラピタ集団のメラネシア拡散

それではリモート・オセアニアへのホモ・サピエンスの拡散史を、国立民族学博物館の印東道子がまとめているシナリオに基づいて整理してみよう。

リモート・オセアニアで本格的な考古学調査がはじまったのは、かなり最近のことで、一九五〇年ごろである。二〇世紀前半には、民族学的調査は盛んに行なわれていた。しかし熱帯の島々では文化遺物は腐ってしまうはずで、彼らの祖先の痕跡は、地中の遺跡として残ってはいないと信じられていたのである。

一九五二年、カリフォルニア大学のギフォードは、ニューカレドニアのラピタという場所で、文様のついた土器を発掘した（図11-4）。折しも炭素14法が開発されたときであった。ギフォードは早速その年代の測定を依頼したところ、予想より古い二九〇〇年前という結果が出た。これは太平洋の文化が、それまでの予想より深い歴史をもつことが示された瞬間でもあった。

図11-4　復元されたラピタ土器
(国立科学博物館常設展より)

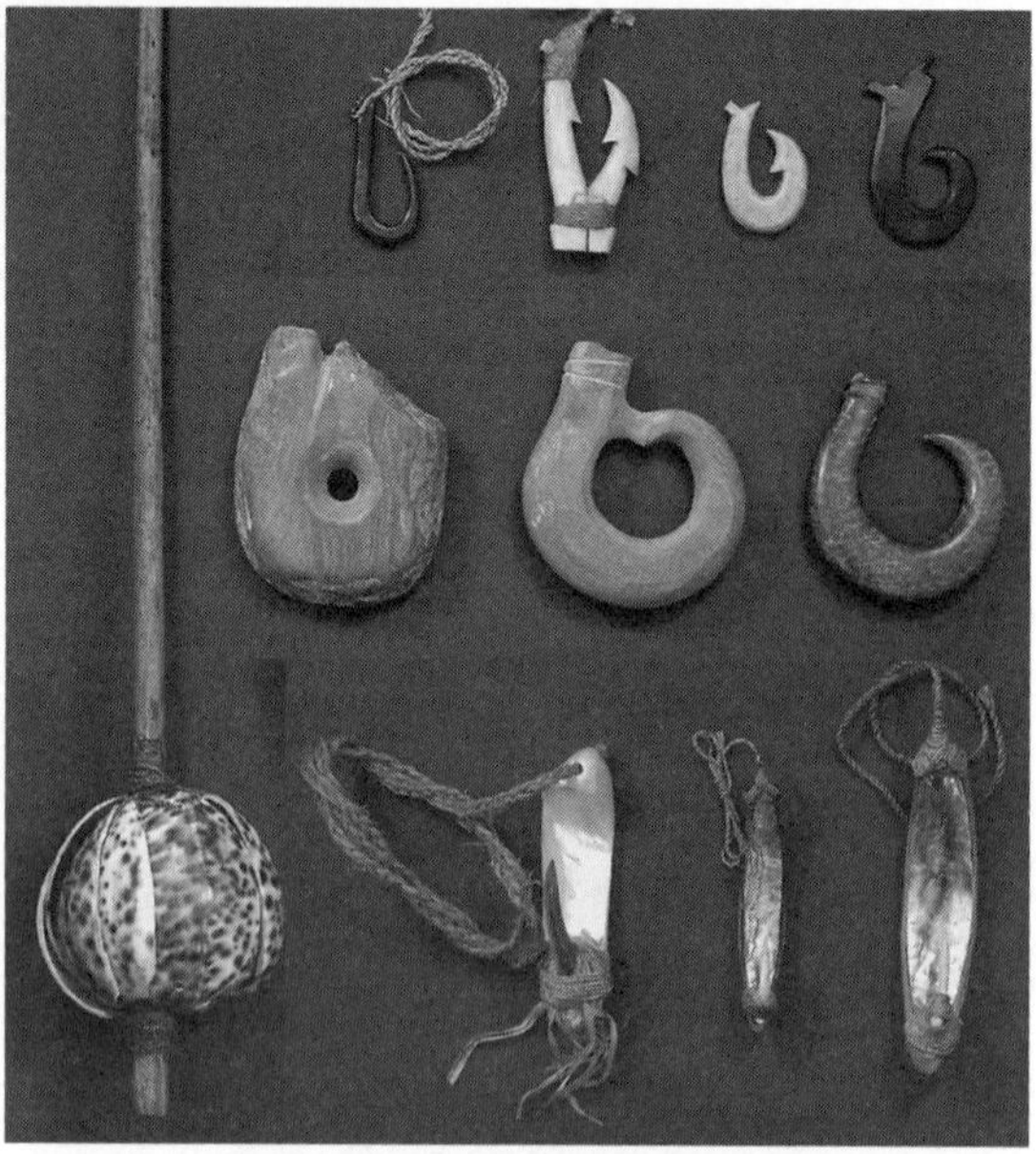

図11–5　リモート・オセアニアで使われていた様々な漁具

タコ釣り用のルアー（左）、骨や貝殻製の釣り針（右上段）、イースター島の石製の釣り針とその製作工程（右中段）、カツオ釣り用のルアー（右下段）。（国立科学博物館常設展より）

このラピタ式土器を作り、陸で農耕を行ない、海で釣り針やルアー、銛、網、植物の毒などを使って魚を獲り、身体に入れ墨を彫り、貝製のアクセサリーをつけていた集団を、ラピタ集団と呼んでいる。ラピタ集団はおよそ三五〇〇年前、ビスマルク諸島に忽然《こつぜん》と現われた。そして図11-1に示したように、ニューギニア島とその周辺にいたニア・オセアニア系の先住民集団の居住地を避けるように、東方の島々へ拡大していった。彼らはソロモン諸島をかすめ、ニア・オセアニア系集団も進出していなかった無人島のニューカレドニア、フィジー、さらに西ポリネシアに属するトンガ、サモアといった島々にまで、わずか数百年の間に拡散していったことがわかっている。それまでリモート・オセアニアが無人の領域であったことを考えると、この拡散はかなり急速なものであったと言える。

ラピタ集団は、島間で広範な交易も行なっていたようだ。ビスマーク諸島のニューブリテン島には、黒曜石のよい産地がある。この黒曜石は、ニア・オセアニア系先住民によっても、近隣の島へ、最大で三五〇キロほどの距離を運ばれていた。ラピタ集団は先住民と接触してこれを利用するようになったらしく、同じ黒曜石を、はるか四〇〇〇キロの遠方まで運んでいた証拠がある。彼らはそのほかにも石材や土器などを、遠い島間で頻繁にやり取りする、まさに海の民であった。ラピタ文化の遺跡は海岸部に集中しており、内陸部にはほとんど見つからないことも、彼らと海の深いかかわりを物語っている。

初期のラピタ人遺跡から出土する魚介類の遺物はサイズが大きいが、その後次第に小さくなっていく傾向がある。島にいた鳥類の中には絶滅してしまったものもあった。これは人々が、自然の再生産スピードを上回る勢いで食資源を獲ったことを示している。これまでの章で、大陸でも、大型動物の絶滅というかたちで似た現象が起こっていることを見てきた。ラピタ遺跡の場合でも広範な種類の生物に影響が及んでおり、自然界の中でのホモ・サピエンスという存在の大きさが感じられる。

さて、三〇〇〇年前ごろにメラネシアと西ポリネシアの境界地域のフィジー、トンガ、サモアにやって来たラピタ集団は、ここで東方への進出の動きを止めたようだ。彼らは一〇〇〇年ほどの間これらの島にとどまり、その間文化も次第に変貌していった。例えば良質の土が得られなかったことが原因と思われるが、土器作りは廃《すた》れ、サモアでは石斧の形態も変わり、貝製のアクセサリーも作られなくなった。こうしてサモアを中心に、後のポリネシア文化の祖形となるものが誕生していったのである。

ミクロネシア、小笠原諸島への拡散

ミクロネシアは複雑な歴史をもつ地域だ。この地域への拡散は、一方向の移住の波によって達成されたのではないし、その文化もアジア、メラネシア、ポリネシアからの影響が様々に入り混じっている。ミクロネシアで最初にホモ・サピエンスが現われたのはマリアナ諸島で、三八〇〇年ほど前のことであった。グアムやサイパンなどの島で、このころの古い遺跡が見つかっている。出土遺物の様相は、ラピタ文化のものと共通点もあるが異なる部分も多い。主にこの地域で話されている言語と出土した土器の文様から、彼らの起源はフィリピン周辺と考えられている。大陸にもっと近いパラオとヤップへは、四五〇〇〜三八〇〇年前から人が入っていた可能性があるが、まだその年代の遺跡は見つかっていない。

小笠原諸島は、マリアナ諸島の北に位置する。ここは、一七世紀に江戸幕府の指示による調査と地図作成が行なわれた際には無人島であったが、東京都教育委員会にいた小田静夫らの調査によって、古い遺跡の存在が確認された。その年代はどうやら二〇〇〇年前ごろのようで、ミクロネシア集団が一時ここへ住み着いていた可能性が考えられている。

ミクロネシアの東部地域には、二〇〇〇年前ごろにメラネシアの人々が北上して住みついたようだ。さらに後からポリネシア系の人々が移り住んだ島も二つほどあり、このように各方面からの移住を繰り返しながら、ミクロネシア全域に人が住むようになった。

ポリネシアへの拡散

ポリネシアは、太平洋中心部の広大な領域を占める。広大という形容詞ではあいまいなので、面積にして地球全体の六分の一に相当するという数字を示しておこう。約三〇〇〇年前に西ポリネシアへ達したラピタ集団の文化は、海洋的性格がさらに強いこの地域で大きく変容し、大型のダブルカヌー（口絵参照）や遠洋性回遊魚用の釣り針などに代表されるポリネシア文化が生まれた。新たな文化をたずさえた人々は、その後、およそ二〇〇〇〜一〇〇〇年前の間にポリネシア全域への拡散を成しとげた。

人々が西ポリネシアからさらなる東進を開始したのは、一七〇〇年前ごろであった。広大なポリネシアだが、島間での言語や文化の共通性が高いのは、このように拡散が一つの地域を起源として比較的最近になされたためと理解できる。この地域で最も古い遺跡はマルケサス諸島にあり、一九六〇年代に篠遠喜彦によって発見された。この後、北のハワイ、東のイースター島、南西のニュージーランドというポリネシアン・トライアングルの各頂点への移住が起こるが、マルケサスの出土遺物には各々の島の文化の祖形と言える要素があるため、ここを起点にして三方向へ拡散したというのが、今のところ最も妥当な考えとなっている。イースター島のモアイ像は特異に見えるかもしれないが、その祖形とみなすべき石像はマルケサス諸島などにある。

ポリネシア人によって行なわれた遠洋航海は、これまでよりもさらにスケールの大きいものであった。彼らは南アメリカにまでも達し、サツマイモやパパイヤなどを持ち帰った証拠がある。実際にチリの太平洋岸のいくつかの遺跡からは、まだ断片的であるが、ポリネシア由来の可能性のある遺物やポリネシア人の特徴を示す人骨まで見つかっているという。彼らがポリネシア中の島をことごとく発見したのも、太平洋をくまなく探検して回った結果と理解すべきだろう。さらにミクロネシアやメラネシアには、ポリネシア語を話す人々が暮らしている小さな島が点在している。ポリネシアン・アウトライアーと呼ばれるこれらの島の住人たちは、二〇〇〇年前ごろにサモアから西進して散らばったものと推定されている。

南アメリカからポリネシアに導入されたサツマイモは、ポリネシア社会の発展に大きく寄与した。この作物はおいしいだけでなく、日持ちがよく生食も可能で、その上乾燥した土地でも育つ。そのため航海時の食糧として最適であっただけでなく、温帯域に属するニュージーランドも含め、様々な環境の島で彼らが人口を増やしていくための基盤となった。サツマイモはポリネシア全域に分布しているので、イースター島、ハワイ、ニュージーランドへの拡散が起こる前の段階で、拡散のセンターと想定されるマルケサスへ持ち込まれていたのかもしれない。なお、クック諸島の遺跡からは、実際に一〇〇〇年前のサツマイモの炭化物が見つかっている。

さて、ホモ・サピエンスの渡来とともに島の環境が変化したのは、ポリネシアも例外ではない。特に有名なのは、ニュージーランドにおけるモアの絶滅である。モアは、かつてこの島に一一種いた巨鳥で、大型のものは肩までの高さが二メートルあり、翼は退化した陸鳥だった。しかし七五〇年ほど前にマオリと呼ばれるホモ・サピエンス集団がここに現われるとその数は激減し、一五～一六世紀にほとんど絶滅してしまった。

拡散を終えて

かくしてホモ・サピエンスは、南極大陸を残して地球全体に広がった。改めて振り返ると、私たちの種が、それ以前の人類といかにかけ離れた存在であるかが実感される。私たちの祖先は世界各地で新しい文化を生み出し、それまでの人類の分布範囲を一挙に二倍以上に拡大した。

祖先たちは、なぜ未知の土地を目指して、行けるところまで進んでいったのだろうか。人口が過密になったり、タブーを侵したり争いに負けたりして、集団の一部が新たな土地を求めて移動したこともあっただろう。一方そうではなくて、純粋な好奇心や冒険心というものが、彼らを強く駆り立てたこともあったかもしれない。しかし何はともあれ、地球はこれで完全にホモ・サピエンスで染まってしまったのだ。この後に続くのは、地域文化のさらなる多様化であり、同時に各地域集団間における勢力関係の変動の歴史である。このように理解した上で、次に私たちが真剣に考えるべきことは、歴史の中で個々の地域社会が向かう方向性を決め、現代の国際社会・政治・経済情勢を形成した重要な因子は何であったのかということであろう。そしてその答えは、これまでに描いてきた歴史の中に、すでに見えている。

拡散していった祖先たちの様々な分派が行きついた先は、その後の発展に結びつく生産性のよい土地もあれば、そうでない土地もあった。ここで明らかなのは、誰がどの土地へ住み着くことができるかを決めたのは、偶然以外の何ものでもなかったということだ。拡散の旅路でいかに勇気のある行動をとったとしても、そのことが明るい未来を切り開く材料になったわけではなかった。

その最もわかりやすい例は、南アメリカ最南端のフエゴ島と、東ポリネシアのイースター島であろう。これらの土地は、ホモ・サピエンス拡散の歴史の終着点と言える。拡散史全体を一つの冒険ドラマに見立てれば、そこへたどり着いた人々は賞賛されるのかもしれない。しかし現実には、それを記念碑的な出来事と認識するのは、世界史を学べる立場にある私たち現代人だけだ。実際にはフエゴ島もイースター島も、不毛の地であった（注2）。そこへたどり着いた人々は、そのような土地を自ら選んだわけではない。それなのに彼らは、その後よその土地からやって来た高い技術をもつ集団に、征服される運命にあったのである。

これは現在までの歴史の結果である。しかし何とも煮え切らない部分のある結果である。私たちは、この歴史をどう理解し、何を学び、そして将来のために何をすればよいのだろうか。

（注2）人口収容力に限りがあったという意味で〝不毛〟と表現したが、実際には世界の様々な環境に暮らす人々の多くは、そこがいかに過酷であろうと、自らの生まれ育った土地を愛し誇りをもっていることは強調しておきたい。

エピローグ

歴史を方向づけてきたものは何か

本書では、私たちの種、ホモ・サピエンスがアフリカで進化し、その後、世界の隅々にまで拡大していった歴史を描いてきた。この歴史は、過去六〇〇万年にわたる人類史全体の中で、どのように特徴づけられるのだろうか。一言で表現するなら、それは「文化の発展」以外にないであろう。文化そのものは、それ以前の人類ももっていた。しかし人類史の中で、ホモ・サピエンスの時代とは、文化が劇的な発展と多様化を遂げ、かつ絶大な影響力をもつようになった時代であったと言える。

ホモ・サピエンスは、生物史の尺度からすれば極めて短時間のうちに世界中に拡散したが、これは基本的に文化の力によって成し遂げられたとみなせる。ホモ・サピエンスは、ほかの動物たちとは違い、分布域を広げながらいくつかの種に分化することがなかった。自然環境の異なる新しい土地へ進出するに当たって、身体構造の生物学的進化を待たずに、文化的手段をもって適応できたのである。確かに世界各地へ散った集団は、暮らしている土地に適するよう、身体形質を多少特殊化させた（本書ではそのような例として北方モンゴロイドとポリネシア人について説明した）。しかしそうした特殊化は、程度がわずかで種分化するほどでなかったというだけでなく、第八章でも述べたように、必ずしも拡散当初に起こったものではない。

ホモ・サピエンスは、拡散後にも、文化的な手段を用いて環境の変動に柔軟に対応した。そしてその力は、ときに自然界のほかのメンバーたちにとっては、強すぎるものであった。ホモ・サピエンスの進出と同期して、とりわけそれまで人類のいなかったユーラシア、オーストラリア、アメリカで、多くの大型動物たちが絶滅した。動物の世界では、通常、主たる食料が減れば自らの個体数も減るものである。ところがここで祖先たちの活動が弱まったかというとそうではなく、彼らはほかの食資源を利用できるよう生活スタイルを変え、さらに人口を増やしたのである。やがて一部の集団は、有用植物を自ら栽培したり動物を飼育したりと、食糧の生産を自分でコントロールすることをはじめ、これがさらなる人口増大への道を開いた。本書で取り上げてきた様々な状況証拠は、こうした生活スタイルの模索と転換も文化的なもので、生物学的な進化によるものではなかったことを示している。

これがさらに近代ともなると、私たちの文化の力はもう形容し難いほどのものとなる。旧石器時代の祖先たちは、当時の装備でシベリアへもオーストラリアへも進出したが、近代的な技術と装備があれば、私たちは地球上のもっと極端な環境どころか、月にだって行ける。もちろん人間の文化は万能でも無限でもない。しかしホモ・サピエンスの文化というものが、地球のこれまでの生物史にはなかった特別なパワーをもっていることは、誰も否定できない事実である。

一方で私たちは、自分たちが作り上げた文化に縛られる存在でもある。どの地域の文化にも、様々なかたちで社会のルールや規範が存在し、標準的な価値観、しぐさや言葉の使い方、食の好みといったものがある。個人のものの考え方や行動様式が、属していた集団のそれにとにもかくにも大きく影響されることは、誰もが知っているとおりだ。このように私たちは、文化と切っても切れない関係にある。これは、旧石器時代の祖先たちの社会においても、間違いなく同様であったはずだ。各地にそれぞれ独特の文化伝統が存在し、それがある期間維持される傾向があったことが、その何よりもの証拠である。

それではなぜホモ・サピエンスだけが、文化を急激に発展させることができたのであろうか。それはこの種において、それを可能にする何らかの生物学的な能力が進化したからにほかならない。文化は「知の遺産」の継承、つまり先代から受け継いだ知識の体系に自分たちの発見・発明による新しい情報を付け加え、次の世代に受け継ぐ行動を繰り返すことによって、維持され、発展していくものだ。私たちの祖先は、どこかの時点でそのために必要な能力を進化させた。その能力の実態はまだ不明であるが、おそらくいくつかの要素から成っていると考えられている。そのような要素の候補としては、例えば第三、四章で説明したように、抽象的思考を行なう能力、無限とも言える発見・発明能力、優れた予見・計画能力、シンボルを用いて知識伝達をする能力などが挙げられている。

これまでの研究の蓄積から、ホモ・サピエンスは、二〇万年前ごろにアフリカで進化したとみなせる。しかし生物集団としての種の確立（つまり旧人の系統から独立しかつ一つの種として特徴的な形態が確立したこと）と、今日の私たちに備わっている文化を創造的に発展させていく能力の進化は、必ずしも同期していなかっただろう。この能力がどのように進化したのかまだはっきりしていないが、これまでに説明してきたように、祖先たちの世界拡散がはじまるおおよそ五万年前までに確立していた可能性が高い。ここでもう一度、カバーにあるブロンボス遺跡の抽象模様を見て欲しい。アフリカ大陸南端にある小さな洞窟の中に、七万五〇〇〇年間埋もれていたこの模様は、私たちの遠い祖先が文化を大きく発展させていく能力をすでに進化させていたことを示唆している。

本書で「知の遺産仮説」と呼んだ、この考えの意味するところは大きい。つまり現代人は、その内面において三〇万年前の旧人や二〇万年前の祖先（つまり最初期のホモ・サピエンス）とは違うが、世界へ拡散しはじめた五万年前の祖先とはほとんど同一だということなのだ。過去五万年間に私たちの内面が全く進化しなかったかと言えば、そうではなかったかもしれない。しかしそうだとしても、その程度はわずかで、本質的なものではなかっただろう。

もし過去五万年間に人間の内面が大きく進化したなら、現在の地域集団間には、内面の顕著《けんちょ》な違いが生じている可能性がある。もっとも一言で内面と言っても、空間把握能力、論理構成能力、芸術的能力、気性など、いくつもの側面があるので話は単純ではない。しかし例えば芸術にしても、各地で発達したスタイルは異なっているが、私たちは互いのスタイルの魅力を理解しあうことができるわけで（そしてそれらをしばしば取り入れたり真似たりしているわけで）、芸術的能力に本質的な集団差があるとは思われない。いわゆる〝知力〟については（これ自体もさらに複数の要素に分けられる可能性があるが）、一九世紀以来、多くの人種主義者たちが、集団間に差異が存在することを客観的に示そうと様々に努力してきた。それにもかかわらず、アメリカ自然史博物館のスティーヴン・J・グールドが見事な検証の末に結論づけたように、結局、現在に至るまでそのような科学的証拠は得られていない。現在の世界の人々は、身体特徴つまり見かけの上でかなり違うため、私たちは人種や民族の違いや多様性にばかり目を奪われがちである。しかし、このように身体特徴が進化し多様化しているからといって、私たちの内面も同じように進化し多様化しているわけではないのである。

現代の高度な産業技術や複雑な政治社会システムは、旧石器時代の技術や社会と比べると全く異質に見えるが、後者から前者への移行は、おそらく知能の進化ではなく、基本的に過去五万年間の知識と経験の蓄積の末に実現されたものなのだ。こう聞いてにわかに信じられない気がするのは、私たちが旧石器時代の祖先たちについて、これまでほとんど無知だったからであろう。

私自身がそうであったように、読者のみなさんも、例えばスンギールの墓に納められていた豪勢な副葬品の話や、クロマニョン人たちが壁画の顔料を調合するのに化学の実験まがいのことを行なっていた事実を知ったときには、純粋な驚きを覚えたに違いない。数万年前の文化も意外に進んでいたのだと。しかしその認識ではまだ不足なのだ。石材を加熱してみたり、象牙をまっすぐに伸ばしたり、植物を熱して樹脂にしたり、土器を作ってみたりと、彼らは周囲で手に入る道具素材について、実に多くのことを知っていた。よい素材を遠隔地から運ぶということも、日常的に行なっていたし、そのために何十キロもの海を舟で往復することもあった。この時代には、なおガラスや金属の製造法は知られていなかった。しかしそれらの発明は、この時期の祖先たちの行動の延長線上にあったものと理解できる。プロローグでした質問を、ここでもう一度繰り返したい。あなたが後期旧石器時代に生まれたとしたら、あなたは果たしてその時代の天才児になれただろうか——。私には「イエス」と言う自信は全くないが、本書を読んでいただいた読者のみなさんもおそらく同感であるに違いない。彼ら旧石器時代の祖先たちは、決して私たちより劣った〝原始人〟ではなかったのである。

文化の多様性とは何か

現代の世界には、多様な地域文化が存在する。異文化を体験するのは極めて刺激的なことであり、それが可能な時代に生きている私たちは幸運と言うべきだろう。しかし現実には、文化の多様性にはやっかいな側面もある。特に深刻なのが、文化の優劣という問題だ。

世界の様々な地域文化に優劣があるかと聞かれれば、多くの人々は、そのようなものはないと答えるだろう。しかしどうしてそう言えるのかと問われれば、答えにつまってしまうかもしれない。例えば日本人に身近な例として、日本列島で一万年以上続いた縄文文化を挙げるとすると、これを長期間持続した素晴らしい文化とする考えがある一方、中国の古代文明と比べて後進的で劣った文化という考えもある。どちらの評価が、より妥当なのだろうか。また後期旧石器時代においても、例えばヨーロッパでは芸術作品が盛んに作られた一方、東アジアでは芸術活動は低調だったようだ。これはどう解釈すべきなのだろうか。

私たちが、何らかの視点で、ある文化の魅力について考えることは、ふつう興味深いことであり、問題になるようなことではない。しかし往々にして、私たちの関心は一部地域の特定の文化に集中しがちで、ほかにはあまり関心が向けられないことがあるのも事実だ。さらに文化の比較は、しばしば人々の感情に優越感や劣等感を生み、ときには民族の優劣という人種主義的な概念にまで結びつけられることもある。こうした問題について、私たちはどう対処すべきなのだろう。

歴史をホモ・サピエンスの起源までさかのぼることの一つの大きな意義は、こうした問題に対する有効なヒントが得られることだ。これまで繰り返し述べてきたように、私たちの文化が多様化した起源は、旧石器時代にはじまった、祖先たちのアフリカから世界への拡散の歴史の中にある。このとき、各地域の文化が発展する速度と方向性に影響した因子には、人々の自由意思というものもあったが、圧倒的に大きかったのは、地理と自然環境、そして集団がたどってきたそれまでの歴史であった。

例えばアボリジニの祖先が、五万年も前に人類最初の大航海をやってのけたのは、彼らが進出した東南アジア沿岸部が、海の文化の発達を刺激するような土地であったからだ。一方で彼らは、北ユーラシア地域の住人のような立派な服や住居を作らなかったが、それは作る能力がなかったからではなく、明らかにその必要がなかったからである。彼らが描いた壁画のスタイルなどには、純粋な独創性というものが強く働いたかもしれない。しかし基本的な生活のスタイルや道具文化といった、彼らの文化全体の方向性を決定づけたのは、明らかに地理、自然環境、そしてそれまでの歴史という、外的な因子であった。

このように環境に対する適応として発展していった個々の文化に対し、優劣を考えることの正当性がどれだけあるというのだろう。各地へ散った祖先たちの集団は、それぞれの土地の環境に見合った文化を発展させていった。過去五万年間の祖先たちの歴史を見れば、そうであったことがわかる。そしてこの歴史観に立ったとき、そうして成立した多様な文化に、序列をつけるためのまっとうな尺度など存在しないことが理解されるだろう。

こう見ると、各地域集団が成し遂げた歴史的偉業は、その地域の人々にしかできないことなのではなく、むしろホモ・サピエンス種として私たちが共有している潜在力を示すものであることが、わかってくる。どの地域文化にも、ホモ・サピエンスの文化としての共通要素と、独自の要素の両方が認められる。私たちの目にとまるのは往々にして後者の方だが、これらの独自要素は、本当は民族の優秀性をはかる尺度などでなく、外的因子に対する私たちの種の行動の柔軟性を反映しているとみなすべきだ。ホモ・サピエンスが世界の様々な環境へ進出していったからこそ、その多様な行動を見ることができるのである。

このことについて、もう少し説明しよう。私たちは、もてる潜在力を発揮し、現在の文明を築くまでに五万年以上の時をかけてきた。しかしこれはあくまでも結果である。つまり五万年以上前の祖先において、文化を創造的に発展させる能力が進化したとき、それは将来の文明の発展に役立つからという理由で進化したわけではありえない。生物の進化とは、そのような将来の目的をもつものではない。そもそもこのような能力は、旧石器時代の祖先たちにとって、例えば新しい素材も使ってより機能的な道具を開発し、野生の食資源をより安定的に確保することに役立つといった利点があり、そのために進化したものと考えられる。しかしこの能力は大いなる発展性を秘めていたため、これまでにも見てきたように、やがて私たちの文化は急速に複雑化していった。

総じて見れば、文化の複雑化は、ホモ・サピエンスにおいてこの能力が進化したことの必然的な結果であったとみなせるだろう。しかし「文化のフィルター」という言葉で形容した例のように、個々の地域文化は一方向的に複雑化を遂げるものではなく、状況によって様々な方向へ変化しえるものである。アフリカから南アメリカ大陸最南端のパタゴニアまでの極めて長い道のりの中で、祖先たちは多様な環境を通過し、膨大な知識を蓄積してきたはずだ。しかしその時々に不用な知識は捨てられ、知の遺産の多くが失われたからなのであろう。最終的にパタゴニアへ到達した集団の文化は、極めて単純なものとなっていた。これは文化が機械的に記憶されて受け継がれていくものでなく、その担い手の判断によって、加工されたり捨てられたりするものであることを示す例である。そもそも、文化が複雑化して近代文明のようなものが誕生するまでの五万年という期間も、地球の陸地の地理や地形、気候変動のサイクルなどが異なるものであったのなら、早くも遅くもなっていた可能性がある。

このように理解したとき、各地域の歴史と文化に〝違い〟があるのは、不思議なことではなくなる。しかし、その違いを優劣と結びつける考えに、私たちは注意しなくてはならない。冒頭の疑問に答えるとすれば、縄文文化も、ほかの文化と同様に、普遍性と独自性を併せもつ文化である。この文化が当時の日本列島という環境の下で、なぜこうしたかたちに発展したのかはたいへん興味深い課題だが、一方で、この文化が先進的でなければ現代の日本人にとって困るというようなことは何もない。ヨーロッパの後期旧石器時代の芸術も、それだけについて論じるのでなく、当時の環境やその前後の歴史とあわせてバランスよく理解する必要がある。旧石器時代の芸術の証拠は、確かにヨーロッパでは目立って多く残されている。しかし後氷期に入ったころには、世界各地で雨後の竹の子のように様々なスタイルの芸術が現われることも、見逃してはならない事実だ。一方のヨーロッパでは、旧石器時代が終わると、壁画の文化は一時衰退する。従って、私たちが追及する意味のある課題は、氷期のヨーロッパにおいて人々が芸術活動に駆り立てられた背景は何であったかであり、旧石器時代人の芸術的才能に地域間差があったかどうかではない。第五、六章でも触れたように一部の考古学者たちは、ネアンデルタール人という集団の存在を軸に据え、そうした議論をすでにはじめている。

グローバル化の進行により、現在、私たちの生活環境は大きく変化している。現代は、異文化間交流を通して、個人が文化的、精神的にもっと豊かになることのできる時代である。その一方で異文化間の摩擦や衝突が頻発し、特定の強国が経済、軍事、文化といくつもの面で、他の国を圧倒する問題も進行している。このような現代において私たちが探さなくてはならないものは、世界を見つめる適切な視点だろう。私たちの歴史を、局所的にでなく大きな全体の流れとして捉え、人間の文化とその多様性の成り立ちを理解することにより、私たちは新しい眼をもつことができるようになるのではないだろうか。私たちが人間の文化の多様性を素晴らしいと感じることには、もっともな理由がある。それはどの文化にも、祖先たちの五万年以上にわたる歴史が刻まれているからだ。

◎参考文献

[序章]

赤澤威（編）（一九九四）『先史モンゴロイドを探る』日本学術振興会

ダイアモンド、J（倉骨彰・訳）（二〇〇〇）『銃・病原菌・鉄——一万三〇〇〇年にわたる人類史の謎（上・下）』草思社（Diamond, J., 1997. Guns, Germs, and Steel. W. W. Norton & Co., New York）

Pilbeam, D. (1992) What makes us human? In: Jones, S., Martin, R. & Pilbeam, D. (eds.) The Cambridge Encyclopedia of Human Evolution. Cambridge University Press, Cambridge.

Renfrew, C. (1997) Human destinies and ultimate causes. Nature, 386: 339-340.

[第1・2章]

馬場悠男（編）（一九九三）『現代人はどこからきたか』日経サイエンス

Baba, H., Aziz, F., Kaifu, Y., Suwa, G., Kono, R-T. & Jacob, T. (2003) *Homo erectus* calvarium from the Pleistocene of Java. Science, 299:1384-1388.

Cann, R. L., Stoneking, M. & Wilson, A. C. (1987) Mitochondrial DNA and human evolution. Nature, 325:31-36.

Delson, E., Tattersall, I., Van Couvering, J. A. & Brooks, A. S. (eds.) (2000) Encyclopedia of Human Evolution and Prehistory, 2 nd ed. Garland Publishing, Inc., New York.

Ingman, M., Kaessmann, H., Paabo, S. & Gyllensten, U. (2000) Mitochondrial genome variation and the origin of modern humans. Nature, 408:708-713.

Lewin, R. & Foley, R. A. (2004) Principles of Human Evolution, 2 nd ed. Blackwell Publishing, Malden.

Shea, J. J. (2003) Neandertals, competition, and the origin of modern human behavior in the Levant. Evolutionary Anthropology, 12:173-187.

諏訪元（二〇〇二）「中新世末から鮮新世の化石人類——最近の動向」『地学雑誌』111:816-831.

トリンカウス、E シップマン、P（中島健・訳）（一九九八）『ネアンデルタール人』青土社（Trinkaus, E. & Shipman, P., 1992. The Neandertals. Vintage Books, New York）

White, T. D., Asfaw, B., DeGusta, D. Gilbert, H., Richards, G. D., Suwa, G. et al. (2003) Pleistocene *Homo sapiens* from Middle Awash, Ethiopia. Nature, 423:742-747.

[第3・4章]

Ambrose, S. (1998) Chronology of the Later Stone Age and food production in East Africa. Journal of Archaeological Science, 25: 377-392.

Deacon, H. J. & Deacon, J. (1999) Human Beginnings in South Africa. Altamira Press, Walnut Creek.

D'Errico, F., Henshilwood, C., Lawson, G., Vanhaeren, M., Tillier, A-M., Soressi, M. et al. (2003) Archaeological evidence for the emergence of language, symbolism, and music-An alternative multidisciplinary perspective. Journal of World Prehistory, 17:1-70.

フェーガン、B・M（河合信和・訳）『現代人の起源論争』どうぶつ社（Fagun, B. M., 1990. The Journey From Eden. Thames & Hudson Ltd., London）

Henshilwood, C., d'Errico, F., Marian, V., Van Niekerk, K. & Jacobs, Z. (2004) Middle Stone Age shell beads from South Africa. Science, 304:404.

Henshilwood, C. S. d'Errico, F., Yates, R., Jacobs, Z., Tribolo, C., Duller, G. A. T. et al. (2002) Emergence of modern human behavior: Middle Stone Age engravings from South Africa. Science, 295: 1278-1280.

Henshilwood, C. S. & Marean, C. W. (2003) The origin of modern human behavior. Current Anthropology, 44: 627-651.

Henshilwood, C. S., Sealy, J. C., Yates, R., Cruz-Uribe, K., Goldberg, P., Grine, F. Klein, R. G., Poggenpoel, C., Van Niekerk, K. & Watts, I. (2001) Blombos Cave, Southern Cape, South Africa: Preliminary report on the 1992-1999 excavations of the Middle Stone Age levels. Journal of Archaeological Science, 28: 421-448.

Klein, R. (1992) The archaeology of modern human origins. Evolutionary Anthropology, 1: 5-14.

Klein, R. (1999) The Human Career: Human Biological and Cultural Origins, 2 nd ed. The University of Chicago Press, Chicago.

Klein, R., & Edgar, B. (2002) The Dawn of Human Culture. John Wiley & Sons, Inc., New York. (クライン、R　エドガー、B 鈴木淑美・訳、二〇〇四『5万年前に人類に何が起こったか?—意識のビッグバン』新書館)

Lewin, R. & Foley, R. A. (2004) Principles of Human Evolution, 2 nd ed. Blackwell Publishing, Malden.

町田洋、大場忠道、小野昭、山崎晴雄、河村善也、百原新（編著）（二〇〇三）『第四紀学』朝倉書店

McBrearty, S. & Brooks, A. S. (2000) The revolution that wasn't: A new interpretation of the origin of modern human behavior. Journal of Human Evolution, 39: 453-563.

ミズン、S（松浦俊輔・牧野美佐緒・訳）（一九九八）『心の先史時代』青土社。(Mithen, S., 1996. The Prehistory of the Mind. Thames and Hudson, London.)

西田利貞（一九九九）『人間性はどこから来たか：サル学からのアプローチ』京都大学学術出版会

ピンカー、S（椋田直子訳）（二〇〇三）『心の仕組み（上・中・下）』NHK出版 (Pinker, S. 1997. How the mind works. W. W. Norton & Co., New York)

Lahr, M. M. & Foley, R. A. (1998) Towards a theory of modern human origins: Geography, demography, and diversity in recent human evolution. Yearbook of Physical Anthropology, 41: 137-176.

ストリンガー、C　マッキー、R（河合信和・訳）（二〇〇一）『出アフリカ記』岩波書店 (Stringer, C., McKie, R., 1996. African Exodus. Henry Holt and Co., New York)

White, T. D., Asfaw, B., DeGusta, D. Gilbert, H., Richards, G. D., Suwa, G. et al. (2003) Pleistocene *Homo sapiens* from Middle Awash, Ethiopia. Nature, 423: 742-747.

Yellen, J. E., Brooks, A. S., Corneilissen, E., Mehlman, M. H. & Stewart, K. (1995) A Middle Stone Age worked bone industry from Katanda, Upper Smliki Valley, Zaire. Science, 268: 553-556.

[**第5章**]

赤澤威（二〇〇〇）『ネアンデルタール・ミッション——発掘から復活へフィールドからの挑戦』岩波書店

Bahn, P. G. & Vertut, J. (1997) Journey Through the Ice Age. University of California Press, Berkeley.

Barger, T. D. & Trinkaus, E. (1995) Patterns of trauma among the Neandertals. Journal of Archaeological Science, 22: 841-852.

Bar - Yosef, O. (2002) The Upper Paleolithic revolution. Annual Review of Anthropology, 31: 363-393.

ボシンスキー、G（小野昭・訳）（一九九一）『ゲナスドルフ――氷河時代の狩猟民の世界』六興出版
Churchill, S. E. & Smith, F. H. (2000) Makers of the Aurignacian of Europe. Yearbook of Physical Anthropology, 43:61-115.
Conard, N. J., Bolus, M. (2003) Radiocarbon dating the appearance of modern humans and timing of cultural innovations in Europe:new results and new challenges. Journal of Human Evolution, 44:331-371.
Delson, E., Tattersall, I., Van Couvering, J. A. & Brooks, A. S. (eds.) (2000) Encyclopedia of Human Evolution and Prehistory, 2 nd ed. Garland Publishing, Inc., New York.
D'Errico, F. (2003) The invisible frontier. A multiple species model for the origin of behavioral modernity. Evolutionary Anthropology, 12:188-202.
D'Errico, F., Henshilwood, C., Lawson, G., Vanhaeren, M., Tillier, A-M., Soressi, M. et al. (2003) Archaeological evidence for the emergence of language, symbolism, and music-An alternative multidisciplinary perspective. Journal of World Prehistory, 17:1-70.
ゴア、R　ギャレット、K　マンチェス、G（二〇〇〇）「氷河時代ヒトは人間になった」『ナショナルジオグラフィック』七月号：126-153.
ゴンサーレス、C（監修）（二〇〇四）『先史人類の洞窟美術――北スペイン編（DVD-ROM版）』テクネ
海部陽介（監修）（二〇〇四）『スペイン北部カンタブリア地方に見る狩人たちの洞窟壁画（DVD-ROM版）』テクネ
Klein, R. (1999) The Human Career:Human Biological and Cultural Origins, 2 nd ed. The University of Chicago Press, Chicago.
Kuhn, S. L., Stiner, M. C., Reese, D. S. & Gulec, E. (2001) Ornaments of the earliest Upper Paleolithic:New insights from the Levant. Proceedings of the National Academy of Science, 98:7641-7646.
奈良貴史（二〇〇三）『ネアンデルタール人類のなぞ』岩波書店
ストリンガー、C　ギャンブル、C（河合信和・訳）（一九九七）『ネアンデルタール人とは誰か』朝日新聞社（Stringer, C., Gamble, C., 1993. In Search of Neanderthals. Thames and Hudson Ltd., London)
タッターソル、I（河合信和・訳）（一九九八）『化石から知るヒトの進化』三田出版会（Tattersall, I., 1995. The Fossil Trail. Oxford University Press, Oxford)
White, R. (2003) Prehistoric Art:The Symbolic Journey of Humankind. Harry N. Abrams, Inc., New York.
Zilhao, J. & D'Errico, F. (1999) The chronology and taphonomy of the earliest Aurignacian and its implications for the understanding of Neandertal extinction. Journal of World Prehistory, 13:1-68.

［第6章］

Bellwood, P. (1997) Prehistory of the Indo-Malaysian Archipelago, Revised Ed. University of Hawai'i Press, Honolulu.
Brown, P., Sutikna, T., Morwood, M. J., Soejono, R. P., Jatmiko, Wayhu Saptomo, E. et al. (2004) A new small-bodied hominin from the Late Pleistocene of Flores, Indonesia. Nature, 431:1055-1061.
Cunningham, D. L. & Jantz, R. (2003) The morphometric relationship of Upper Cave 101 and 103 to modern *Homo sapiens*. Journal of Human Evolution, 45:1-18.

百々幸雄（編）（一九九五）『モンゴロイドの地球3――日本人のなりたち』東京大学出版会
Etler, D. A. (1996) The fossil evidence for human evolution in Asia. Annual Review of Anthropology, 25:275-301.
藤本強（一九九四）『東は東、西は西』平凡社
稲田孝司（二〇〇一）『遊動する旧石器人』岩波書店
板橋旺爾（二〇〇三）『列島考古学の再構築――旧石器から弥生までの実像』学生社
笠懸野岩宿文化資料館（編）（二〇〇二）『最古の磨製石斧』笠懸野岩宿文化資料館
加藤真二（二〇〇〇）『中国北部の旧石器文化』同成社
中橋孝博（二〇〇五）『日本人の起源――古人骨からルーツを探る』講談社
日本旧石器学会（二〇〇三）『後期旧石器時代のはじまりを探る――日本旧石器学会第1回シンポジウム予稿集』日本旧石器学会
Lahr, M. M. & Foley, R. (1994) Multiple dispersals and modern human origins. Evolutionary Anthropology, 3:48-60.
小田静夫（二〇〇二）『遥かなる海上の道』青春出版社
日本第四紀学会、小野昭、春成秀爾、小田静夫（編）（一九九二）『図解・日本の人類遺跡』東京大学出版
Pei, W. (1939) The Upper Cave Industry of Choukoutien. Paleontologia Sinica. New Series C. No. 10. Geological Survey of China, Beijing.
佐藤宏之（一九九二）『日本旧石器文化の構造と進化』柏書房
Scott, G. R. & Turner II, C. G. (1997) The Anthropology of Modern Human Teeth. Cambridge University Press, Cambridge.
竹沢泰子（編著）（二〇〇五）『人種概念の普遍性を問う――西洋的パラダイムを越えて』人文書院
寺田和夫（編）（一九七七）『人類学講座7　人種』雄山閣出版
堤隆（二〇〇四）『黒曜石3万年の旅』日本放送出版協会
山口敏（一九九九）『日本人の生い立ち』みすず書房

［**第7章**］

Bowler, J. M., Johnston, H., Olley, J. M., Prescott, J. R., Roberts, R. G., Shawcross, W. & Spooner, N. A. (2003) New ages for human occupation and climatic changes at Lake Mungo, Australia. Nature, 421:837-840.
Brown, P. (1989) Coobool Creek. Department of Prehistory, Research School of Pacific Studies, The Australian National University, Canberra.
Brown, P. http://www-personal.une.edu.au/~pbrown3/palaeo.html
Chaloupka, G. (1993) Journey in Time: The 50, 000-year Story of the Australian Aboriginal Rock Art of Arnhem Land. Reed New Holland, Sydney.
Denham, T. P., Haberle, S. G., Lentfer, C., Fullagar, R., Field, J., Therin, M., Porch, N. & Winsborough, B. (2003) Origins of agriculture at Kuk Swamp in the Highland of New Guinea. Science, 301:189-193.
Jones, P. (1996) Boomerang: Behind an Australian Icon. Ten Speed Press, Berkeley.
小山修三、松山利夫、窪田幸子、久保正敏、杉藤重信、松本博之（一九九二）『オーストラリア・アボリジニ――狩人と精霊の5万年』産経新聞大阪本社
Miller, G. H., Magee, J. W., Johnson, B. J., Fogel, M. L., Spooner, N. A., McCulloch, M. T. & Ayliffe, L. K. (1999) Pleistocene extinction of Genyornis newtoni: Human impact on Australia. Science, 283:205-208.

Morwood, M. J. (2002) Visions From the Past: The Archaeology of Australian Aboriginal Art. Allen & Unwin Crows Nest.
Mulvaney, J. & Kamminga, J. (1999) Prehistory of Australia. Smithsonian Institution Press, Washington.
O'Connell, J. F. & Allen, J. (2004) Dating the colonization of Sahul (Pleistocene Australia - New Guinea) : A review of recent research. Journal of Archaeological Science, 31: 835-853.
大塚柳太郎（編）（一九九五）『モンゴロイドの地球２―南太平洋との出会い』東京大学出版会
Roberts, R. G., Flannery, T. F., Ayliffe, L. K., Yoshida, H., Olley, J. M., Prideaux, G. J., Laslett, G. M., Baynes, A., Smith, M. A., Jones, R. & Smith, B. L. (2001) New ages for the last Australian megafauna: Continent - wide extinction about 46, 000 years ago. Science, 292: 1888-1892.
Stone, T. & Cupper, M. L. (2003) Last Glacial Maximum ages for robust humans at Kow Swamp, southern Australia. Jonrnal of Human Evolution, 45: 99-111.
米山俊直、野口武徳、山下諭一（訳編）（一九八一）『世界の民族と生活１　オセアニア・フィリピン』ぎょうせい

[第８章]

Bader, N. O. (2000) Homo sungirensis - Upper Palaeolithic man: ecological and evolutionary aspects of the investigation. Scientific World, Moscow.
Gladkih, M. I., Kornietz, N. L. & Soffer, O. (1984) Mammoth bone dwellings on the Russian Plain. Scientific American 251 (5) : 164-175.
Goebel, T., Waters, M. R. & Dikova, M. (2003) The archaeology of Ushki Lake, Kamchatka, and the Pleistocene peopling of the Americas. Science, 301: 501-505.
木村英明（一九九七）『シベリアの旧石器文化』北海道大学図書刊行会
Pavlov, P., Roebroeks, W. & Svendsen, J. I. (2004) The Pleistocene colonization of northeastern Europe: A report on recent research. Journal of Human Evolution, 47: 3-17.
Pidoplichko, I. G. (Translated with an Introduction by Allsworth-Jones, P.) (1998) Upper Palaeolithic Dwellings of Mammoth Bones in the Ukraine. Bar International Series 712.
Pitulko, V. V., Nikolsky, P. A., Girya, E. Yu, Basilyan, A. E., Tumskoy, V. E., et. al. (2004) The Yana RHS site: Humans in the arctic before the Last Gracial Maximum. Science, 303: 52-56.
Soffer, O. (1985) The Upper Paleolithic of the Central Russian Plain. Academic Press, New York.
Soffer, O., Adovasio, J. M., Korniets, N. L., Velichko, A. A., Gribchenko, Y. N., Lenz, B. R. & Suntsov, V. Y. (1996) Cultural atratigraphy at Mezhirich, an Upper Palaeolithic site in Ukraine with multiple occupations. Antiquity, 71: 48-62.
米倉伸之（編）（一九九五）『モンゴロイドの地球４――極北の旅人』東京大学出版会

[第９章]

赤澤威、阪口豊、冨田幸光、山本紀夫（編）（一九九二）『アメリカ大陸の自然史』岩波書店
Fagan, B. M. (2000) Ancient North America: The Archaeology of the Continent, 3 rd ed. Thames & Hudson, New York.
Fagan, B. M. (2003) The Great Journey: The Peopling of Ancient America, Updated Ed. University Press of Florida, Gainesville.
大貫良夫（編）（一九九五）『モンゴロイドの地球５―最初のアメリカ

人』東京大学出版会
パーフィット、M ギャレット、K（二〇〇〇）「米大陸へ初めて渡った人類の足跡」『ナショナルジオグラフィック』12月号：78-105.
米山俊直、野口武徳、山下諭一（訳編）（一九八一）『世界の民族と生活2 南アメリカ』ぎょうせい

[**第10章**]

ブレンフルト、J（編）（大貫良夫・監訳）（二〇〇四）『石器時代の人々』（上・下）朝倉書店。（Göran Burenhult (ed.)、1993. People of the Stone Age. Weldon Owen Pty Limited/Bra Bocker AB)
Fagan, B. M. (2004) People of the Earth: An Introduction to World Prehistory, 11 th ed. Pearson Prentice Hall, New Jersey.
Feder, K. L. (2004) The Past in Perspective: An Introduction to Human Prehistory, 3 rd ed. McGraw Hill, Boston.
Price, T. G. & Feinman, G. M. (2001) Images of the Past, 3 rd ed. Mayfield, Mountain View.
Wenke, R. J. (1999) Patterns in Prehistory: Humankind's First Three Million Years, 4 th ed. Oxford University Press, Oxford.
安田喜憲（二〇〇四）『文明の環境史観』中央公論新社

[**第11章**]

後藤明（二〇〇三）『海を渡ったモンゴロイド』講談社
ホートン、P（片山一道・訳）（二〇〇〇）『南太平洋の人類誌：クック船長の見た人びと』平凡社（Houghton, P, 1996. People of the Great Ocean. Cambridge University Press, Cambridge)
星川淳（一九九七）『星の航海師』幻冬舎
印東道子（二〇〇〇）「先史時代のオセアニア」所収：山本真鳥（編）『オセアニア史：世界各国史27』山川出版社
印東道子（二〇〇二）『オセアニア・暮らしの考古学』朝日新聞社
片山一道（一九九七）『ポリネシア――海と空のはざまで』東京大学出版
Kirch, P. V. (2000) On the Road of the Winds: An Archaeological History of the Pacific Islands before European Contact. University of California Press, Berkeley.
小田静夫（二〇〇二）『遥かなる海上の道』青春出版社
大塚柳太郎（編）（一九九五）『モンゴロイドの地球2―南太平洋との出会い』東京大学出版会
篠遠喜彦、荒俣宏（二〇〇〇）『楽園考古学』平凡社
米山俊直、野口武徳、山下諭一（訳編）（一九八一）『世界の民族と生活1：オセアニア・フィリピン』ぎょうせい

[**エピローグ**]

ダイアモンド、J（倉骨彰・訳）（二〇〇〇）『銃・病原菌・鉄――一万三〇〇〇年にわたる人類史の謎』（上・下）草思社。（Diamond, J., 1997. Guns, Germs, and Steel. W. W. Norton & Co., New York)
グールド、S・J（鈴木善次・森脇靖子訳）（一九九八）『人間の測りまちがい』増補改訂版、河出書房新社（Gould, S. J., 1996. The Mismeasure of Man, Revised ed. W. W. Norton & Co., New York)
マークス、J（長野敬・赤松眞紀訳）（二〇〇四）『98%チンパンジー――分子人類学から見た現代遺伝学』青土社（Marks, J., 2002. What it means to be 98% Chimpanzee: Apes, People, and Their Genes. University of California Press, Berkeley)
ピンカー、S（山下篤子・訳）（二〇〇四）『人間の本性を考える』（上・中・下）日本放送出版協会。（Pinker, S., 2002. The Blank Slate, The Modarm Demial of Humam Nature. Viking Pr., New York)

あとがき

人類学とは、人間について探求する学問である。生物人類学、文化人類学、考古学など、その中の個々の分野がそれぞれに果たす役割もあるが、これらが統合されたときには途方もなく大きな力を発揮しうる。それは私たち人間が、文化的な存在であると同時に生物学的な存在であるという二面性をもつからだ。本書では、これまでに人類学が解き明かしてきた膨大な知見に基づいて、私たちの長い歴史を復元してきた。この歴史を背景に私が論じてみたいことは、まだまだたくさんある。現代社会のこと、教育のこと、環境問題のこと、などなど……。しかし考察をさらに広げるのは、私自身もっと人類学を消化してからにしよう。

さて、世界各地の集団に歴史があるように、私たち個人にもそれぞれの歴史がある。私が本書を着想し実現できたのにも経緯があるが、それは様々な偶然が重なった上に、いくつかの幸運がタイミングよく訪れたことによるものである。そしてその過程では、多くの人々から直接、間接の支援を受けた。

私が物心ついてから外国をはじめて訪れたのは決して早くなく、人類学を学ぶため大学院の修士課程に入ってからであった。私はパキスタンのカラチで味わった、そのときの小さな体験を、忘れることができない。私は、ネアンデルタール人の洞窟遺跡の発掘に参加するためにシリアへ向かう途中で、カラチにはトランジットでわずか一泊しただけであった。冷房のきいた深夜の空港の外に出ると、まず最初に私を襲ったのは、むわっとしたサウナのような暑さと湿気であった。そして次の瞬間、ロータリーの向こうの薄暗い芝の上に、イスラム教徒の白い服をまとって寝そべっている、何十人もの男たちの姿がぼんやりと見えた。そのとき、調査隊の責任者であった赤澤威先生が、いつもの威厳ある声でこう言った。「君、彼らが何をしているかわかるかね？」。私は考えようとしたが何も答えられなかった。「あれは涼んでいるのだよ」「……」。それは私にとって、日本とは違う風土、人々、文化という、鮮烈なカルチャー・ショックを味わった瞬間だった。これはそのとき、私の心の中だけに起こった本当に小さな出来事であったのだが、自分がこれまで全く知らなかった、何やら得体の知れぬ奥深い人間の世界の現実を、垣間見たような気がしたのである。

その後私は、国立科学博物館の研究者として、化石などを通じた人類進化の研究を本格的にスタートさせた。その一方で、人類学の様々な本や講演などから、これまでに人類学者たちが積み上げてきた実に膨大な人間の歴史と文化についての知識の一端に触れ、いつか化石から探る人類進化という枠組みを超えたもっと大きな次元で、人間の奥深い歴史についてじっくり論じてみたいという思いを、少しずつ膨らませるようになった。プロローグで触れた赤澤先生によるモンゴロイド・プロジェクトやジャレド・ダイアモンド氏が著した本は、私が学生時代から通じて受けてきたそうした刺激の中で、特に重要なものであった。

ただ実際にそのような構想を実現する機会となると、ふつうなら人生の後半ぐらいになってから訪れるものかもしれない。ところが三年前に国立科学博物館の常設展の改装を行なう正式決定が下されたことによって、私の運命の風向きが変わった。何しろ日本を代表する博物館の常設展であるのだから、何か独創性が欲しい。同僚らと構想を練るうちに私の気持ちはふくらみ、ホモ・サピエンスの世界拡散という大テーマを中心に据えて、まだ世界のどの博物館にもない新しい展示を造りたいと思うようになった。本書は、この展示で私が紹介したかった各地域の祖先たちの歴史を、「知の遺産仮説」を軸にしてさらに詳しく書き綴ったものである。基本的なシナリオは、これまでに多数の研究者が蓄積してきた客観的な研究成果に基づくものだが、公的な博物館展示ホールでは紹介できない私個人の考えや解釈も、本書には入れることにした。

展示というのは、人が思うよりもはるかにたいへんな仕事である。今思えば、研究の時間を犠牲にしてこの仕事に専念していたころ、私はかなり愚痴《ぐち》っぽくなっていたかもしれない。しかし今では、私は十分に見返りのある仕事をさせてもらったことを理解している。

本書の構想を実現できたのは、この展示の仕事を通じて、私が知識を整理できたからにほかならない。展示の準備にかこつけて、私は国内外の多数の一流研究者に直接会い、じっくりと話を聞くことができた。そんな理由でもなければ同業者といえど、多忙な専門家たちに会って、個人的に聞きたい話をぞんぶんに聞ける機会などなかなかあるものではない。お世話になった多数の方々の名は、展示ホールのパネルに記してあるが、特に印東道子、大沼克彦、小田静夫、小野昭、木村英明、篠遠喜彦、関雄二、西秋良宏、Chris Henshilwood、Ninel Korniets の諸先生方には、重ねてお礼を申し上げたい。そのほか、吉田邦夫先生からは炭素14年代の較正《こうせい》に関する最近の動向をお教えいただいた。テクネの深沢武雄社長が、スペインで地道に作成してきた壁画データベースの仕事からは、展示も本書も恩恵を受けた。本書で使用している写真の多くは、展示に協力してくださった国内外の諸氏、キーストーンプロダクツとサンクアールの皆さんが快く提供してくれた。

さらに国立科学博物館の研究部には、人類部門の同僚だけでなく、地学、古生物学、動物学など自然史系各分野の専門家が集まっており、必要なことをいつでも質問できたのは、私にとって幸運だった。とりわけ人類研究部の馬場悠男先生からは、有効な助言を多くいただいた。やはり展示準備との同時進行は困難で、本書の出版は当初予定していた展示オープンの時期から半年ほど遅れたが、編集担当の向坂好生氏、黒島香保理氏からの強い励ましもあり、何とかやり遂げることができた。

本書の執筆にあたってこれら多くの方々からのご協力をいただいたことを記して感謝したい。最後に妻、春菜は、すべての原稿に目を通し、非専門家の視点から貴重な意見をくれた。仕事柄、出張の多い私は、普段から妻には多くの迷惑をかけているが、彼女は私の視野を専門分野だけでなく現在の社会や教育にまで広げ、かつ一般の方々に私が専門の話をするときの注意点についてもチェックをしてくれる、大切な存在である。そうして改良されてきた私の説明法は、なお十分なものではないにせよ間違いなく本書に生かされているだろう。

読者の方が人類のたどってきた二〇〇万年の道のりから、何かを得て下さることを祈りつつ

平成一七年二月六日　インドネシアのジョグジャカルタにて

著者

海部陽介――かいふ・ようすけ

●1969年東京都生まれ。東京大学理学部卒業後、東京大学大学院理学系研究科博士課程中退。理学博士。現在、国立科学博物館人類研究部研究官。専攻は生物人類学、古人類学。主にジャワ原人の研究に従事。日本人類学会から Anthropological Science 論文奨励賞受賞。

●共著書に『縄文世界の一万年』(集英社)、『標本学』(東海大学出版)、『日本人はるかな旅展カタログ』(NHK/NHK プロモーション)、など。論文に「Taxonomic affinities and evolutionary history of the Early Pleistocene hominids of Java : Dentognathic evidence」、「Tooth wear and the "design" of the human dentition : A perspective from evolutionary medicine」など多数。

NHKブックス [1028]

人類がたどってきた道 "文化の多様化"の起源を探る

2005(平成17)年4月25日 第1刷発行
2005(平成17)年6月30日 第2刷発行

著　者　海部陽介

発行者　松尾　武

発行所　日本放送出版協会

東京都渋谷区宇田川町41-1 郵便番号 150-8081
電話 03-3780-3317 (編集) 03-3780-3339 (販売)
http://www.nhk-book.co.jp
振替 00110-1-49701
[印刷] 三秀舎／近代美術 [製本] 石津製本所 [装幀] 倉田明典

落丁本・乱丁本はお取り替えいたします。
定価はカバーに表示してあります。
ISBN4-14-091028-3 C1345

NHKブックス 時代の半歩先を読む

*歴史(I)

稲作以前 佐々木高明
照葉樹林文化の道—ブータン・雲南から日本へ— 佐々木高明
日本文化の基層を探る—ナラ林文化と照葉樹林文化— 佐々木高明
南からの日本文化(上)—新・海上の道— 佐々木高明
南からの日本文化(下)—南島農耕の探求— 佐々木高明
歴史をみる眼 堀米庸三
日本とは何か—近代日本文明の形成と発展— 梅棹忠夫
法隆寺を支えた木 西岡常一/小原二郎
木の文化をさぐる 小原二郎
新版 日本文化と朝鮮 李 進熙
北方から来た交易民—絹と毛皮とサンタン人— 佐々木史郎
西鶴と元禄メディア—その戦略と展開— 中嶋 隆
黒船前夜の出会い—捕鯨船長クーパーの来航— 平尾信子
江戸東京学への招待(1)—文化誌篇— 小木新造編著
江戸東京学への招待(2)—都市誌篇— 小木新造/陣内秀信編著
江戸東京学への招待(3)—生活誌篇— 小木新造/内田雄造編著
「明治」という国家(上)(下) 司馬遼太郎
「昭和」という国家 司馬遼太郎
日本文明と近代西洋—「鎖国」再考— 川勝平太
天皇のページェント—近代日本の歴史民族誌から— T・フジタニ
「生命」で読む日本近代—大正生命主義の誕生と展開— 鈴木貞美
卑弥呼の居場所—狗邪韓国から大和へ— 高橋 徹
古代への遠近法—考古学記者のファイルから— 高橋 徹
ケンペルのみた日本 ヨーゼフ・クライナー編

黄昏のトクガワ・ジャパン—シーボルト父子の見た日本— ヨーゼフ・クライナー編著
平泉の世紀—古代と中世の間— 高橋富雄
武士の誕生—坂東の兵どもの夢— 関 幸彦
老益—歴史に学ぶ50歳からの生き方— 楠戸義昭
江戸のノイズ—監獄都市の光と闇— 櫻井 進
沖縄返還とは何だったのか—日米戦後交渉史の中で— 我部政明
遙かなる縄文の声—三内丸山を掘る— 岡田康博
邪馬台国と近代日本 千田 稔
鎌倉幕府の転換点—『吾妻鏡』を読みなおす— 永井 晋
北条時宗と蒙古襲来—時代・世界・個人を読む— 村井章介
〈歴史〉はいかに語られるか—1930年代「国民の物語」批判— 成田龍一
密航留学生たちの明治維新—井上馨と幕末藩士— 犬塚孝明
国境の誕生—大宰府から見た日本の原形— ブルース・バートン
海・建築・日本人 西 和夫
大衆新聞がつくる明治の〈日本〉 山田俊治
「宮本武蔵」という剣客—その史実と虚構— 加来耕三
白河法皇—中世をひらいた帝王— 美川 圭
中世人の経済感覚—「お買い物」からさぐる— 本郷恵子
清河八郎の明治維新—草莽の志士なるがゆえに— 高野 澄
戦場の精神史—武士道という幻影— 佐伯真一
明治維新の敗者と勝者 田中 彰
イギリス紳士の幕末 山田 勝
黒曜石 3万年の旅 堤 隆
保元・平治の乱を読みなおす 元木泰雄
義経の登場—王権論の視座から— 保立道久

※在庫品切れの際はご容赦下さい。

NHKブックス 時代の半歩先を読む

*自然科学(Ⅲ)

生命の歴史―三十億年の進化のあと― 佐藤磐根編著
生命科学と人間 中村桂子
ミトコンドリアはどこからきたか―生命40億年を遡る― 黒岩常祥
日本人は何処から来たか―血液型遺伝子から解く― 松本秀雄
女の脳・男の脳 田中冨久子
遺伝子の夢―死の意味を問う生物学― 田沼靖一
沈黙の臓器と語る 水戸廸郎
人工臓器―生と死をみつめる新技術の周辺― 渥美和彦
環境問題としてのアレルギー 伊藤幸治編著
インフォームド・コンセント 森岡恭彦
セルフ・コントロールの医学 池見酉次郎
ストレス危機の予防医学―ライフスタイルの視点から― 森本兼曩
「気」とは何か―人体が発するエネルギー― 湯浅泰雄
病気の社会史―文明に探る病因― 立川昭二
人類にとってエイズとは何か 広瀬弘忠
アニマル・セラピーとは何か 横山章光
脳が言葉を取り戻すとき―失語症のカルテから― 佐野洋子／加藤正弘
死体からのメッセージ―鑑定医の事件簿― 木村 康
インフルエンザ大流行の謎 根路銘国昭
プリオン病の謎に迫る 山内一也
免疫・「自己」と「非自己」の科学 多田富雄
心を生み出す脳のシステム―「私」というミステリー― 茂木健一郎
脳内現象―〈私〉はいかに創られるか― 茂木健一郎
高血圧を知る―よく生きるための知恵と選択― 道場信孝
昏睡状態の人と対話する―プロセス指向心理学の新たな試み― アーノルド・ミンデル
新しい医療とは何か 永田勝太郎
がんとこころのケア 明智龍男
快楽の脳科学―「いい気持ち」はどこから生まれるか― 廣中直行
植物と人間―生物社会のバランス― 宮脇 昭
植物からの警告―生物多様性の自然史― 岩槻邦男
植物のたどってきた道 西田治文
DNAが語る稲作文明―起源と展開― 佐藤洋一郎
遺伝子組み換え食品を検証する―ジャーナリストの取材ノート― 中村靖彦
遺伝子組み換え食品の「リスク」 三瀬勝利
忍び寄るバイオテロ 山内一也／三瀬勝利
ピカソを見わけるハト―ヒトの認知、動物の認知― 渡辺 茂
寄生虫の世界 鈴木了司
フグはなぜ毒をもつのか―海洋生物の不思議― 野口玉雄
深海生物学への招待 長沼 毅
地震の前、なぜ動物は騒ぐのか―電磁気地震学の誕生― 池谷元伺
虫たちを探しに―自然から学ぶこと― 篠原圭三郎

※在庫品切れの際はご容赦下さい。

NHKブックス 時代の半歩先を読む

＊教育・心理・福祉

学校に背を向ける子ども―なにが登校拒否を生みだすのか― 河合 洋
子どもの世界をどうみるか―行為とその意味― 津守 真
日本の高校生―国際比較でみる― 千石 保
日本の女子中高生 千石 保
子どもの感性を育む 片岡徳雄
学校は必要か―子どもの育つ場を求めて― 奥地圭子
歴史はどう教えられているか―教科書の国際比較から― 中村 哲編著
早期教育を考える 無藤 隆
学校は再生できるか 尾木直樹
「学級崩壊」をどうみるか 尾木直樹
「学力低下」をどうみるか 尾木直樹
子どもの絵は何を語るか―発達科学の視点から― 東山 明／東山直美
内なるミューズ―我歌う、ゆえに我あり―(上) ヨン＝ロアル・ビョルクヴォル
内なるミューズ―我歌う、ゆえに我あり―(下) ヨン＝ロアル・ビョルクヴォル
身体感覚を取り戻す―腰・ハラ文化の再生― 斎藤 孝
子どもに伝えたい〈三つの力〉―生きる力を鍛える― 斎藤 孝
生き方のスタイルを磨く―スタイル間コミュニケーション論― 斎藤 孝
「引きこもり」を考える―子育て論の視点から― 吉川武彦
子育てに失敗するポイント 齋藤慶子
〈育てられる者〉から〈育てる者〉へ―関係発達の視点から― 鯨岡 峻
愛撫・人の心に触れる力 山口 創
現代大学生論―ユニバーシティ・ブルーの風に揺れる― 溝上慎一
フロイト―その自我の軌跡― 小此木啓吾
脳からみた心 山鳥 重
色と形の深層心理 岩井 寛
心はどこに向かうのか―トランスパーソナルの視点― 菅 靖彦
思春期のこころ 清水將之
エコロジカル・マインド―知性と環境をつなぐ心理学― 三嶋博之
中年期とこころの危機 高橋祥友
孤独であるためのレッスン 諸富祥彦
〈うそ〉を見抜く心理学―「供述の世界」から― 浜田寿美男
内臓が生みだす心 西原克成
心の仕組み―人間関係にどう関わるか―(上)(中)(下) スティーブン・ピンカー
人間の本性を考える―心は「空白の石版」か―(上)(中)(下) スティーブン・ピンカー
17歳のこころ―その闇と病理― 片田珠美
出会いについて―精神科医のノートから― 小林 司
人と人との快適距離―パーソナル・スペースとは何か― 渋谷昌三
日本人に合った精神療法とは 町沢静夫
無心の画家たち―知的障害者寮の30年― 西垣籌一
福祉の思想 糸賀一雄
ふれあいのネットワーク―メディアと結び合う高齢者― 大山 博／須藤春夫編著
高齢社会とあなた―福祉資源をどうつくるか― 金子 勇
「顧客」としての高齢者ケア 横内正利
老後を自立して―エイジングと向きあう― 加藤恭子／ジョーン・ハーヴェイ
介護をこえて―高齢者の暮らしを支えるために― 浜田きよ子

※在庫品切れの際はご容赦下さい。

05.7.7